❦ OS CAÇADORES ❦
DE VÊNUS

ANDREA WULF

OS CAÇADORES DE VÊNUS

A Corrida para medir o Céu

TRADUÇÃO: VANIA CURY

Copyright © Andrea Wulf, 2012

Direitos de edição da obra em língua portuguesa no Brasil adquiridos pela EDITORA PAZ E TERRA. Todos os direitos reservados. Nenhuma parte desta obra pode ser apropriada e estocada em sistema de banco de dados ou processo similar, em qualquer forma ou meio, seja eletrônico, de fotocópia, gravação etc., sem a permissão do detentor do copirraite.

EDITORA PAZ E TERRA LTDA
Rua do Triunfo, 177 — Sta Ifigênia — São Paulo
Tel: (011) 3337-8399 — Fax: (011) 3223-6290
http://www.pazeterra.com.br

Texto revisto pelo novo Acordo Ortográfico da Língua Portuguesa.

CIP-BRASIL. CATALOGAÇÃO NA FONTE
SINDICATO NACIONAL DOS EDITORES DE LIVROS, RJ.

Wulf, Andrea
Os caçadores de Vênus : a corrida para medir o céu / Andrea Wulf ; tradução Vania Cury. – São Paulo :
Paz e Terra, 2012.

Título original: Chasing Venus : the race to measure the heavens.

ISBN 978.85.7753.210-0

1. Astronomia - História - Século 18
2. Astronomia geodésica - História - Século 18
3. Vênus (Planeta) - Trânsitos I. Título.

12-04136   CDD-523.93

Para Regan

Sumário

	Nota da autora	11
	Mapas	12
	Dramatis Personae (Personagens)	17
	Prólogo: O desafio	19
	Parte I — O trânsito de 1761	27
1	Chamado à ação	29
2	Os franceses são os primeiros	47
3	A Grã-Bretanha entra na corrida	61
4	Rumo à Sibéria	73
5	Preparando-se para Vênus	84
6	O dia do trânsito, 6 de junho de 1761	101
7	Qual a distância até o Sol?	122
	Parte II — O trânsito de 1769	135
8	Uma segunda chance	137
9	A Rússia entra na corrida	148
10	A viagem mais audaciosa de todas	160

11	A Escandinávia ou a terra do sol da meia-noite	173
12	O continente norte-americano	182
13	Correndo pelos quatro cantos do mundo	197
14	O dia do trânsito, 3 de junho de 1769	220
15	Após o trânsito	235

Epílogo: Uma nova aurora	247
Lista de observadores de 1761	255
Lista de observadores de 1769	261
Bibliografia selecionada, Fontes e Abreviaturas	269
Créditos das imagens	297
Agradecimentos	305
Notas	309
Índice	381

"O planeta Vênus, arrancado de seu isolamento, modestamente delineia sobre o Sol, sem disfarces, a sua verdadeira magnitude, embora seu disco, outrora TÃO belo, fique obscurecido aqui em tristeza e melancolia."

Jeremiah Horrocks

"Devemos mostrar que somos melhores, e que a ciência fez mais pela humanidade do que a graça suficiente ou divina."

Denis Diderot

Nota da autora

Em nome da clareza e da consistência, mantive nos mapas e no texto certos locais das estações de observação da forma como os astrônomos se referiam no século XVIII. Em vez do moderno "Puducherry", por exemplo, usei "Pondicherry"; "Bencoolen" em vez de "Bengkulu"; "Madras" em vez de "Chennai"; "Constantinopla" em vez de "Istambul". Em alguns casos raros, nos quais os velhos nomes caíram completamente em desuso, empreguei o nome moderno: "Jacarta" em vez de "Batávia", por exemplo. Por favor, recorram à Lista de Observadores para encontrar uma relação completa dos nomes históricos e contemporâneos.

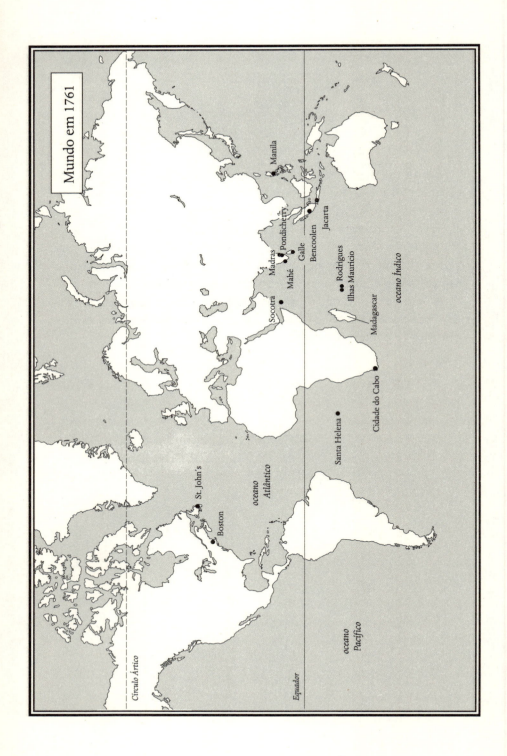

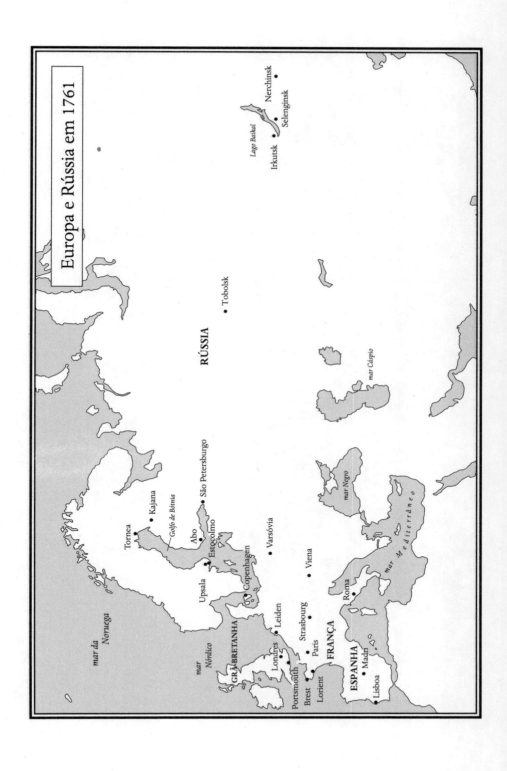

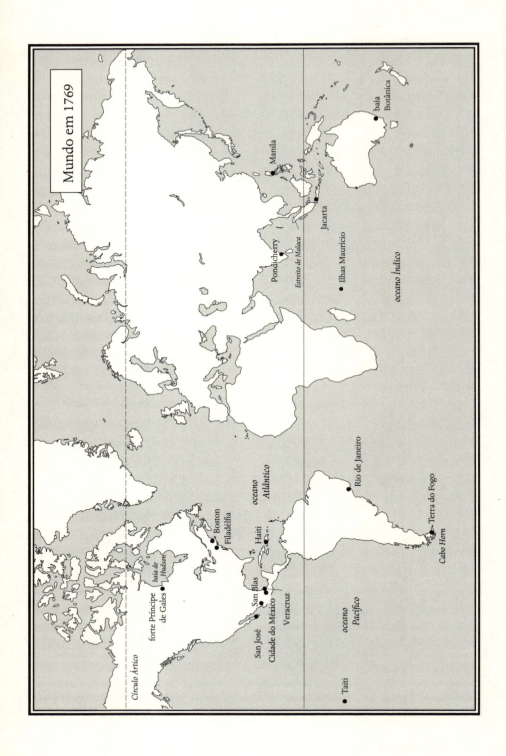

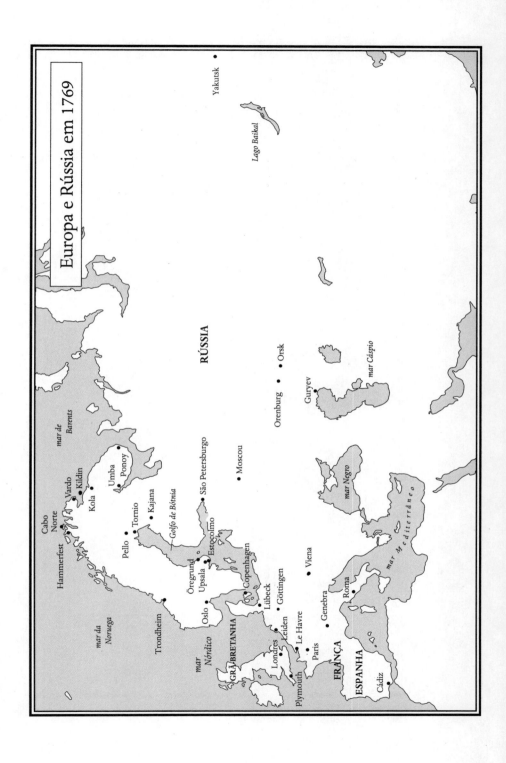

Dramatis Personae (Personagens)

Trânsito de 1761

França
Joseph-Nicolas Delisle: Académie des Sciences, Paris
Guillaume Le Gentil: Pondicherry, Índia
Alexandre-Gui Pingré: Rodrigues
Jean-Baptiste Chappe d'Auteroche: Tobolsk, Sibéria
Jérôme Lalande: Académie des Sciences, Paris

Grã-Bretanha
Nevil Maskelyne: Santa Helena
Charles Mason e Jeremiah Dixon: Cabo da Boa Esperança

Suécia
Pehr Wilhelm Wargentin: Academia Real de Ciências, Estocolmo
Anders Planman: Kajana, Finlândia

Rússia
Mikhail Lomonosov: Academia Imperial de Ciências, São Petersburgo
Franz Aepinus: Academia Imperial de Ciências, São Petersburgo

Estados Unidos
John Winthrop: St. John's, Terra-Nova e Labrador, Canadá

Trânsito de 1769

Grã-Bretanha
Nevil Maskelyne: Royal Society, Londres

William Wales: Prince of Wales Fort, baía de Hudson
James Cook e Charles Green: Taiti
Jeremiah Dixon: Hammerfest, Noruega
William Bayloey: Cabo Norte, Noruega

França
Guillaume Le Gentil: Pondicherry, Índia
Jean-Baptiste Chappe d'Auteroche: Baixa Califórnia
Alexandre-Gui Pingré: Haiti
Jérôme Lalande: Académie des Sciences, Paris

Suécia
Pehr Wilhelm Wargentin: Academia Real de Ciências, Estocolmo
Andres Planman: Kajana, Finlândia
Fredrik Mallet: Pello, Lapônia

Rússia
Catarina, a Grande: Academia Imperial de Ciências, São Petersburgo
Georg Moritz Lowitz: Guryev, Rússia

Estados Unidos
Benjamin Franklin: Royal Society, Londres
David Rittenhouse: Sociedade Americana de Filosofia, Norriton, Pensilvânia
John Winthrop: Cambridge, Massachusetts

Dinamarca
Maximilian Hell: Vardo, Noruega

Prólogo: O desafio

Os antigos babilônios a chamavam de Ishtar, para os gregos ela era Afrodite e para os romanos, Vênus — deusa do amor, da fertilidade e da beleza. É a estrela mais brilhante do céu noturno e pode ser vista até mesmo num dia claro. Alguns a tinham como anunciadora da manhã e da noite, das novas estações e de tempos auspiciosos. Durante 260 dias, ela reina como a "Estrela da Manhã" ou como a "Portadora da Luz", e então desaparece para ressurgir outra vez como a "Estrela da Noite" ou a "Mensageira da Aurora".

Vênus tem inspirado pessoas ao longo dos séculos, mas, nos anos 1760, os astrônomos acreditavam que o planeta guardava a resposta de uma das maiores questões da ciência, a chave para determinar o tamanho do sistema solar.

Em 1716, o astrônomo britânico Edmond Halley publicou um ensaio de dez páginas em que conclamava os cientistas a se reunirem num projeto que abarcaria todo o planeta — e que poderia modificar o mundo da ciência para sempre. Halley previu que, no dia 6 de junho de 1761, Vênus passaria na frente do Sol — durante algumas horas, a estrela brilhante apareceria como um círculo negro perfeito. Ele acreditava que, medindo o tempo exato e a duração desse raro encontro celestial, os astrônomos poderiam obter os dados necessários para calcular a distância entre a Terra e o Sol.

O único problema era que o assim chamado trânsito de Vênus se constitui num dos mais raros eventos astronômicos previsíveis. Os trânsitos sempre acontecem em pares — separados por oito anos um do outro —, mas com um intervalo de mais de um século entre um par e outro.* Halley afirmou que um único astrônomo, chamado Jere-

---

* Como as órbitas de Vênus e da Terra possuem inclinações diferentes, Vênus normalmente passa acima ou abaixo do Sol (e, portanto, não pode ser visto da Terra). Os perío-

miah Horrocks, já havia observado o evento, em 1639. O par seguinte ocorreria em 1761 e 1769 — e depois, mais uma vez, em 1874 e 1882.

Halley tinha sessenta anos quando escreveu o ensaio e sabia que não viveria para ver o trânsito (a menos que chegasse aos 104 anos de idade), mas quis assegurar que a geração seguinte estivesse plenamente preparada. Ao escrever no periódico da Royal Society, a instituição científica mais importante da Grã-Bretanha, Halley explicou exatamente por que o evento era tão valioso, o que esses "jovens astrônomos"deveriam fazer e onde o fenômeno deveria ser observado. Escrevendo em latim, a língua internacional da ciência, ele esperava aumentar as chances de motivar astrônomos de toda a Europa com a sua ideia. Quanto mais pessoas ele alcançasse, maiores suas chances de sucesso. Halley explicou que era essencial que diversas pessoas em locais diferentes, em todo o mundo, medissem o raro encontro celestial ao mesmo tempo. Não bastava ver a passagem de Vênus apenas da Europa; os astrônomos precisariam viajar para lugares remotos, tanto no hemisfério sul quanto no norte, a fim de se distanciarem o máximo possível. E somente se eles combinassem esses resultados — as visões do norte combinadas com as observações do sul — poderiam alcançar o que até então tinha sido quase inimaginável: uma compreensão matemática precisa das dimensões do sistema solar, o santo graal da astronomia.

O clamor de Halley seria atendido quando centenas de astrônomos se reuniram em torno do projeto seguindo o espírito do Iluminismo. A corrida para observar e medir o trânsito de Vênus foi um momento crucial numa nova era — aquela em que os homens tentaram compreender a natureza por meio da aplicação da razão.

Foi um século em que a ciência era idolatrada, e em que o mito foi finalmente conquistado pelo pensamento racional. Os homens começaram a ordenar o mundo de acordo com esses novos princípios. O francês Denis Diderot, por exemplo, reunia todo o conhecimento dis-

---

dos entre os pares de trânsitos se alternam entre 105 e 122 anos. O primeiro trânsito de Vênus observado por um astrônomo ocorreu em 4 de dezembro de 1639. Os trânsitos seguintes foram em 6 de junho de 1761, 3 de junho de 1769, 9 de dezembro de 1874 e 6 de dezembro de 1882. Não houve trânsitos no século XX, mas há dois no século XXI — no dia 8 de junho de 2004 e no dia 6 de junho de 2012. Mais 105 anos se passarão até o trânsito de 11 de dezembro de 2117.

ponível para a sua monumental *Encyclopédie*. O botânico sueco Carl Linnaeus classificou as plantas segundo os órgãos sexuais e, em 1751, Samuel Johnson impôs ordem à linguagem, quando compilou o primeiro dicionário de língua inglesa. Enquanto novas invenções, como o microscópio e o telescópio, abriam mundos antes desconhecidos, os cientistas se tornavam capazes de examinar as minúcias da vida e cravar os olhos no infinito. Robert Hooke havia investigado através de seu microscópio, a fim de produzir gravações detalhadas de magníficas sementes, pulgas e vermes — ele foi o primeiro a chamar a unidade básica da vida biológica de "célula". Nas colônias da América do Norte, Benjamin Franklin fazia experimentos com a eletricidade e com o para-raios, controlando o que até então havia sido considerado manifestação da fúria divina. Aos poucos, as atividades da natureza foram ficando mais claras. Os cometas deixaram de ser vistos como presságios da cólera de Deus e, como Halley demonstrou, tornaram-se ocorrências celestiais previsíveis. Em 1755, o filósofo alemão Immanuel Kant sugeriu que o universo era muito maior do que pensavam os seus contemporâneos e consistia de incontáveis e gigantescas *"Welteninseln"*, "ilhas cósmicas" ou galáxias.

A humanidade acreditou que estava trilhando uma trajetória de progresso. Sociedades científicas foram fundadas em Londres, Paris, Estocolmo, São Petersburgo e, nas colônias da América do Norte, na Pensilvânia, a fim de explorar e trocar esse conhecimento recém-adquirido. Observação, indagação e experimentação eram os fundamentos desse novo entendimento do mundo. Tendo o progresso como estrela-guia do século, cada geração invejava a seguinte. Enquanto o Renascimento enxergara o passado como uma Era de Ouro, o Iluminismo olhava com firmeza para o futuro.

A ideia de Halley de utilizar o trânsito de Vênus como ferramenta para medir o céu nasceu de diversos avanços da astronomia, ocorridos nos séculos anteriores. Até o início do século XVII, os homens olhavam para o céu a olho nu, mas a tecnologia, lentamente, evoluía ao encontro de suas ambições e teorias. A astronomia deixara de ser uma ciência que mapeava as estrelas para tentar compreender o movimento dos corpos planetários. No começo do século XVI, Nicolau Copérnico havia proposto a ideia revolucionária do sistema solar, tendo o Sol, e não a Terra, como centro, e os outros planetas girando ao seu redor, um modelo que foi expandido e verificado por Galileu Galilei e Johannes Kepler, no início do século XVII. Mas foi *Principia* (1687), obra inovadora de Isaac Newton, que definiu as subjacentes leis universais do movimento e da gravidade, que governavam a tudo e a todos. Quando os astrônomos olhavam para as estrelas, não estavam mais à procura de Deus, mas das leis que comandavam o universo.

Na época em que Halley convocou seus colegas astrônomos para que assistissem ao trânsito de Vênus, o universo era encarado como um mecanismo de criação divina, cujas leis a humanidade deveria apenas compreender e absorver. A posição e os movimentos dos planetas não eram mais vistos como uma ordenação arbitrária de Deus, mas como um conjunto organizado e previsível, baseado em leis naturais. Aos homens, no entanto, ainda faltava o conhecimento do real tamanho do sistema solar — uma peça fundamental do quebra-cabeça celestial.

Conhecer as dimensões do céu "tinha sido sempre um objetivo primordial da investigação astronômica", como afirmou o astrônomo norte-americano e professor de Harvard, John Winthrop, na década do trânsito. Já no começo do século XVII, Kepler havia descoberto que, sabendo quanto tempo um planeta levava para fazer a volta em torno do Sol, era possível calcular a distância relativa entre o Sol e o planeta (quanto mais tempo o planeta levasse para fazer o percurso, mais longe estaria).* A partir daí, ele foi capaz de calcular a distância entre a Terra e o Sol relativa aos outros planetas — uma unidade de medida que se tornou a base para calcular distâncias comparativas no universo.** Os astrônomos sabiam, por exemplo, que a distância entre a Terra e Júpiter era cinco vezes maior do que a distância entre a Terra e o Sol. O único problema era que ninguém ainda havia sido capaz de quantificar a distância em termos mais específicos.

---

* Essa foi a terceira lei de Kepler, que dizia que "o quadrado do período orbital de um planeta é diretamente proporcional ao cubo do eixo semiprincipal dessa órbita". Em termos mais simples, isso quer dizer que Kepler produziu uma fórmula matemática que poderia ser utilizada para calcular as distâncias relativas no sistema solar, usando o raio de um planeta e o tempo que ele levou para realizar a sua órbita em torno do Sol.
** A distância entre a Terra e o Sol que se tornou a unidade-base para medir distâncias no universo é uma 1 UA (1 Unidade Astronômica). Desse modo, a distância entre Júpiter e o Sol era de 5 UA, e entre a Terra e Vênus, de 0,28 UA.

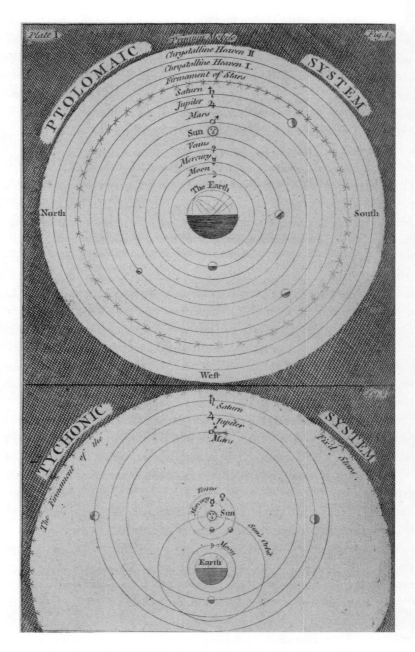

Representação de 1759 dos sistemas planetários ptolomaico e ticônico

Os astrônomos do século XVIII tinham um mapa do sistema solar, mas não faziam ideia do seu real tamanho. Sem saber a distância verdadeira entre a Terra e o Sol, aquele mapa se tornava inútil. Vênus, como Halley acreditava, era a chave para desvendar esse segredo. Sendo a estrela mais brilhante no céu, Vênus se transformou na metáfora perfeita da luz da razão que iluminaria esse novo mundo e extinguiria os últimos vestígios da idade das trevas.

Diferente da maioria dos astrônomos, cujas vidas eram regradas pelo trabalho repetitivo de suas observações noturnas, Halley havia embarcado numa carreira muito mais animada — razão provável da sua capacidade de antever um exército global de astrônomos aventureiros. Ele não só tinha passado uma hora e meia numa câmara de mergulho que submergiu quase vinte metros no rio Tâmisa, como também havia empreendido três expedições ao Atlântico Sul, sendo o primeiro europeu a mapear o céu noturno do sul com um telescópio. Halley "fala, pragueja e bebe conhaque como um capitão do mar", disse um colega, mas também um dos cientistas mais inspirados de seu tempo. Previu o retorno do cometa Halley, batizado com seu nome, produziu um mapa das estrelas do sul e convenceu Isaac Newton a publicar o *Principia*.

Sabendo que não estaria vivo para orquestrar a cooperação global para ver o trânsito de Vênus — um fato que lamentou "até mesmo em seu leito de morte", enquanto segurava um copo de vinho nas mãos —, tudo o que Halley poderia fazer era confiar nas gerações futuras e esperar que as pessoas se lembrassem das suas instruções apresentadas com meio século de antecipação. "De fato, eu gostaria que muitas observações desse mesmo fenômeno fossem feitas por diferentes pessoas, em lugares distintos", ele escreveu. "Portanto, faço essa recomendação mais uma vez aos astrônomos curiosos que (quando eu estiver morto) terão a oportunidade de observar essas coisas."

Halley pedia a seus futuros discípulos que embarcassem num projeto maior e mais visionário do que qualquer esforço científico antes realizado. As viagens perigosas para os postos de observação remotos demorariam vários meses, possivelmente anos. Os astrônomos arriscariam as próprias vidas por um evento celestial que poderia demorar apenas seis horas e se tornar visível somente se as condições climáticas assim o permitissem. O trânsito seria tão curto que mesmo o mero surgimento de nuvens ou a ocorrência de chuva poderia fazer com que as observações mais acuradas se revelassem difíceis ou até impossíveis.

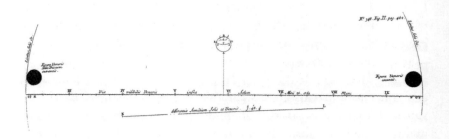

Desenho feito por Edmond Halley da entrada e da saída
de Vênus, durante o trânsito na face do Sol

Em sua preparação, os cientistas precisariam garantir financiamento para os melhores telescópios e instrumentos, assim como para a viagem, a acomodação e os salários. Eles teriam de convencer seus respectivos monarcas e governos a apoiar seus esforços individuais, e teriam de coordenar as próprias observações com as dos outros países. Nações envolvidas em conflitos teriam de trabalhar juntas, em nome da ciência, pela primeira vez na história. Baseados em algumas dezenas de locações, centenas de astrônomos deveriam apontar seus telescópios para o céu, no mesmo exato momento, a fim de observar a progressão de Vênus pelo disco incandescente do Sol.

E, talvez ainda mais desafiador — embora menos estimulante —, deveriam, então, compartilhar as descobertas. Cada observador teria de acrescentar as suas observações ao conjunto internacional de dados. Nenhum resultado isolado seria útil. No intuito de calcular a distância entre o Sol e a Terra, os astrônomos teriam de comparar os números e consolidar os diferentes dados em um resultado definitivo.

De alguma forma, cronometragens obtidas ao redor do mundo, por meio de variações díspares de relógios e telescópios, teriam de ser padronizadas e tornadas comparáveis entre si.

As observações sobre o trânsito de Vênus viriam a ser o mais ambicioso projeto científico jamais planejado — um empreendimento extraordinário, numa era em que uma carta postada na Filadélfia levava de dois a três meses para chegar a Londres, e em que uma viagem de Londres a Newcastle demorava seis dias. Propor que os astrônomos viajassem milhares de quilômetros, em áreas ermas do norte e do sul, carregando instrumentos que pesavam mais de meia tonelada, foi um grande salto da imaginação.

A sua ideia do cálculo exato das distâncias no espaço era também um conceito audacioso, considerando-se que os relógios não eram suficientemente precisos para medir longitudes e que ainda não havia medições padronizadas em todo o mundo: uma milha inglesa diferia de uma milha nos países germânicos — a qual também variava entre o norte da Alemanha e a Áustria. Um *mil*, na Suécia, era mais de dez quilômetros; na Noruega, mais de onze. Uma légua francesa poderia ser de três quilômetros, mas também de quatro e meio. Somente na França, havia duas mil unidades de medida diferentes, que podiam variar até mesmo entre vilarejos vizinhos. À luz de tais circunstâncias, a ideia de fundir centenas de observações tomadas por astrônomos ao redor do mundo, a fim de encontrar um valor comum, parecia algo escandalosamente ambicioso.

Os cientistas que saíram de seus observatórios nos centros eruditos da Europa para contemplar Vênus, a partir de postos de observação remotos em relação ao mundo conhecido, também se assemelharam a estranhos aventureiros. À primeira vista, eles não se pareciam com exploradores heroicos, mas enquanto corriam atrás de Vênus ao redor do globo, atuavam com extraordinária intrepidez, bravura e ingenuidade. No dia 6 de junho de 1761, e de novo no dia 3 de junho de 1769, centenas de astrônomos de todo o mundo apontaram os telescópios para o céu, para assistir à passagem de Vênus na face do Sol. Eles ignoraram as diferenças religiosas, nacionais e econômicas, a fim de se unir para aquilo que se tornou o primeiro projeto científico global. Esta é a sua história.

Parte I
O TRÂNSITO DE 1761

1
Chamado à ação

Em meados do século XVIII, no início da década do trânsito, os impérios comerciais dos países europeus se estendiam por todo o globo. Viagens internacionais eram possíveis por meio das rotas de comércio estabelecidas com destinos remotos nas Índias Orientais e Ocidentais,* na África e no Brasil. A Grã-Bretanha controlava grande parte da costa leste da América do Norte, assim como partes da Índia, algumas ilhas do Caribe e Sumatra, na Indonésia. Entre as suas possessões, a França contava com o Canadá e a Louisiana, com *plantations* na Índia, com colônias produtoras de açúcar — como Haiti e Santa Lúcia — e algumas ilhas no oceano Índico. Os holandeses organizavam grande parte do seu comércio nas Índias Orientais a partir de Jacarta e dos portos em Galle, no Sri Lanka, e no Cabo da Boa Esperança, na África do Sul.

No entanto, os viajantes ainda enfrentavam enormes perigos: desde 1756, a maior parte da Europa se envolvia na Guerra dos Sete Anos. As condições políticas transformavam as expedições do trânsito em empreendimentos de alto risco. Enquanto cientistas da França, Grã-Bretanha, Suécia, Alemanha, Rússia e de alguns outros lugares planejavam a sua cooperação internacional, seus exércitos travavam batalhas sangrentas uns contra os outros nas florestas da Saxônia, na costa do mar Báltico, nos ermos do vale do Ohio e na Índia. Frotas rivais cruzavam os oceanos, de Guadalupe às Ilhas Maurício, envolvendo-se em ataques tão longínquos quanto em Pondicherry e Manila, mas também tão próximos de casa quanto no Mediterrâneo e no Atlântico.

---

* As Índias Orientais, como eram conhecidas, compreendiam o subcontinente indiano e o sudeste da Ásia, inclusive a Indonésia e as Filipinas, enquanto as Índias Ocidentais eram constituídas pelas ilhas caribenhas.

A guerra se originou dos velhos conflitos europeus entre os Hohenzollern, da Prússia, e os Habsburgo, da Áustria, e da competição imperial contínua entre a Grã-Bretanha e a Casa de Bourbon, que governava a França e a Espanha. A Grã-Bretanha e a Prússia lutavam contra a França, que era aliada da Rússia, da Áustria e da Suécia. Não era somente o poder político que estava em jogo, mas também os negócios de comércio e intercâmbio: a possessão das colônias da América do Norte e da Índia, além do tráfico de escravos da África Ocidental e as valiosas ilhas produtoras de açúcar nas Índias Ocidentais. Conforme os europeus expandiam seu mundo, difundiam também as guerras. Essa foi a primeira guerra global, rasgando a Europa e seus postos coloniais. Em meio a esses tempos turbulentos, os astrônomos teriam de viajar numa ambiciosa busca.

No dia 30 de abril de 1760, aos 72 anos, Joseph-Nicolas Delisle, astrônomo oficial da Marinha francesa,* dirigiu-se a uma reunião da Académie des Sciences, em Paris. Todas as quartas-feiras, os acadêmicos que atuavam nos campos da matemática e da astronomia se reuniam ali para discutir experimentos, projetos e pesquisas em curso. Delisle precisou percorrer apenas uma pequena distância. As salas da academia ficavam no Louvre, a cerca de um quilômetro e meio, cruzando o Sena, de seu pequeno observatório no Hôtel de Cluny, centro administrativo da Marinha real. As ruas eram estreitas, porém, como observara Benjamin Franklin alguns anos antes, "perfeitas para caminhar" e se conservavam limpas graças à varredura diária. Eram ladeadas por grandes casas, cheias de pessoas que andavam a pé e nas carruagens. Homens e mulheres vendiam mercadorias em barracas — de tudo um pouco: de vassouras a ostras, de ovos a queijos e frutas. Sapateiros, amoladores de facas e vendedores ambulantes gritavam para os passantes, oferecendo seus serviços. Pessoas de "todos os tipos e condições" se misturavam ali, como observou um viajante surpreso — de batedores de carteira a "Príncipes de Sangue Azul". Era, como notou Franklin, "uma Mistura prodigiosa de Magnificência e

---

*   O título de Delisle era "Astrônomo da Marinha".

Negligência". Outros, mais agressivos, chamaram-na de a "mais feia, animalesca cidade do universo".

Delisle cruzou o rio na ponte Neuf, uma ponte de pedra robusta, famosa como refúgio de artistas, curandeiros e arrancadores de dentes. Como disse um parisiense, a ponte representava para a cidade "o que o coração significava para o corpo: o centro do movimento e da circulação". Virando à esquerda, Delisle enxergou a fachada imponente do Louvre, que ficava na próxima esquina.

Naquela época, a França era governada por Luís XV, que subira ao trono em 1715, com apenas cinco anos de idade. Ele adorava astronomia e, com frequência, comparecia às demonstrações científicas em Versalhes, chegando a permitir que lhe aplicassem choques elétricos. Seu bisavô, Luís XIV, havia fundado a Académie des Sciences em Paris, no século anterior, a fim de promover a ciência (e os seus usos práticos) e a glória do seu reino. Ao longo do século, acadêmicos vinham se encontrando ali para discutir uma grande variedade de temas científicos, do estudo de insetos e cometas às invenções práticas, como energia hidráulica para as fontes de Versalhes ou bombas para a limpeza dos portos. A academia era a instituição científica mais importante do país, e seus membros, os melhores cientistas. Ser eleito "membro da academia" era considerado a maior honraria científica, e os acadêmicos portavam o seu título com muito orgulho, como se fosse um distintivo de nobreza.

A dissertação que Delisle estava prestes a apresentar colocaria os acadêmicos em ligação direta com o maior projeto científico já planejado. Ele pediria aos colegas que aceitassem o desafio lançado por Edmond Halley, há 44 anos: dar vida a uma colaboração internacional destinada a observar o trânsito de Vênus, em vias de acontecer no ano seguinte, no dia 6 de junho de 1761.

Halley havia exposto a ideia revolucionária de que o trânsito de Vênus poderia ser utilizado como um instrumento astronômico natural — quase um parâmetro celestial. Se inúmeras pessoas ao redor do mundo assistissem simultaneamente ao trânsito completo o mais distante possível uns dos outros, ele explicou, cada qual veria Vênus passando na frente do Sol ao longo de uma trilha levemente distinta — dependendo das locações dos observadores, nos hemisférios norte e sul. O percurso de Vênus seria menor ou maior de acordo com cada uma das estações de observação.

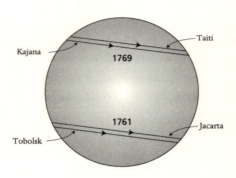

Os diferentes percursos de Vênus na frente do Sol, conforme a visão das estações nos hemisférios norte e sul, durante o trânsito de 1761 e 1769. As locações no sul experimentariam uma duração mais longa, em 1761, e mais curta, em 1769.

Com a ajuda da trigonometria, esses percursos distintos (e as diferenças na duração do trânsito de Vênus) poderiam então ser utilizados para calcular a distância entre o Sol e a Terra. Era um método engenhoso, porque a passagem não tinha de ser "medida", mas apenas cronometrada — pela observação do exato momento da entrada e da saída de Vênus do disco do Sol. Os únicos equipamentos necessários para os observadores seriam um bom telescópio com lentes coloridas e escurecidas (para proteger da claridade) e um relógio confiável.

Desde a convocação à ação de Halley, em 1716, os astrônomos vinham tentando encontrar outras formas de medir o sistema solar. No começo da década de 1750, cientistas franceses haviam tentado calcular a distância entre a Lua e a Terra, com observações feitas simultaneamente na Cidade do Cabo e em Berlim. Observando a Lua dessas duas locações e com a ajuda da triangulação, eles acalentaram a esperança de medir o céu antes do trânsito de Vênus — mas os resultados não foram precisos o suficiente. Durante anos, Delisle acreditou que poderia empregar o método de Halley para os trânsitos mais frequentes de Mercúrio — ele e outros astrônomos tinham observado vários deles —, mas acabou percebendo que Mercúrio ficava muito perto do Sol. Só o trânsito de Vênus ofereceria a oportunidade para fazer o cálculo.

A tarefa de coordenar as observações do trânsito feitas em tantos lugares distintos demandaria um tipo muito particular de indivíduo — alguém tão tenaz, persistente e determinado que fosse capaz de unir astrônomos concorrentes e até nações em guerra. Não havia ninguém melhor do que o próprio Delisle. Obsessivo, dedicava pouco tempo a qualquer outra coisa além da busca da ciência, devotando a vida às estrelas. Possuidor de um conhecimento enciclopédico e de uma ética do trabalho feroz, era um dos astrônomos mais respeitados da Europa. Durante 22 anos, ele trabalhou em São Petersburgo, introduzindo a Rússia no estudo da astronomia, ao instalar um observatório e treinar astrônomos. Ele também transformou a sua viagem à Rússia numa Grande Turnê — não de arte e arquitetura, mas de homens científicos. Em Londres, conheceu o velho Halley, em 1724, e discutiu com ele o trânsito de Vênus. Agora, que já tinha se tornado um viúvo idoso, Delisle vivia em Paris e passava a maior parte do tempo entre o Collège de France, onde residia e ensinava astronomia, e o seu observatório no Hôtel de Cluny, que ficava bem em frente.

Delisle não só tinha dedicado a vida inteira à astronomia, mas também havia se tornado o eixo para a troca de informações entre outros membros da comunidade científica da Europa. O volume da sua correspondência com astrônomos estrangeiros era enorme, embora nem sempre todos concordassem com os seus métodos de operação. O embaixador sueco em Paris tinha perseguido de tal forma a informação científica, sem jamais receber qualquer resposta de volta, que chamou Delisle de "ganancioso". O astrônomo francês tinha a fama de "incomodar tudo e todos" à cata de observações, mas guardando sempre as suas em segredo. Era "um abismo devorador que não cede nada em troca", como reclamou Jérôme Lalande, um de seus antigos alunos. Talvez Delisle fosse mesmo um pouco parcimônioso com seus próprios resultados, mas certamente devorava toda informação sobre o trânsito de Vênus que estava a seu alcance e empregava a sua personalidade persuasiva, se não obstinada, para correr o mundo atrás de sua investigação.

Nos anos que precederam o trânsito, Delisle estudou as tabelas astronômicas de Halley e concluiu que o astrônomo britânico estava ligeiramente equivocado — não em sua predição ou no chamado à ação, mas na escolha das melhores locações para realizar a observação do trânsito. O sucesso das medições dependeria das escolhas certas sobre as estações de visão. Quando Delisle apresentou seu plano e explicou onde Vênus apareceria, seus colegas acadêmicos foram conduzidos a uma viagem imaginária pelo mundo — de Pondicherry, na Índia, a Vardo, no Círculo Ártico, de Pequim a Paris. Halley previra que o trânsito visto da baía de Hudson, no continente norte-americano, seria dezoito minutos mais curto do que nas Índias Orientais. Mas, como Delisle informou a seus colegas acadêmicos, ele encontrou "resultados muito diferentes dos do senhor Halley". Segundo as próprias previsões, Delisle alegou que o trânsito seria apenas dois minutos mais curto na baía de Hudson — não suficientes para ajudar os cálculos — e, de qualquer maneira, a maior parte dele ocorreria durante a noite.

A maior diferença nas cronometragens poderia ser alcançada se as locações nos hemisférios norte e sul fossem postas em pares. Delisle sugeriu que Tobolsk, na Sibéria, era uma escolha ideal, assim como o Cabo da Boa Esperança — o tamanho da duração do trânsito, conforme observado dessas posições, diferiria em mais de onze minutos. A fim de tornar a seleção mais fácil, ele apresentou um mapa do mundo, o seu assim chamado "mapa-múndi". Tendo sido originalmente treinado para se tornar um observador, Delisle tinha combinado suas habilidades para desenhar mapas com seu conhecimento astronômico e acabou produzindo um mapa sombreado com diversas cores, para mostrar onde o trânsito poderia ser mais bem observado. Na zona azul, os observadores só seriam capazes de ver Vênus adentrando o Sol; nas partes do mundo pintadas de amarelo, somente a saída seria visível; mas na área vermelha, o trânsito completo poderia ser enxergado.

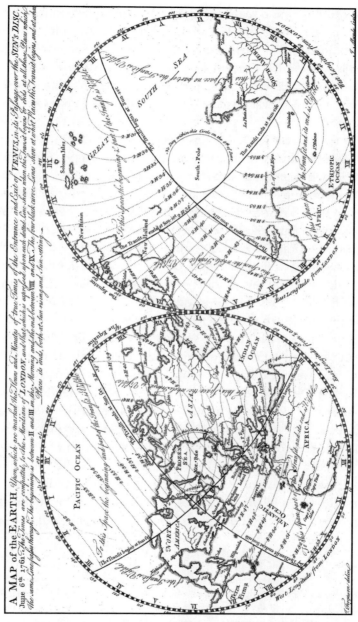

Um mapa-múndi de 1770. A versão de Delisle teria as regiões coloridas para representar a visibilidade do trânsito.

Ao examinarem o mapa, os cientistas logo perceberam as melhores locações, embora ficasse claro que muitas delas eram bem distantes e de difícil acesso. O trânsito completo poderia ser visto na China, na Índia e nas Índias Orientais, assim como próximo ao Círculo Ártico, no norte da Escandinávia e na Rússia — sendo que a locação da Sibéria experimentaria o trânsito mais curto, e as Índias Orientais, o mais longo.

A apresentação de Delisle aos colegas, na Académie des Sciences em Paris, era parte de uma campanha bem mais ampla. Ele mandara imprimir seu mapa e as explicações do trânsito, a fim de enviá-los para seus contatos internacionais — mais de duzentos cientistas e astrônomos em Amsterdã, Basle, Florença, Viena, Berlim, Constantinopla, Estocolmo, São Petersburgo e inúmeras cidades da França.* Ao mesmo tempo, os jornais franceses anunciavam e descreviam o mapa, trazendo a discussão sobre o trânsito para o domínio público. Delisle demonstrou ser um discípulo valioso de Halley. O seu mapa-múndi havia sido recebido por todo astrônomo em atividade da Europa e publicado em diversos periódicos científicos. Delisle não conseguia pensar em mais nada — seus aposentos no Collège de France, em Paris, haviam se transformado na sala de controle do projeto e na agência coletora de todas as comunicações a ele relacionadas.

Até que Delisle pedisse a seus colegas astrônomos que organizassem as suas expedições para o trânsito, a maior parte deles tinha vivido uma vida de infindáveis rotinas tediosas: passando as noites de frio ao relento ou engajando-se em cálculos matemáticos complexos.** Embora mirassem o universo dia após dia, e noite após noite, o seu próprio mundo raramente se expandia além dos limites de seus observatórios. As únicas distrações, como sugeriu o pai de um astrônomo, eram os "livros de viagens", porque "viagens podem divertir

---

* Delisle tinha distribuído quase metade das suas cópias para os astrônomos franceses, mas também enviou cerca de vinte cópias para os países de língua germânica, dezesseis para a Grã-Bretanha, sete para a Itália e várias para Suécia, Holanda, Rússia e Portugal.

** Um dos astrônomos assistentes de Greenwich resumiu o que muitos sentiam, quando escreveu: "Aqui, desamparado, ele passa dias, semanas e meses nos mesmos longos e fatigantes cálculos, sem um amigo para encurtar as horas tediosas, ou uma alma com quem possa conversar". (Croarken, 2003, p. 285).

e aprimorar". A descrição do cargo para astrônomo assistente, no Observatório Real de Greenwich, era tristemente honesta: buscavam-se homens que fossem "infatigáveis no trabalho duro e, acima de tudo, burros de carga obedientes" — normalmente, essas características e requisitos não costumavam ser associadas aos viajantes que corriam o mundo e aos exploradores heroicos.

Era um esforço audacioso; e agora, com o envio das petições e faltando pouco mais de um ano para o trânsito acontecer, chegara a hora de Delisle coordenar as observações e decidir quem iria para onde. Tendo em vista que o alcance comercial dos países europeus se estendia por todo o globo, fazia sentido utilizar as rotas coloniais existentes para viajar rumo às locações mais remotas. Halley já tinha sugerido a exploração das possessões imperiais de cada país, aconselhando os ingleses a viajarem para a baía de Hudson e para a Índia, os franceses para as suas *plantations* em Pondicherry e os holandeses para o seu entreposto comercial de Jacarta — e Delisle aquiesceu.

Para os astrônomos, os trânsitos ofereciam a possibilidade de revelações científicas e de uma nova compreensão do universo. Mas eles também sabiam que havia outras oportunidades apresentadas pelo projeto que eles poderiam aproveitar. Caso os observadores estacionados ao redor do mundo fossem bem-sucedidos, as medidas tiradas por eles também ajudariam a melhorar a navegação — essencial para qualquer império mercantil e potência naval. Pois, lado a lado com o crescimento dos impérios e dos ideais do Iluminismo, o século XVIII também se tornara o berço do capitalismo. À medida que novos mercados importadores e exportadores se espalhavam pelo mundo inteiro, a navegação acurada havia se transformado num ramo da ciência que proporcionava riqueza e poder. Esse fato, como acreditava Delisle, ajudaria a convencer monarcas e governos a financiar pelo menos algumas das expedições.

Tendo as Índias Orientais holandesas como a locação mais remota e uma das estações de observação mais importantes do mundo, Delisle escreveu a um conhecido e colega astrônomo em Haia, na Holanda, perguntando sobre a possibilidade de conduzir uma observação na colônia holandesa. Ao mesmo tempo, continuou a buscar apoio mais perto de casa, implorando ao secretário de Estado francês e ao rei Luís XV que pagassem uma expedição francesa a Jacarta, fingindo já obter a total cooperação dos holandeses. A jogada não deu certo. O conhecido de Delisle em Haia enviou más notícias, dizendo que os holandeses tinham concordado apenas em arranjar passagem para um observador francês num navio holandês, e só. A Holanda não tinha nenhum interesse em patrocinar qualquer expedição porque "a utilidade da astronomia para a humanidade não era suficientemente reconhecida na sociedade holandesa", observou desesperançado.

Delisle, entretanto, pensou numa solução. Como estava bem claro em seu mapa-múndi, havia muitos lugares de onde se poderia observar a entrada ou a saída de Vênus do disco do Sol. Se os astrônomos usassem o método de "duração" de Halley (que requeria que olhassem o percurso completo de Vênus da face do Sol), somente uns poucos lugares do mundo poderiam servir — muitos dos quais, como Jacarta, eram bem distantes e difíceis de alcançar. A nova estratégia de Delisle permitiria que os observadores vissem os horários *ou* da entrada *ou* da saída de Vênus, em vez de precisarem acompanhar o trânsito completo. De acordo com Delisle, uma observação do horário de entrada ou de saída, em qualquer locação, poderia ser combinada com outra de uma locação distante — desde que fossem tomadas em latitudes similares e a diferença exata entre os lugares, na longitude e na latitude, fosse conhecida. Os astrônomos seriam capazes de juntar os dados após o trânsito, e ainda calcular a distância entre a Terra e o Sol.

Tendo Delisle à frente do projeto, não surpreendeu o fato de que os franceses foram os primeiros a organizar uma expedição. No dia 26 de março, cinco semanas antes que Delisle divulgasse seu mapa-múndi pela Europa, um de seus ex-alunos seguiu o seu plano e zarpou de Brest, um porto na costa atlântica da França, a caminho da Índia.

Nascido em 1725, numa pequena cidade da Normandia, "de uma família não muito rica", Guillaume Joseph Hyacinthe Jean-Baptiste

Le Gentil de la Galaisière foi o primeiro da corrida. Inicialmente, tinha tentado uma carreira eclesiástica em Paris, mas acabara sendo atraído pelo estímulo intelectual oferecido pela metrópole. Desde que assistira à conferência de Delisle sobre astronomia, Le Gentil se voltara para a ciência. Em vez de rezar ou de se apegar a argumentos teológicos "vãos", ele agora preferia observar o "céu". Arranjou um emprego no Observatório Real, em Paris, e se tornou membro da Académie des Sciences da França. Como Delisle, ele havia observado o trânsito de Mercúrio em 1753, mas logo voltou sua atenção para o mais útil e raro trânsito de Vênus, escrevendo sobre ele e depois se oferecendo para viajar até Pondicherry, na Índia, onde o trânsito completo seria visível.

No final do ano anterior, Le Gentil havia recebido permissão de viajar a Pondicherry. A força combinada de ciência, política e economia — o presidente da academia de Paris, o secretário de Estado francês e o controlador-geral das Finanças — estava convencida da importância da missão e a apoiou integralmente. Com a promessa da Companhia das Índias Orientais francesa, que controlava o comércio no porto de Pondicherry, de garantir a Le Gentil a passagem num de seus navios, a viagem pôde ser organizada em poucas semanas. De acordo com Le Gentil, a Companhia das Índias era "sempre zelosa" quando se tratava de projetos úteis.

Dois outros astrônomos franceses também se mostraram entusiasmados para viajar: Jean-Baptiste Chappe d'Auteroche e Alexandre-Gui Pingré que, como Le Gentil, também eram membros da academia francesa. Ambos se apresentaram com "grande ímpeto" como voluntários para aceitar o convite da Academia Imperial de Ciências de São Petersburgo e viajar até Tobolsk, na Sibéria. Decidiu-se que Chappe, de 36 anos, seria mandado para a Rússia, e Pingré, de 48 anos, para outro destino, a ser acordado no devido tempo. Chappe era um velho conhecido de Delisle por seus cálculos astronômicos precisos e observações competentes, e Pingré era um dos mais respeitados astrônomos em Paris. Ambos eram encarados como "dignos" de honra e como perfeitos candidatos — ou pelo menos era assim que pensavam os membros da academia. Certamente, eles eram astrônomos brilhantes, mas também eram corpulentos e já tinham chegado à meia-idade — e não correspondiam exatamente à personificação de aventureiros audaciosos. Mesmo assim, eles estavam prontos para enfrentar os perigos de longas viagens. A França estava preparada para correr atrás de Vênus... mas a Grã-Bretanha vinha logo atrás.

No dia 5 de junho de 1760, cinco semanas depois que Delisle apresentou o seu mapa-múndi na academia, em Paris, os membros da Royal Society britânica seguiram caminho até Crane Court, uma pequena rua sem saída com esquina para Fleet Street, Londres, para o seu encontro semanal. Homens ricos chegavam nas próprias carruagens, enquanto outros caminhavam pelas ruas lamacentas ou chamavam um dos milhares de coches de aluguel que abarrotavam as ruas estreitas. Para serem transportados mais rapidamente pela cidade atabalhoada, alguns solicitavam uma liteira, que era levada por carregadores que corriam tão depressa que frequentemente atropelavam pedestres que não conseguiam sair da sua frente. Eles passavam pelas vitrines cintilantes da Strand e da Fleet Street. Como notavam os turistas, as lojas eram "inteiramente feitas de vidro" e "uma loja competia com a outra". Por trás das vitrines, mercadorias preciosas ficavam expostas, um espetáculo de objetos que testemunhavam o alcance da Grã-Bretanha no mundo, assim como o seu poderio manufatureiro. Ao anoitecer, a luz bruxuleante de milhares de velas iluminava bules de prata reluzentes, caricaturas políticas, novos telescópios e pilhas de rendas delicadas. Pirâmides de abacaxis e uvas concorriam com diamantes e outras pedras preciosas, incitando os compradores a esvaziar as bolsas.

Todos os dias, nas ruas apinhadas de gente, os londrinos ouviam uma serenata orquestrada de vozes e sons que pareciam não terminar nunca — violinistas tocando nas esquinas, sinos soando nas torres das igrejas e gritos dos vendedores de rua. Mesmo durante a noite, eles podiam ouvir "a voz rouca da Sentinela" informando a hora e as condições do clima.

O quartel-general da Royal Society, em Crane Court, Londres

Depois que os membros subiam as escadas até a sala de reuniões, começavam a trocar, com euforia, as últimas novidades científicas e a contar as fofocas. O presidente se sentava numa cadeira larga, na extremidade de uma longa mesa, com o retrato do seu patrono real, o rei George II, atrás dele, e no lado oposto um busto de mármore do antigo presidente, Isaac Newton. Como sempre, demorava um pouco para que todos os membros se sentassem nos bancos e para que a conversa silenciasse de vez. Como a academia da França, a Royal Society era o fórum científico mais importante da Grã-Bretanha. Desde a sua fundação, na década de 1660, "para o aprimoramento do conhecimento natural pelo Experimento", ela se tornara o centro da pesquisa científica britânica e do pensamento iluminista. Nos encontros semanais das quintas-feiras, os membros discutiam câmaras de mergulho e taxionomia biológica, viam cachorros explosivos e pessoas "eletrificadas" e conduziam transfusões de sangue de ovelhas para humanos, assim como aprendiam sobre cometas, fósseis e os mais recentes relógios de pêndulo. Realizavam experimentos, debatiam resultados e liam cartas enviadas por outras mentes científicas, amigos e estrangeiros como eles.

No dia 5 de junho, após a conferência das presenças, um dos membros se levantou para ler uma carta que havia recebido de Paris, a "Memória apresentada pelo Sr. de Lisle [sic] à Sociedade" e o "mapa do mundo" que indicava as locações onde seria possível observar "a iminente passagem de Vênus". Aquilo colocaria em movimento uma cadeia de eventos que ocupariam a atenção da Royal Society durante mais de uma década, pois, quando os membros terminaram de estudar o mapa-múndi e a proposta do trânsito, acolheram com entusiasmo a sugestão do cientista francês.

Apenas duas semanas depois, decidiu-se que o Conselho da Royal Society deveria escolher observadores e "locais apropriados" de onde se pudesse ver o trânsito de Vênus. No entanto, tendo apenas um ano para escolher os destinos mais remotos — assim como para organizar financiamentos, instrumentos e contratar astrônomos —, o tempo parecia muito escasso. Por "unanimidade", o Conselho escolheu duas locações: a distante ilha de Santa Helena, no Atlântico Sul, o território mais sulino sob controle britânico; e um sítio a ser definido dentro das Índias Orientais. A escolha pendia entre Bencoolen (hoje, Bengkula), na ilha de Sumatra, que, assim como Santa Helena, ficava sob o controle da Companhia das Índias Orientais britânica; e Jacarta, "a depender das incertezas", porque se tratava de uma possessão holandesa. Nas Índias Orientais, o trânsito completo seria visível, ao passo que Santa Helena seria agraciada apenas com a saída, o que, de acordo com o método de Delisle, era muito bom. A grande vantagem de Santa Helena era a sua localização no hemisfério sul, sendo, portanto, a contrapartida perfeita para as estações de observação do norte remoto.

Com a decisão tomada, iniciou-se um frenesi de atividades. Alguns membros foram solicitados a estimar os custos das expedições e a listar os instrumentos que seriam necessários. Outros ficaram encarregados de coletar informações sobre as condições climáticas de Santa Helena e das Índias Orientais. Um tempo bom era fundamental — não faria nenhum sentido enviar astrônomos até o fim do mundo para olhar um céu nublado. Mais importante ainda, uma delegação foi despachada para indagar aos dirigentes da Companhia das Índias Orientais britânica "que tipo de assistência se poderia esperar deles".

O envolvimento da Companhia era vital. Fundada há mais de 150 anos como um cartel de mercadores, que juntaram recursos para criar um monopólio e controlar o suprimento de bens em proveito próprio, a Companhia foi se expandindo gradualmente. Ela consistia de uma rede de entrepostos coloniais que abrangia o globo e concorria com as companhias das Índias Orientais dos outros países europeus, tais como a Holanda e a França. Com poucos recursos e tempo escasso, fazia sentido bater à porta dessa ampla rede mercantil do império. Se a Companhia das Índias Orientais tivesse boa vontade, a Royal Society poderia confiar que os astrônomos viajassem nos seus navios, se hospedassem nas suas acomodações e fizessem uso da infraestrutura existente nessas locações remotas.

No dia 3 de julho, quatro semanas após a leitura da carta de Delisle, o Conselho da Royal Society tornou a se reunir para ouvir os resultados das inquirições: o ex-governador de Bencoolen tinha providenciado as informações necessárias sobre o clima de lá e a reunião com os dirigentes da Companhia das Índias Orientais tinha sido um grande sucesso, como reportou um dos membros. Eles concordaram em fazer tudo que estivesse "ao seu alcance" para dar assistência ao projeto. Não haveria problema, disseram, para chegar a Santa Helena a tempo. Embora fosse uma das ilhas mais remotas do mundo, um pontinho isolado de terra no meio do Atlântico Sul, ela representava uma importante paragem onde os navios reabasteciam seus estoques de comida na rota mercantil da Companhia das Índias Orientais. A viagem demoraria cerca de três meses e navegações comerciais estavam programadas dentro desse período de tempo. Seria fácil para uma equipe de observadores navegar num *East Indiaman** e os dirigentes também se sentiam felizes em oferecer as suas acomodações

---

* *East Indiaman* era um tipo de navio fretado pela Companhia das Índias Orientais.

em Santa Helena (embora a Royal Society tivesse de pagar pelo privilégio).

Chegar às Índias Orientais, entretanto, parecia ser mais difícil. Não havia nenhum barco da companhia que se dirigisse a Bencoolen antes do dia 6 de junho de 1761. Em razão disso, os dirigentes recomendaram que a Royal Society entrasse em contato com os holandeses, a fim de arrumar passagem num de seus navios, em direção ao seu entreposto comercial de Jacarta, "o qual (muito provavelmente) vai chegar a tempo". Nesse meio-tempo, os dirigentes ainda despacharam cartas para os seus empregados na Índia, contendo instruções sobre como observar o trânsito. Após esse relatório, um outro membro explicou que os instrumentos para a expedição não poderiam ser alugados, com eles imaginaram, e teriam de ser comprados.

Tendo anotado rapidamente todas as despesas prováveis, a Royal Society calculou que precisaria de um orçamento de 685 libras para enviar um astrônomo e um assistente a Santa Helena, e aproximadamente o dobro disso para mandar dois astrônomos às Índias Orientais. O custo da expedição a Santa Helena era quase sete vezes o salário anual do Astrônomo Real, e muito maior do que o reduzido orçamento da Royal Society; portanto, a instituição estava decidida a escrever ao Tesouro, pleiteando financiamento. Embora os astrônomos de toda a Europa compreendessem que, para dar certo, a coleta de dados teria de ser um esforço conjunto, também sabiam que governos e monarcas teriam maior predisposição a financiar as expedições se ficassem convencidos de que elas representariam um benefício nacional. A petição da Royal Society ao Tesouro e ao rei apelava ao patriotismo e ressaltava que, graças a esse empenho, estaria resguardada a honra da nação.

A Inglaterra, como reivindicavam os membros da Royal Society, tinha o dever de participar. Não só a ideia original desse projeto tinha sido de um inglês, o "dr. Halley, antigo Astrônomo Real de Sua Majestade", como também o único homem a ter observado anteriormente um trânsito de Vênus tinha sido o astrônomo inglês Jeremiah Horrocks, em 1639.* Mais do que isso, os franceses e as outras nações

---

* O britânico Jeremiah Horrocks tinha sido o primeiro a predizer (e ver) um trânsito de Vênus. Apesar das nuvens, o astrônomo de vinte anos e seu amigo, o vendedor de

europeias estavam prestes a fugir com o prêmio, como enfatizaram os membros da sociedade, porque estavam "agora enviando as pessoas certas para os lugares certos". Quanto mais observações fossem feitas, maiores seriam as vantagens para a ciência e, por extensão, para as nações participantes. Com os olhos do mundo todo voltados para a Inglaterra, como insistiam os membros da sociedade, com certeza o Tesouro gostaria de responder à altura de toda essa "expectativa generalizada". Para o progresso da astronomia e a glória da nação, eles necessitavam de financiamento para despachar os próprios observadores. A estratégia funcionou e, no dia 14 de julho, menos de duas semanas depois de sua petição ter sido mandada, a Royal Society recebeu a notícia de que o rei George II "ficava graciosamente satisfeito" de conceder o dinheiro.

No mesmo dia, sem nenhum contratempo adicional, o astrônomo de 27 anos Nevil Maskelyne foi indicado como o principal observador da expedição a Santa Helena. Solteiro, Maskelyne era pároco em Chipping Barnet, pequena cidade no noroeste de Londres, mas o seu amor pela astronomia eclipsou sua vocação religiosa. Sua adoração ao céu teve origens na infância, quando presenciou um eclipse solar.* Para ele, as teorias astronômicas eram "sublimes", mais do que a Bíblia. Maskelyne já era membro da Royal Society há alguns anos e se ofereceu como voluntário para navegar até Santa Helena. Como parte da viagem era patrocinada pela Companhia das Índias Orientais, talvez tenha sido de alguma ajuda o fato de que Robert Clive fosse cunhado de Maskelyne, pois os recentes êxitos militares de Clive em Bengala haviam consolidado a ascendência da Companhia e mais tarde um predomínio na Índia. Para o jovem astrônomo amador, a viagem era a sua grande chance de adentrar o mundo mais amplo da astronomia profissional.

---

tecidos de linho e astrônomo amador William Crabtree, conseguiram observar partes do trânsito no dia 4 de dezembro de 1639; um em Hoole, Cheshire, e o outro em Manchester.

* Esse foi o eclipse solar de 1748, que também inspirou Jérôme Lalande, astrônomo francês que se envolveu profundamente no projeto do trânsito. Um contemporâneo afirmou que "nenhum fenômeno celestial foi mais útil para a ciência do que esse eclipse", porque ele despertou o amor pela astronomia em Maskelyne e Lalande. (Delambre, *Life and Works of Dr. Maskelyne*, 1813, p. 2, RGO/226).

Apenas cinco semanas depois que a carta de Delisle foi lida para os membros da Royal Society, os britânicos já estavam prontos para reivindicar os seus direitos.

2
Os franceses são os primeiros

QUANDO A NEBLINA SE DISSIPOU no Cabo da Boa Esperança, Le Gentil avistou quatro navios no horizonte. A cerca de oito quilômetros de distância, mas se aproximando com rapidez, os navios de guerra britânicos faziam parecer minúscula a fragata na qual o astrônomo francês viajava. Examinando através do seu telescópio, ele viu que dois dos navios tinham 64 canhões cada um — a embarcação francesa tinha vinte e quatro. Os britânicos vinham seguindo o navio ao longo dos últimos dias, mas o clima vinha lhes permitindo dissimular... até então.

Embora as viagens marítimas já fossem suficientemente arriscadas, a situação política volátil as tornava ainda piores. Com a Guerra dos Sete Anos em pleno curso, Delisle acabou enviando os astrônomos para verdadeiras zonas de guerra. As viagens entre exércitos inimigos rumo a destinos do trânsito eram jornadas traiçoeiras. Como Grã-Bretanha e França se enfrentavam em combates, a aparição da frota inimiga poderia significar um final prematuro para a viagem de Le Gentil. Apesar de os cientistas de ambos os países terem concordado em trabalhar juntos, o empreendimento não tinha significação nas esferas políticas e econômicas mais amplas. Pouco importava que a Royal Society, em Londres, e a Académie des Sciences, em Paris, tivessem o mesmo objetivo: se um navio britânico se deparasse com um francês, teria de haver batalha. A guerra tinha tornado a navegação tão arriscada que a Companhia das Índias Orientais britânica chegara mesmo a dizer à Royal Society que enviasse dois observadores para cada locação, mas cada um em "um *Navio diferente*", no caso de algum deles sofrer um ataque.

Não era a primeira vez que Le Gentil, então com 34 anos de idade, tinha de enfrentar um inimigo em sua viagem. Desde que deixara

Brest, dois meses antes, no final de março de 1760, a tripulação tinha sido obrigada a ziguezaguear pelo oceano, de modo a escapar dos britânicos. Dessa vez, no entanto, a retirada parecia improvável. Le Gentil viu que os britânicos se aproximavam rapidamente — apesar dos ventos fortes, os barcos vinham a toda a vela. Uma embarcação vinha na direção de estibordo e a outra de bombordo, tentando estreitar o barco francês em alto-mar e, como Le Gentil escreveu, "colocar-nos entre dois fogos".

Diante de tamanho perigo, Le Gentil encontrou uma solução decidida. Ele tinha um compromisso astronômico a cumprir, afinal de contas, e nada — nem guerras nem ondas — iria detê-lo. Ainda que os oceanos estivessem tempestuosos e mesmo que os canhões inimigos chegassem muito perto, Le Gentil estava pronto para arriscar a vida pela ciência e pelo conhecimento. Naquela noite, enquanto eram perseguidos no mar revolto, um Le Gentil sereno se preparava para um eclipse lunar — um dos raros eventos em função do qual ele podia determinar a exata posição do navio. Enquanto a Terra se movia lentamente entre o Sol e a Lua, com sua sombra escondendo o satélite, Le Gentil apontou seu telescópio para longe dos navios britânicos, na direção do céu.

Felizmente, o clima estava ao lado deles, e uma grossa cortina de neblina e chuva encobriu a fragata de Le Gentil, tirando a visão dos britânicos e permitindo-lhes desaparecer dentro da vastidão do oceano. "Parecia que a névoa tinha sido feita para nós", escreveu Le Gentil um tempo depois e, com os resultados de suas observações astronômicas e o eclipse lunar, ele se tornara apto inclusive a dar assistência ao capitão do navio, para cruzar as águas traiçoeiras do Cabo da Boa Esperança.

Os ventos fortes, contudo, continuaram a soprar com tanta força sobre o navio que as velas se transformaram em tiras de pano inúteis. Pelo menos o enjoo de Le Gentil — que o atormentara a tal ponto de ele considerar a morte um "alívio" — tinha passado. Ele se sentia tão bem que foi capaz de afirmar que estava se sentindo "melhor no mar do que normalmente em terra", tirando medidas e observando as estrelas "sem se cansar". Durante mais seis semanas, eles bordejaram lentamente pelo oceano Índico, até chegarem às Ilhas Maurício (então denominadas Île de France).

As Ilhas Maurício constituíam uma parada na rota francesa de comércio com a Índia, que era administrada pela Companhia das Índias. Sendo ainda uma base naval importante, contava com uma próspera indústria de construção de navios. Era dali que os franceses deslanchavam ataques contra as possessões britânicas na Índia e, assim tinham dito a Le Gentil, ali também ele poderia conseguir um navio para levá-lo a Pondicherry. Le Gentil desembarcou nas Ilhas Maurício em 11 de julho — quatro dias antes de a Royal Society britânica assegurar o financiamento do rei George II.

Numa carta endereçada à academia, Le Gentil agora relatava despreocupadamente a sua viagem como "a mais agradável e mais feliz". Eles haviam perdido um único homem para a doença e "um passageiro que se atirou ao mar". Mas mesmo Le Gentil, com toda a sua habilidade para dourar a pílula das situações mais pavorosas, se desesperou quando, dois dias mais tarde, um navio chegou da Índia com a notícia devastadora de que tudo que restara das possessões francesas naquela região estava desmoronando sob os ataques britânicos. Três anos antes, a vitória decisiva de Robert Clive na Batalha de Plassey já havia posto Bengala sob domínio britânico. Agora, Karaikal, um porto francês que ficava a apenas 160km ao sul de Pondicherry, tinha sido tomado pelos ingleses, enquanto a própria Pondicherry — quartel-general da Companhia das Índias francesa na Índia — estava sitiada. Uns 3 mil britânicos, conforme relatou o capitão francês a Le Gentil, chocado, foram "deslocados para fazer o sítio". Vinte e cinco dias antes, quando saiu da costa indiana, prosseguiu o capitão, o inimigo estava ocupado "postando a sua artilharia diante de Pondicherry". Para piorar, boa parte da frota francesa que estivera parada na base naval de Maurício e que deveria zarpar para proteger Pondicherry tinha sido destruída por um furacão no começo daquele ano — alguns navios afundaram, outros foram lançados contra os corais. "Não sei quando serei capaz de partir", escreveu, desesperado, Le Gentil a Paris. Por ora, ele ficaria preso em Maurício. Parecia que a primeira expedição francesa tinha fracassado.

Mas Le Gentil não iria desistir assim tão facilmente, e decidiu procurar locações alternativas nas quais pudesse assistir ao trânsito. Com tenacidade, ele tentou preparar um plano, mas sentiu que estava perdendo tempo naquilo que denominou de "projetos quiméricos". Percorrendo a lista original de Delisle das locações possíveis, Le Gentil primeiro escolheu Jacarta como alternativa possível a Pondicherry, mas acabou desistindo da ideia. Nenhum navio sequer tinha chegado à ilha enquanto ele esperava, que dirá então zarpado rumo às Índias Orientais. A única opção, como decidiu, era navegar num pequeno barco local em direção a Rodrigues, uma ilha não muito distante de Maurício, conhecida principalmente por suas tartarugas. Não era a solução ideal. Seus cálculos previam que o Sol estaria muito baixo durante o trânsito. Isso tornaria as observações mais difíceis, porque o horizonte estava "sempre nublado e carregado de nuvens pesadas". O clima de Rodrigues no mês de junho não era promissor, porque, segundo lhe disseram, o céu ficava encoberto durante as monções. Mas não havia muita escolha, pois, como declarou: "aqui eu estou sem esperança."

Nos meses seguintes, além da preocupação com sua observação do trânsito, o cotidiano de Le Gentil em Maurício foi desconfortável. Com Pondicherry sitiada pelos britânicos, nenhum suprimento chegava da Índia e os funcionários desonestos da Companhia das Índias, em Maurício, vendiam os produtos deixados em suas lojas por preços absurdamente inflacionados. "A vida é terrivelmente cara", Le Gentil escreveu a Paris, reclamando em particular do custo do vinho. Para piorar, Le Gentil também foi vítima de crises debilitantes de disenteria. A umidade do ar pairava como uma grossa coberta sobre a ilha e ele se sentia fraco. Tinha certeza de que a sua doença resultava da frustração. Suas "mortificação e preocupação" a respeito da observação do trânsito o deixaram doente.

Ironicamente, enquanto Le Gentil planejava a sua ida para Rodrigues, os membros da academia, em Paris, decidiram despachar Alexandre-Gui Pingré para lá também. Com o seu aparentemente inabalável talento para atrair problemas, Le Gentil conseguira pinçar na vastidão dos oceanos justamente aquele pequeno pontinho de terra que os acadêmicos haviam escolhido para outro observador francês. Por total coincidência, dois observadores que deveriam ficar o mais longe possível um do outro estavam prestes a se dirigir para o mesmo local.

Os membros da academia levaram todo o verão e o outono de 1760 para decidir para onde enviar Pingré. Durante aquelas semanas, dois astrônomos franceses — com o auxílio do próprio Pingré — tinham preparado um relatório para o secretário de Estado e para Luís XV explicando a importância das expedições. A partida prévia de Le Gentil era uma prova do "zelo" da academia, como ressaltava o relatório, mas os franceses podiam fazer mais. O trânsito era um "daqueles momentos preciosos", como argumentou outro astrônomo em outro relatório, e caso eles não o aproveitassem não seriam capazes de recuperar a oportunidade perdida. O século anterior os tinha "invejado" por esse momento, e o "futuro" recriminaria a todos aqueles que o tivessem ignorado.

A princípio, a academia pretendeu enviar Pingré para algum porto holandês ou português ao longo da costa sudoeste da África, como Luanda, na Angola portuguesa, ou algum porto na Guiné holandesa. Diversas locações foram consideradas e avaliadas de todos os ângulos, inclusive os arranjos de viagem de Pingré, as previsões do clima e a infraestrutura existente. Segundo a conclusão do relatório, o clima era "perigoso para estrangeiros", em todos os lugares. Em caráter definitivo, os autores do relatório acrescentaram que eles teriam de despachar dois cientistas porque, se Pingré morresse, "precisaria ser substituído". Com bastante coragem, Pingré declarou que não estava "alarmado com todos aqueles perigos" e que eles não deveriam considerar os "riscos" ao seu bem-estar pessoal.

Pingré, que estava com 48 anos e sofria de gota, era um candidato improvável para uma expedição tão perigosa. Seu corpo pesado e seu rosto gorducho indicavam uma natureza jovial e uma alegria pelas coisas boas da vida. Era um homem de grande saber e cultura, que fora ordenado padre e passara pelo estudo e o ensino de teologia, além de ter escrito sobre linguística, música, poesia e, é claro, astronomia. Seus olhos amigáveis e vivos, porém, ocultavam um caráter obstinado. No passado, ele enraivecera de tal forma a Igreja com opiniões não ortodoxas que acabou sendo mandado para uma obscura escola primária na província. Entediado com a vida ali, aos 38 anos, Pingré se voltou para a astronomia, bombardeando a academia de Paris com cartas científicas e ensaios. Enquanto escrevia sobre cometas, eclipses, navegação e o trânsito de Vênus, ia construindo lentamente a sua reputação. Por fim, a aclamação crítica ao trabalho astronômico de Pingré acabou restaurando a sua posição dentro da Igreja e ele recebeu permissão para voltar à abadia de Santa Genoveva, em Paris, um celebrado centro de aprendizagem. Como Le Gentil e Delisle, Pingré observara o trânsito de Mercúrio em 1753 e oferecia sem parar seus serviços para as expedições de Vênus. Com a sua competência, conforme acreditava a academia, o trabalho de Pingré "sem dúvida, superaria" as expectativas. Ficou decidido que escreveriam a Portugal e Holanda, a fim de descobrir que localidades eram visitadas com mais frequência pelos navios mercantes e, assim, mais facilmente alcançáveis por Pingré.

Previsivelmente, os portugueses e os holandeses, que a princípio não tinham demonstrado muito interesse no trânsito, não se entusiasmaram com a possibilidade de dar aos franceses uma oportunidade de mapear as suas possessões coloniais. As suas respostas falaram, educadamente, em "diversos obstáculos". Logo em seguida, a academia surgiu com uma nova estratégia: Pingré teria de observar o trânsito em algum ponto dentro do império francês, onde poderia receber apoio da administração local. Após algum debate, a academia escolheu Rodrigues, que fazia parte da rede comercial da Companhia das Índias Orientais francesa. Os céus estariam supostamente claros ali no mês de junho (uma informação oposta à que Le Gentil havia recebido), e a ilha pertencia aos franceses, no caminho da rota mercantil para a Índia.

No dia 16 de novembro, enquanto Le Gentil continuava sofrendo de disenteria em Maurício, Pingré se reuniu com os amigos em Paris para um jantar de despedida. O vinho foi servido em abundância, a comida era excelente e a companhia, alegre. Somente Pingré permaneceu em silêncio. Pela primeira vez, o francês, que mesmo nas situações mais adversas jamais perdera o apetite, não conseguiu comer. As últimas semanas tinham se passado em ritmo frenético, mas, de repente, ao olhar para os amigos e os colegas da academia, em Paris, ele se dava conta do que estava prestes a fazer. A conversa dos companheiros ficava como pano de fundo, e ele pensava em seu futuro incerto. No dia seguinte, deixaria para trás o mundo conhecido, viajando em nome da ciência através do globo. Não se arrependera de ter se apresentado como voluntário, mas estava apreensivo. A princípio, como Pingré admitiu, a indicação tinha sido "tremendamente lisonjeira" para ele, mas agora as advertências dos amigos começavam a preocupá-lo. Eles tinham sido "os primeiros a se assustar com o destino dele", disse Pingré, e assim tentavam convencê-lo de que a sua vida estaria em perigo. De súbito, ele começou a ver a viagem com outros olhos: em vez de fama e honra, morte e doença poderiam se sobressair. Com toda a Europa em guerra, ele arriscava "minha liberdade, minha saúde e até minha vida".

Preocupado, porém ainda determinado, no dia seguinte, Pingré tomou um coche até Lorient — o quartel-general da Companhia das Índias —, na costa da Bretanha, a fim de embarcar num *East Indiaman*. Ao chegar lá, seu medo logo se transformou em raiva, quando os agentes locais da Companhia reclamaram que o astrônomo tinha trazido uma bagagem excessiva. Construído como barco de guerra, com 64 canhões, o *Comte d'Argenson* fora convertido em navio de carga para a Companhia. Trinta e oito canhões foram removidos, a fim de dar espaço a produtos comerciais e passageiros e, como acreditou Pingré, a seus equipamentos astronômicos. Enfurecido, Pingré argumentou que trezentos ou quatrocentos quilos de bagagem não eram nada incomuns para um astrônomo — os telescópios, o quadrante e o grande relógio de pêndulo eram essenciais. Apesar dos protestos, a controvérsia se arrastou por várias semanas. Os funcionários locais pareciam determinados a não permitir que a sua aventura interferisse com as regras e regulamentações que estavam acostumados a seguir. No fim das contas, a academia em Paris precisou intervir e, após semanas de espera, Pingré finalmente partiu, no dia 9 de janeiro de 1761, faltando apenas quatro meses e 28 dias para o trânsito.

Com o seu precioso equipamento seguramente acondicionado, Pingré então voltou a atenção para a segunda questão mais importante: comida. Ele perguntou ao capitão sobre a dieta a bordo, escrevendo em seu diário as listas detalhadas dos suprimentos do galeão: queijo, bacon, carne salgada, patê, vinho e assim por diante, mas descobriu, para o próprio desapontamento, que haveria uma única refeição por dia. Na primeira noite, o mar esteve revolto. A maioria dos passageiros passou a noite acordada e "pagou o seu tributo ao mar". Com estômago forte, Pingré escapou do enjoo, mas dormiu mal por causa da dor provocada pela gota no pé direito. Ele se deitou no escuro, porque não havia permissão de acender tochas ou velas durante a noite, a fim de não atrair a atenção dos inimigos. Sua pequena cabine ficava separada do deque de armas por meio de divisórias temporárias — os canhões por trás da fina parede eram lembranças tangíveis de que os mares constituíam um espaço extremamente concorrido, mas Pingré estava preparado. Ele trazia um passaporte que a Royal Society, em Londres, tinha solicitado para ele ao Almirantado Britânico, uma ordem geral para todos os comandantes de navios de bandeira britânica de que "não molestassem a sua pessoa ou o que estivesse por sua conta". Viajava em nome da ciência, e os capitães britânicos, conforme determinava essa ordem, deveriam permitir que o francês "prosseguisse sem demora ou interrupção".

Em sua primeira manhã ao mar, Pingré ouviu os marinheiros chamando uns aos outros, enquanto levantavam os mastros e ajustavam as cordas, com o vento franzindo o pano branco das velas. A proa do carregado *Comte d'Argenson* rasgava as profundezas cinzentas, deixando um rasto de espuma branca nas ondas que parecia uma cauda efêmera. Quando o capitão vociferou suas ordens, uma cacofonia de vozes altas, pés em marcha e metais zunindo ecoou por todo o navio. Uma frota de cinco barcos de guerra britânicos fora avistada a apenas três ou quatro quilômetros de distância, preparando-se para atacar. Quando o capitão ordenou que seus homens se aproximassem dos canhões, eles puseram abaixo as paredes temporárias. Bagagens, madeiras, cordas e balas de canhão rolaram numa total confusão. Pelas cabines, os passageiros agora avistavam artilharia pesada colocada em posição. Numa última tentativa de evitar a batalha, o capitão deu uma guinada no navio e, durante horas, eles ficaram ziguezagueando no mar com os britânicos em seu encalço. Sempre que achavam que tinham conseguido estabelecer alguma distância em relação ao inimigo, surgiam mais navios britânicos. Entre meio-dia e sete da noite, Pingré contou oito navios novos. A noite caiu e o vento subitamente mudou, permitindo-lhes evadir-se dentro da escuridão. "A Providência", ele escreveu naquela noite em seu diário, havia decidido que eles conseguiriam escapar "sem dar um único tiro".

Após esse golpe de sorte, a jornada se tornou relativamente tranquila. Em algumas ocasiões, eles viram navios inimigos a distância, mas sempre conseguiram evitar o combate. Nas primeiras semanas, em que o entusiasmo com a viagem ainda não tinha sido amortecido pela monotonia, Pingré se divertia com a música e a dança dos marinheiros, que tinham transformado o navio inteiro num "grande salão de baile". Depois que cada dia começou a se fundir com o seguinte sem que nada acontecesse, o tédio fastidioso tomou conta de Pingré. Ele se alimentava, observava o céu noturno e pescava. Normalmente jovial e sociável, o astrônomo se declarou entediado com os outros passageiros que, na maior parte, eram empregados da Companhia das Índias. Era preferível, disse ele, estar "sozinho do que na companhia de pessoas das quais não se gosta". Não havia muitos livros, mas muito barulho e pouco espaço para caminhar. A vida a bordo era tão chata que outro passageiro afirmou que preferiria estar preso na Bastilha.

Eram raras as ocasiões em que esses dias aparentemente iguais se viam interrompidos por algo novo. Certa manhã, por exemplo, Pingré descobriu que, de acordo com as suas cartas de navegação, eles tinham navegado por terra das ilhas de Cabo Verde e brincou com a tripulação dizendo que o *Comte d'Argenson* era um "navio tão fantástico que podia atravessar terra e rochas com a mesma facilidade que ondas do mar". Eles viram peixes voadores, e algumas vezes o mar parecia estar "pegando fogo" por causa da fosforescência. Certo dia, um marinheiro teve de ser resgatado depois de cair de um dos mastros no oceano. O dia mais memorável foi aquele em que cruzaram a linha do equador. Os velhos marinheiros prepararam o "batismo do equador" durante dias, vestindo-se como o chamado *"père la laigne"* — o "pai do equador" — e fizeram brincadeiras que só podiam ser feitas com aqueles que nunca haviam cruzado a linha antes.

E, embora a "cerimônia" e as brincadeiras fossem bobas, havia algo de majestoso naquele momento, em especial para um astrônomo. Depois de atravessar a linha equatorial, eles entraram no hemisfério sul, cujo céu apresentava uma cúpula cintilante de estrelas que Pingré jamais tinha visto. O astrônomo, que um dia dissera que "a bebida nos dá a força necessária para medir a distância entre o Sol e a Lua", começou a encarar as suas observações de modo mais sério, tirando agora suas medidas "não com a garrafa, mas com o octante".

Tudo correu conforme o planejado até o dia 8 de abril de 1761, logo depois da sua passagem pelo Cabo da Boa Esperança. De manhã, avistaram um navio a distância e temeram que fosse um inimigo — mas era o *Le Lys*, navio francês de suprimento que tinha sido atacado pelos britânicos. *Le Lys* estava abarrotado de provisões que levava do Cabo para Maurício, a fim de abastecer as lojas da Companhia das Índias, mas tinha sido tão danificado que o capitão ordenou ao navio de Pingré que o acompanhasse e o protegesse.

Enquanto navegavam lentamente em direção a Maurício — com o *Comte d'Argenson* reduzindo a velocidade para se adaptar ao ritmo do *Le Lys* —, Pingré foi ficando cada vez mais exasperado. Jamais chegariam a Rodrigues a tempo se tivessem de parar primeiro em Maurício, ele falou. A viagem se tornaria "totalmente inútil".* Ele argumentou, implorou, suplicou, e até ameaçou os capitães com processos legais. Certa noite, escreveu *Comte d'Argenson* uma carta formal de reclamação, lembrando aos dois homens que ele estava viajando em nome do rei da França, da Académie des Sciences e da Companhia das Índias, com ordens explícitas de navegar até Rodrigues. Era a "mais sagrada das missões", escreveu Pingré, "toda a Europa" estava de olho porque as observações dele eram importantes não só para a França, mas para a ciência. Ao se dar conta de que essa pomposa explosão não atingiu o objetivo desejado, Pingré tentou convencer os dois homens com o pensamento racional e a lógica, enquanto calculava exaustivamente a posição exata em que se encontravam e explicava aos capitães que estavam de fato a caminho de Rodrigues. A princípio, o capitão do *Le Lys* procurou apaziguar Pingré com frutas frescas e carne do Cabo, mas acabou ficando tão irritado com as queixas incessantes do astrônomo que ameaçou "jogá-lo ao mar".

Os cálculos de Pingré acerca da sua rota estavam corretos. No dia 3 de maio de 1761, ele avistou Rodrigues no horizonte. Embora estivessem muito próximos, a ilha, para ele, tinha se tornado inatingível. Um dos oficiais do *Comte d'Argenson* fez uma última tentativa de convencer o capitão a parar rapidamente e deixar Pingré desembarcar. Mas não adiantou; o capitão já tinha se decidido. Pingré passou por Rodrigues a caminho de Maurício. Após quatro meses de viagem marítima, ele deixaria de chegar ao seu destino por apenas alguns quilômetros.

Se o plano de Le Gentil de sair de Maurício a fim de observar o trânsito em Rodrigues tivesse se realizado, os dois astrônomos franceses

---

* Pingré já tinha ouvido falar que Le Gentil estava encalhado em Maurício (provavelmente pelo capitão do *Le Lys*), o que tornava a presença dele na ilha ainda mais desnecessária. Já tendo um observador em Maurício, não fazia o menor sentido sua ida até lá. (12 de abril de 1761, Pingré, 2004, p. 110)

teriam se cruzado no mar. De forma surpreendente, Le Gentil conseguira arrumar uma passagem para a Índia. No final de fevereiro, havia chegado a Maurício um navio proveniente da França com ordens de enviar reforços à Índia, para aliviar o cerco a Pondicherry. Após algumas deliberações, o governador e comandante em chefe da ilha decidiu despachar o *Le Sylphide*, um dos poucos navios que sobraram da frota dizimada em Maurício. De imediato, Le Gentil viu a sua oportunidade. O tempo era apertado, mas os marinheiros lhe asseguraram que poderiam fazer o percurso em dois meses — bem na ocasião do trânsito. Le Gentil não precisou de nenhum outro argumento. De acordo com Delisle e Halley, Pondicherry era uma das locações mais importantes do globo, e os cálculos de Le Gentil para a visão do trânsito em Rodrigues e Maurício não eram promissores. Se a cidade ainda estivesse nas mãos dos britânicos, Le Gentil tinha certeza de que seria capaz de encontrar outra estação de observação na costa sudoeste da Índia.

No dia 11 de março de 1761, Le Gentil saiu de Maurício e, após uma rápida parada na ilha próxima de Reunião (na época, chamada de Île Bourbon), eles seguiram caminho para Pondicherry. A princípio, observou um entusiasmado Le Gentil, tudo parecia caminhar tranquilamente. A cada dia, o barco percorria algo entre cinquenta e 75 quilômetros, prosseguindo rapidamente até se deparar com a monção nordeste, ao norte de Madagascar. Em vez de o barco navegar numa linha diagonal pelo oceano Índico rumo à Índia, os ventos o empurraram em direção à África. Eles fizeram poucos progressos. Como abril e maio representam o período de transição das monções, quando os ventos começam a virar e se transformam na monção sudoeste durante os meses de verão, Le Gentil acordava todos os dias rezando para que a direção deles tivesse mudado. Mas suas preces foram em vão. Em vez de encontrar ventos fortes de oeste, que o teriam carregado para Pondicherry, o navio foi envolvido numa tremenda calmaria, como se, subitamente, alguém tivesse puxado os freios.

No final de abril, para seu infortúnio, Le Gentil pôde ver a linha costeira da ilha de Socotra, bem a leste do Chifre da África. Faltava apenas um mês para o trânsito, e ele ainda se encontrava a mais de 4 mil quilômetros de distância de Pondicherry. As velas seguiam sem movimentos e o navio parecia completamente parado no mar espelhado. Durante o dia, o calor deixava o ar carregado com um tremor bruxuleante, e à noite, quando o Sol se punha, Le Gentil olhava para o oceano e imaginava que "lantejoulas douradas" tinham sido espalhadas pela imensidão da água. O espetáculo animava seu espírito. Jamais tinha visto coisa igual e pensava que os raios de sol se assemelhavam a "colunas douradas" que ligavam o horizonte ao navio. Nem uma única nuvem manchava o perfeito azul da cúpula que os recobria, mas também não havia ventos que soprassem as suas velas. Apesar da beleza espetacular que podiam apreciar ali, o seu navio não fazia nenhum progresso. Embora tivessem partido de Maurício havia sete semanas, ainda estavam mais próximos da África do que da Índia.

Então, em meados de maio, faltando menos de um mês para o trânsito, eles finalmente alcançaram a monção sudoeste. Enquanto o navio abria o seu caminho pelo oceano, Le Gentil se permitia sonhar outra vez. No final do mês, ele pôde ver uma linha de luzes brilhando ao longe. Tinham andado rápido, mas não tão rápido — as luzes não eram de Pondicherry, na costa sudeste da Índia, mas de Mahé, na costa sudoeste, que também era um entreposto comercial francês. Agora, tinham menos de duas semanas para chegar a Pondicherry.

Na manhã seguinte, enquanto navegavam mais próximos da costa, Le Gentil viu uma bandeira inglesa tremulando ao vento. Dois barcos pequenos pararam o seu navio e apresentaram cartas do governador de Mahé. Ele escreveu que o porto havia sido tomado pelos britânicos. As notícias ficaram ainda piores conforme Le Gentil fazia a sua leitura: Pondicherry também tinha sucumbido ao cerco. Não havia mais esperanças de ver o trânsito dali.

"Para meu grande vexame", escreveu Le Gentil em seu diário, no dia 24 de maio, ficou decidido o retorno a Maurício, independentemente do quanto ele suplicasse. Sem tempo a perder e com os oceanos infestados de navios britânicos, o capitão gritou ordens para a mudança do curso. E, como se o céu e o mar também tivessem se voltado contra eles, foi preciso enfrentar uma tempestade tão poderosa que o navio acabou sendo lançado no alto da crista das ondas. Le Gentil mal podia acreditar no que estava acontecendo. Ele tinha sido o primeiro astrônomo a deixar a Europa, e agora, mais de um ano depois, tão perto do seu objetivo, a sua chance de observar o maravilhoso encontro planetário havia sido tomada pelo exército britânico.

Com as esperanças arruinadas pelo redesenho do mapa imperial e tendo Pingré passado ao largo de Rodrigues, duas das mais importantes expedições do trânsito pareciam ter terminado antes mesmo que Vênus se aproximasse do Sol.

3
A Grã-Bretanha entra na corrida

ENQUANTO LE GENTIL E PINGRÉ cruzavam os oceanos, os britânicos finalizavam seus planos para as expedições a Bencoolen, na Sumatra, e Santa Helena, no Atlântico Sul. O pároco Nevil Maskelyne procurou assegurar-se de que iria equipado com os melhores instrumentos, mas também de que receberia uma quantidade apropriada de bebida — a conta dos vinhos e destilados representava quase um quarto de todo o orçamento da expedição. A Companhia das Índias Orientais havia oferecido transporte e acomodações em Santa Helena, mas, como não dispunha de navegação comercial agendada para Bencoolen na época prevista, a Royal Society precisou encontrar outra solução. Eles necessitavam de um barco, então, onde mais poderiam procurá-lo se não junto à Marinha real? Os membros da sociedade se dirigiram então ao Almirantado Britânico a fim de solicitar ajuda.

Uma navegação precisa era crucial para qualquer império comercial e potência naval, ela significava riqueza e poder. Apresentando o seu caso com todo cuidado, a Royal Society lembrou ao Almirantado que a promoção da ciência estava "intimamente ligada à Arte da Navegação". O trânsito de Vênus não ajudaria apenas os astrônomos, pois, tendo em vista que o método de Delisle requeria o conhecimento da posição geográfica exata das estações de observação, os observadores criariam também uma rede de locações cuidadosamente delimitadas.

Na hora do trânsito, poucos lugares do mundo haviam sido determinados com precisão. Até mesmo a diferença exata entre a longitude dos observatórios reais de Greenwich e Paris ainda precisava ser estabelecida. Na Rússia, o primeiro atlas do império baseado em métodos científicos tinha sido publicado havia apenas quinze anos — até então, nenhuma cidade russa tinha sido mapeada com exatidão. As cartas de navegação também eram notoriamente duvidosas, algo que Pingré tinha descoberto por conta própria nas ilhas de Cabo Verde. Embora os navios parassem com regularidade nos portos dessa região, ao longo das rotas comerciais da Europa com a África e com as Índias Orientais, as cartas de navegação eram de tal modo imprecisas que o navio de Pingré, de acordo com os seus mapas, tinha atravessado de um lado a outro de duas ilhas. Como Pingré percebeu, as cartas necessitavam urgentemente de atualização, e era isso que a Royal Society recomendava com a sua proposta.

No mar, a falta de um conhecimento preciso sobre longitudes poderia ter consequências desastrosas. Até mesmo os mais experientes capitães perdiam a direção, e esquadras inteiras desapareciam devido a erros de cálculo. Marinheiros morriam, portos eram perdidos (e, junto com eles, água fresca, frutas, vegetais e outras provisões importantes). Tendo em vista que a latitude era facilmente calculada (por meio da mensuração da altura do Sol sobre o horizonte, ao meio-dia),* os navios tendiam a navegar numa linha estreita de latitude, se amontoando dentro de percursos limitados nos vastos oceanos — como se fossem estradas lotadas no deserto —, tornando-se assim alvos fáceis para piratas e barcos inimigos.

As latitudes são cinturões horizontais que circundam a Terra — paralelamente uns aos outros —, tendo o equador como marco zero, enquanto as longitudes são as linhas que correm do Polo Norte para o Polo Sul. O globo terrestre é dividido em 360° de longitude, que representam as 24 horas que a Terra leva para fazer a sua rotação. Assim, 180° marcam doze horas, 90° marcam seis horas, 15° marcam uma hora e 1° corresponde a quatro minutos. Teoricamente, o cálculo da longitude era fácil. Estando determinada a hora exata no porto de saída e a hora local na posição corrente, a diferença entre ambas as

---

* A latitude é calculada ao meio-dia, achando-se a distância angular entre o Sol e a posição do observador — esse é o ângulo da posição do observador e do Sol contra o horizonte. De modo mais simples, isso quer dizer que o observador pode achar a sua latitude subtraindo esse ângulo dos 90°. Se o ângulo for de 70°, por exemplo, então a latitude é de 20°, e se o ângulo for de 35°, então a latitude é de 55°, e assim por diante. No equador, com o Sol diretamente acima, o ângulo é de 90° e a latitude é 0°.

horas poderia ser traduzida para uma posição geográfica — ou a diferença na longitude. Se fosse uma hora mais tarde do que no porto de saída, a distância do porto de saída seria de 15° a leste, se fossem duas horas mais tarde, a viagem teria sido de 30° em direção ao leste — e se fossem duas horas mais cedo, a viagem teria sido de 30° em direção ao oeste, e assim por diante.

A hora local era facilmente estabelecida ao meio-dia, quando o Sol alcançava seu ponto mais alto, mas saber a hora do porto de saída era no geral mais complicado. Havia duas maneiras de fazer isso: viajar com um relógio acertado na hora do porto de saída ou observar algum evento celestial que estivesse previsto para ocorrer num horário específico do porto de saída (e então compará-lo com a hora local). O movimento e a posição da Lua contra um pano de fundo de estrelas fixas também podiam ser utilizados, assim como os eclipses dos satélites de Júpiter ou da Lua. Um eclipse lunar que estivesse previsto para as dez horas da noite em Greenwich, por exemplo, proporcionava a um marinheiro que o observasse às duas horas da madrugada o conhecimento de que ele estava 60° a leste de Greenwich.

Havia dois problemas: primeiro, a maioria dos fenômenos astronômicos era muito rara para ser de utilidade prática; e, segundo, não havia relógio que marcasse as horas de modo confiável a bordo de um navio em movimento. Em 1760, os cronômetros astronômicos mais precisos eram os relógios de pêndulo — ótimos em terra, mas completamente inúteis num barco oscilante onde poderiam atrasar, acelerar ou parar por completo. Temperaturas flutuantes afinavam ou engrossavam os óleos lubrificantes, e expandiam ou contraíam as partes de metal do relógio. Para os impérios comerciais, a habilidade de calcular a longitude era tão importante que, em 1714, o governo britânico já tinha destinado a enorme soma de 20 mil libras (duzentas vezes maior do que o salário do Astrônomo Real) ao Prêmio Longitude, para a descoberta desse método. Os observatórios de Paris e Greenwich tinham sido instalados com o propósito expresso de encontrar a longitude por meio do estudo dos céus, mas a tarefa continuava sendo tão esquiva que Jonathan Swift equiparou a busca com a descoberta do movimento perpétuo e da "medicina universal" nas *Viagens de Gulliver*.

Observatório Real de Greenwich

Assim sendo, o Almirantado foi rápido na resposta à solicitação da Royal Society, escrevendo que tinham "ordenado que um Navio se aprontasse para o referido propósito", uma semana após o contato inicial. Embora as observações do trânsito não tivessem sido organizadas com o objetivo específico de descobrir uma forma de determinar a longitude, as expedições eram reconhecidas, mesmo assim, como sendo potencialmente úteis àquele fim. O ambicioso Nevil Maskelyne chegou a planejar o uso de sua viagem a Santa Helena para testar o novo método de longitude baseado nas observações lunares, com o qual esperava ganhar o cobiçado Prêmio Longitude.

Tendo em vista que o comércio colonial se tornava cada vez mais relevante para a economia britânica, o apoio do Almirantado e da Companhia das Índias Orientais às expedições do trânsito não causou surpresa. Desde que George II subira ao trono, em 1727, as exportações para as Índias Ocidentais mais que dobraram, sendo que, para as Índias Orientais, elas se multiplicaram por nove. Os membros da academia francesa usaram esse mesmo argumento, com sucesso, quando apelaram ao seu governo por financiamento. Como cerca de dois terços do comércio exterior da França envolviam produtos coloniais, a navegação era um pilar essencial da economia do país. O domínio das colônias dependia do domínio da longitude. Isso, por sua vez, dependia do domínio da astronomia (pelo menos, enquanto não existissem relógios que funcionassem com precisão a bordo dos navios).

Nevil Maskelyne e seu assistente deixaram a Grã-Bretanha rumo a Santa Helena no final de janeiro de 1761, no mesmo período em que o navio de Pingré navegava pela ilha da Madeira e em que Le Gentil se afligia para sair de Maurício. Seu barco era acompanhado por diversas embarcações carregadas de armas pesadas, que viajavam para as Índias Ocidentais. Nas Ilhas Canárias, o comboio virou para o oeste, enquanto o barco de Maskelyne continuou rumo ao sul. Nas semanas seguintes, ele testou e aperfeiçoou seu método para determinar as longitudes no mar. Noite após noite, com o brilho do Prêmio Longitude na cabeça, esquadrinhou o telescópio, mensurando o percurso da Lua através do bordado de estrelas fixas. Maskelyne observou os horários locais das passagens da Lua e então utilizou as chamadas "tabelas lunares", listas que previam quando o satélite passaria por determinada estrela num local específico da Europa — que servia como o seu ponto de referência marco zero da longitude. A comparação entre essas horas com as horas locais permitiu a Maskelyne calcular a diferença na longitude — se a Lua passasse por uma determinada estrela, em Greenwich, por exemplo, às duas horas da madrugada, e Maskelyne visse aquilo à uma hora da madrugada, ele sabia que tinha viajado 15° para o oeste.

Durante todo o século anterior, astrônomos em Greenwich, Paris, Nuremberg e outros lugares miraram o céu noturno para compilar o mapa das estrelas e a lenta marcha da Lua sobrepondo-se a elas. O Observatório Real em Greenwich tinha sido fundado com o objetivo explícito de criar um mapa do "Movimento do Céu" que permitisse calcular a longitude. John Flamsteed, o primeiro Astrônomo Real, tinha feito cerca de 30 mil observações, e só recentemente o astrônomo alemão Tobias Mayer tinha terminado as primeiras tabelas lunares que davam a posição da Lua a cada doze horas. As tabelas lunares de Mayer eram tão revolucionárias que ele as submeteu ao Comitê Britânico de Longitude, a fim de reivindicar o Prêmio Longitude.

Enquanto navegavam rumo ao sul, o céu noturno se transformara no relógio sublime de Maskelyne. Se a noite estivesse clara, ele ficava no deque para mensurar, com um quadrante, a distância entre a Lua e as estrelas fixas. Página após página, linha após linha, anotava cálculos e observações, comprimindo-os com firmeza sobre o papel. Em seguida, ele se voltava outra vez às tabelas lunares de Mayer, que o Comitê de Longitude lhe dera para testar. "Minha principal atenção a bordo", Maskelyne relatou mais tarde à Royal Society, era "ficar satisfeito (...) com a aplicabilidade daquele método". A única desvantagem do método lunar era que envolvia cálculos tão complicados que os marinheiros não poderiam olhar rapidamente para os céus a fim de determinar a sua longitude. Cada cálculo era tão complexo que o processo inteiro acabava demorando cerca de quatro horas, o que não era um problema para Maskelyne, que adorava listas e ordens, mas não se adequava à navegação prática. Ao longo da jornada, o astrônomo explicou aos oficiais a bordo, com toda a paciência, tudo aquilo que estava fazendo, por saber que o Comitê de Longitude poderia chamar testemunhas para confirmar a viabilidade do método. Sentia-se satisfeito de reportar que uma pessoa que fez observações tão acuradas dessa forma, e tinha capacidade e "tempo livre" para cálculos prolongados, pudesse "averiguar a sua Longitude de modo próximo à exigência requerida".*

A bordo, nem tudo era trabalho árduo. Maskelyne viajava com mais de cem galões de vinho e rum, cinco galões de destilados e mais setenta garrafas de vinho tinto (*claret*). Como ele mesmo observou, era uma "viagem muito agradável". A navegação pelo oceano combinava as coisas que ele amava: bom vinho, observações astronômicas e tempo de sobra para encher o caderno com longas listas de mensurações, cálculos longitudinais e relatórios sobre o clima. De fato, ele estava tão preocupado com o trabalho que nem sequer parou quando Santa Helena, finalmente, surgiu no horizonte.

---

* Sobre a chegada a Santa Helena, os oficiais do navio que utilizaram o velho método erraram em cerca de 10°, ao passo que Maskelyne errou apenas 1,5°.

Panorama de Jamestown, Santa Helena

A manhã do dia 5 de abril de 1761 nasceu com claridade e uma brisa suave. Na distância, erguiam-se as montanhas escuras e ermas de um dos lugares mais isolados do mundo* — a 1.923km da África e a 2.898km da América do Sul, no meio do Atlântico Sul —, uma rocha negra e pontuda que ainda mostrava a violência de suas origens vulcânicas. Outro viajante mencionara que os morros "pareciam quase pendentes", assustadoramente próximos conforme os navios se aproximavam. Com cerca de dez quilômetros por oito de extensão, a ilha era a morada de apenas umas poucas centenas de pessoas e pertencia à Companhia das Índias Orientais britânica há quase um século.

Na manhã do dia seguinte, faltando exatamente dois meses para o trânsito, Maskelyne escreveu em seu diário: "ancoramos na baía diante do Forte James em Santa Helena". Após uma jornada de onze semanas e dois dias, eles haviam chegado a Jamestown, a única cidade e porto da ilha. Era hora de achar um bom lugar para instalar o observatório.

---

* Santa Helena era tão remota que os britânicos a consideraram a localização perfeita para o exílio de Napoleão. Ele chegou à ilha em 1815 e morreu lá quase seis anos depois.

Ao mesmo tempo que Maskelyne navegava em direção a Santa Helena, outra equipe britânica rumava para Bencoolen, entreposto comercial da Companhia das Índias Orientais, na Sumatra, que Halley e Delisle consideraram uma das locações mais fundamentais para a observação do trânsito. Para essa jornada, a Royal Society selecionara Charles Mason, de 31 anos, e Jeremiah Dixon, de 36. Mason trabalhava como assistente no Observatório Real de Greenwich, ocupação que lhe havia feito aprender os emaranhados da astronomia e a utilização de todos os instrumentos mais recentes. Dixon era um astrônomo amador e pesquisador do norte da Inglaterra que provavelmente fora recomendado por um vizinho e membro da sociedade.

Assim como o zeloso Maskelyne, ambos viram a expedição como uma oportunidade para aprimorar o status profissional, embora houvesse também o fascínio exercido pela fama e pela aventura, além da possibilidade de fuga da monotonia comum à vida dos astrônomos. Ocupando-se durante os sete dias da semana com longos e laboriosos cálculos, Mason também tinha de se levantar três ou quatro vezes durante a noite para observar os céus, ainda que o tempo estivesse ruim. Seu emprego em Greenwich era tão maçante e solitário que "nada seria capaz de superar o tédio e a monotonia", segundo a reclamação de um assistente. Igualmente frustrado, Dixon parecia ter afogado a pasmaceira da sua vida no álcool e recentemente fora expulso de sua casa de orações *Quaker* por "beber em excesso". Outra tentação que os levara a se engajar na expedição deve ter sido o estipêndio. Cada um deles iria receber duzentas libras pelos serviços prestados (e mais trinta libras para as provisões e as bebidas), um grande aumento no salário anual de Mason no Observatório Real, que era de 26 libras. Quase nada os prendia na Grã-Bretanha. Dixon não era casado e Rebekah, mulher de Mason, morrera no ano anterior.

Mais uma vez, foram solicitadas informações à Companhia das Índias Orientais. Um dos seus capitães foi convidado para uma reunião na Royal Society, onde lhe perguntaram sobre o clima local, os trabalhadores e os materiais disponíveis em Bencoolen. O corpo de diretores da Companhia das Índias Orientais prometeu fazer "tudo que estivesse ao seu alcance para facilitar a realização das observações", enviando instruções ao governador de Sumatra e providenciando passagens, funcionários e alimento, "tudo a expensas da Companhia".

Nenhum outro observador viajaria para tão longe. A fim de chegar a Bencoolen, Mason e Dixon precisariam navegar de Portsmouth, na costa sul da Inglaterra, até a Espanha, dali seguindo pelo litoral ocidental da África e passando pelo Cabo da Boa Esperança, antes de atravessar a imensidão do oceano Índico. Embora tivessem embarcado no *HMS Seahorse*, no final de novembro de 1761 — no mesmo dia em que Pingré saiu de Paris —, perderam várias semanas por conta dos ventos contrários. Finalmente, conseguiram partir no dia 6 de janeiro de 1761, mas apenas quatro dias depois, no momento exato em que o navio de Pingré era perseguido pela frota britânica ao largo da costa francesa, a Guerra dos Sete Anos provocava uma pausa brusca na viagem de Mason e Dixon. Assim como Le Gentil e Pingré, eles estavam prestes a descobrir como era perigoso estar entre nações em guerra. Às oito horas da manhã, quando o sol começava a dissipar a noite, o contorno de uma fragata solitária apareceu atrás da sua embarcação. Quando o céu clareou, o capitão se deu conta de que era um navio francês de 34 canhões, "partindo para cima deles". Seria uma batalha desigual — o *HMS Seahorse* tinha somente 24 canhões e era um barco difícil de manobrar, uma vez que se encontrava abarrotado de cargas, para enfrentar a longa viagem até as Índias Orientais.

Não havia escapatória. Eles teriam de lutar. Em duas horas, os franceses tinham chegado tão perto que dava para Mason e Dixon verem seus rostos — eles podiam ser "baleados com pistola". Logo em seguida, a batalha começou. O cheiro de pólvora deixou o ar carregado; no entanto, em meio ao caos de tiros e gritos, Mason e Dixon não conseguiam descobrir quem estava levando vantagem. Um de seus mastros caiu, ao ser atingido por um canhão francês, e o outro ficou bastante danificado. Madeira estilhaçada, velas rasgadas e cordas embaralhadas cobriam toda a superfície. Subitamente, os primeiros franceses avançaram sobre o deque do *Seahorse* para atacar a tripulação. As tábuas, que tinham sido lavadas em Portsmouth dias antes, agora estavam manchadas de sangue. Enquanto os combates se intensificavam entre ingleses e franceses, Mason e Dixon tiveram a certeza de que as suas vidas chegavam ao fim.

Embora os franceses tivessem pelo menos o dobro de homens, os britânicos não se entregaram com facilidade. Avançando, um a um, eles retomaram o controle do navio, obrigando os franceses a voltar para o próprio barco. Ao meio-dia, após uma batalha que durara pouco mais de uma hora, os franceses bateram em retirada, levando o comandante morto junto com metade da tripulação deles. Mesmo assim, havia poucos motivos para se comemorar no navio inglês. Onze homens haviam sido mortos e 42 estavam feridos, "muitos dos quais", como observou Mason, "acredito que tenha sido de modo letal". Enquanto o cirurgião do navio cuidava dos ferimentos e o capitão inspecionava os estragos, Mason e Dixon abriam seus baús, que tinham sido jogados de um lado para outro durante a batalha. Eles haviam trazido dois telescópios refletores, um micrômetro que lhes permitiria medir o diâmetro de Vênus e do Sol, um quadrante para calcular a altitude e as posições dos planetas, e ainda um grande relógio de pêndulo astronômico. Ao examinar cada um dos instrumentos, puderam verificar que tudo estava em perfeita ordem, tendo apenas os suportes quebrados. O *Seahorse* não teve a mesma sorte e, com as velas e cordames rasgados e mastros arrebentados, o capitão decidiu navegar até Plymouth, a fim de consertar o navio "despedaçado". Apenas alguns dias depois de terem começado a aventura, Mason e Dixon tiveram de admitir que seria "absolutamente impossível" chegar a Bencoolen.

Traumatizados pela batalha, enfraquecidos pelo enjoo e preocupados com o fato de que poderiam ser responsabilizados pelo fracasso da observação, os dois homens entraram em pânico e bombardearam a Royal Society com cartas, insistindo que não seriam capazes de cumprir o contrato. Quando essas cartas foram lidas numa reunião de emergência, na Royal Society, os membros da sociedade começaram a suspeitar da covardia dos seus dois exploradores. Horrorizados, os membros da sociedade percebiam que os dois astrônomos, antes ávidos para partir, agora se recusavam categoricamente a ir para Bencoolen — ao que parece, indiferentes ao fato de que a expedição fora financiada pela Coroa, apoiada pelo Almirantado e organizada pela própria Royal Society.

De acordo com os próprios cálculos, Mason e Dixon agora indicavam que o melhor lugar para verem o trânsito seria Iskenderun, na Ásia Menor, na região mais ao nordeste do Mediterrâneo. Embora afirmassem que "obedeceriam" às ordens da Royal Society, suas promessas soaram vazias. Na mesma frase, eles ameaçavam "não seguir deste lugar a nenhum outro" — pois em nenhuma outra locação, Mason e Dixon explicaram, eles seriam capazes de "ter o desempenho que o mundo em geral, de forma sensata, espera de nós". E, na esperança vã de conquistar simpatia, Mason acrescentou uma observação em que declarava estar sofrendo de um "mal-estar contínuo" durante a viagem marítima. No mesmo dia, postou uma carta semelhante para o seu antigo patrão no observatório, o Astrônomo Real, que também era membro da Royal Society, dizendo que "não via razão para insistir nas impossibilidades". Embora admitisse que o seu comportamento pudesse parecer "estranho", ele não deixava de afirmar que não iriam a lugar nenhum, "fossem quais fossem as consequências".

Sem dúvida, Mason e Dixon calcularam mal a própria posição. Os membros da sociedade ficaram enfurecidos — para eles, aquilo era um motim e, por unanimidade, decidiram escrever uma carta com ordens para que os dois astrônomos desobedientes "embarcassem no *Seahorse* e seguissem viagem". Eles haviam ficado "surpresos" com o comportamento da dupla e lembraram a Mason e Dixon que estavam presos ao seu contrato. Sua recusa a partir para Bencoolen, conforme advertiram os membros da sociedade, não seria um dano apenas para a nação e a Royal Society, mas também se mostraria "fatal para eles mesmos". Lembraram aos astrônomos recalcitrantes que outros países estavam de olho na Grã-Bretanha e que o desacato só serviria para causar um "escândalo" e "provocar a sua posterior ruína". Para deixar tudo ainda bem mais claro, os representantes da sociedade concluíram a sua carta com a ameaça de que qualquer outra recusa seria rebatida com "ressentimento inflexível" e os conduziria para o tribunal.

Nesse meio-tempo, o capitão do *Seahorse* também pareceu confuso e escreveu para o Almirantado e para a Royal Society, dizendo que Mason e Dixon "se recusavam peremptoriamente a seguir viagem". Sem saber de quem fora a decisão — dos astrônomos ou da Royal Society —, o Almirantado cancelou a viagem. O secretário da Royal

Society, Charles Morton, fez todo tipo de esforço junto ao Almirantado, na tentativa de desfazer o estrago. E ficou furioso. Dessa forma, tendo apenas Nevil Maskelyne a caminho de Santa Helena, a Grã-Bretanha ficava para trás naquela empreitada global.

Afinal, os britânicos acreditavam que os franceses estariam planejando três grandes expedições: a viagem de Le Gentil a Pondicherry, a de Pingré a Rodrigues e a de Chappe d'Auteroche à Rússia. Além disso, uns dias antes, havia chegado uma carta à Royal Society detalhando "os preparativos que estavam sendo feitos pela Suécia". Aparentemente, o secretário da Académie des Sciences, o astrônomo Pehr Wilhelm Wargentin, andara bastante ocupado nos últimos meses, organizando estações de observação nas cidades de Estocolmo, Upsala e Lund. Seguindo as sugestões de Delisle de que as locações no extremo norte forneceriam dados essenciais, Wargentin também estava planejando o envio de astrônomos a Tornio, na Lapônia, e a Kajana, na Finlândia oriental (então também chamada de Cajaneburg ou Cajaneborg). Ele já tinha estabelecido nove locações e trabalhava em mais algumas.

Preocupado com a contribuição britânica, Morton foi até o Almirantado para esclarecer a situação. E explicou que a "recusa peremptória" de Mason e Dixon não era motivo para pôr fim à expedição, porque eles iriam a Bencoolen, independentemente da própria vontade — do contrário, seriam punidos como agitadores "com a extrema severidade da lei". Parecia que nada se interporia no caminho dos planos da Royal Society. Assim que receberam essa notificação, Mason e Dixon compreenderam que qualquer protesto posterior seria inútil e, com relutância, cumpriram a ordem de viajar para Bencoolen.

"Lamentamos muito", eles disseram ao Conselho da Royal Society, que sugestões de viajar para outros lugares tenham sido interpretadas como motim. "Empreenderemos os nossos melhores esforços para fazer jus à confiança que depositaram em nós", escreveram, e partiram da Grã-Bretanha outra vez.

4
Rumo à Sibéria

Enquanto os astrônomos da França, da Grã-Bretanha e da Suécia iniciavam a sua viagem, contra a própria vontade ou não, a Academia Imperial de Ciências de São Petersburgo batalhava para encontrar observadores. Embora Delisle tivesse passado 22 anos em São Petersburgo introduzindo os estudos astronômicos e criando o observatório, ainda não havia astrônomos suficientemente bem-treinados no país. O problema não era novo. Em 1725, quando Pedro, o Grande instituiu a academia, havia tão poucos cientistas russos que ele precisou equipá-la integralmente com profissionais estrangeiros. Mesmo agora, quase quarenta anos depois, menos da metade dos membros da academia eram russos — a maioria era alemã.* Cientistas estrangeiros foram atraídos para a longa jornada até a Rússia, onde receberiam o dobro dos salários, numa tentativa de trazer conhecimento para o império. Em geral, porém, a ciência russa era olhada com desprezo — grande parte do que se publicava na Rússia, conforme a afirmação de um cientista alemão, era "descaradamente ridicularizado" nos outros cantos da Europa.

Quando os russos tomaram conhecimento de que os franceses estavam enviando Le Gentil a Pondicherry, o secretário da Academia Imperial de São Petersburgo (que era alemão) "recomendou" a seus colegas que contribuíssem com o esforço global, por meio da realização de uma observação do trânsito na Sibéria. Como a resposta não foi muito entusiástica, eles escreveram a seu antigo colega Delisle,

---

* O número de acadêmicos germânicos estava definhando, tendo em vista que a Rússia combatia a Prússia na Guerra dos Sete Anos. No entanto, tempos depois, no reinado de Catarina, a Grande, que nascera em terras germânicas, mais cientistas alemães vieram para o país. De fato, o número era tão grande que as atas das reuniões da Academia, naquela época, eram escritas em alemão.

em Paris, a fim de perguntar se os franceses poderiam auxiliá-los. A academia francesa mostrou vivo interesse em ajudar e convocou o astrônomo Jean-Baptiste Chappe d'Auteroche para a missão. No final de novembro de 1760, enquanto Pingré iniciava a sua viagem a Rodrigues, Chappe deixava Paris rumo à Sibéria.

Filho de um barão, aos 38 anos, Chappe não tinha necessidade de fazer carreira profissional na astronomia. Desde a infância, ele fora apaixonado por matemática e pelas estrelas, causando viva impressão em muitas pessoas por seu domínio dos cálculos mais complicados. Na idade adulta, ele passava a maior parte das noites olhando para o céu, e também aceitava pedidos ocasionais para fazer levantamentos topográficos do solo, no caso de clientes convenientemente aristocráticos. Ele havia produzido apenas alguns artigos científicos — e num ritmo bem descansado[*] — e, no ano anterior, arrumara emprego na academia, em Paris.

A vida sedentária dos astrônomos não servia para Chappe — a aventura de Vênus fazia muito mais o seu estilo. A jornada perigosa através de uma Europa dilacerada pela guerra não seria feita em nome da recompensa financeira, mas pelo bem da ciência e pela glória. "Ele gostava da fama", observaram os seus colegas. Chappe estava certo de que as observações siberianas acrescentariam um novo capítulo ao conhecimento do homem sobre o universo, porque Delisle indicara Tobolsk como uma das locações mais importantes. Dali, seria possível visualizar o trânsito completo, pois ele teria a menor duração — tornando-o a contrapartida perfeita do trânsito mais longo, que seria visto em Bencoolen, nas Índias Orientais.

A viagem cansativa de Paris a Tobolsk, de mais de seis mil quilômetros, começou com um mau presságio. Quando Chappe saiu de Paris, chovia sem parar, o que transformou as estradas em canais de lama profunda. Oito dias depois, no momento em que ele chegou a Strasbourg, a sua carruagem já estava destruída. Precisaria comprar uma nova, e também consertar os seus termômetros e barômetros, danificados no percurso — embora o telescópio permanecesse intacto.

---

[*] Chappe tinha traduzido para o francês partes das tabelas astronômicas de Halley, observado o trânsito de Mercúrio em 1753 e publicado alguns artigos no periódico da Academia.

Frustrado com as péssimas condições das estradas, Chappe decidiu fazer a parte seguinte da viagem de barco pelo Danúbio, mas o avanço voltou a ser dificultado pelo clima. Uma neblina espessa tornava a viagem insegura, exceto durante o dia, e, portanto, muitas vezes "só por algumas horas". Durante todo o tempo, o relógio celestial fazia tique-taque.

Apesar desses contratempos, Chappe continuava animado e se distraía desenhando mapas, observando costumes locais e calculando as distâncias entre as cidades. Ele ainda conseguia arranjar outras ocupações corajosas. Perto de Regensburg, na Baváría, ele salvou um homem que estava prestes a se atirar no Danúbio, numa tentativa de suicídio motivada "por uma briga com a minha amante". No dia seguinte, após um passeio por uma pequena cidade, Chappe encontrou uma garota melancólica de quinze anos, no deque do seu barco. Ao lhe fazer perguntas, Chappe descobriu que ela tinha fugido de um tio que tentara forçá-la "a aceitar o véu". Como um perfeito cavalheiro, Chappe a levou de volta à casa dos pais.

Quando chegou a Viena, Chappe trocou o barco por uma carruagem e decidiu viajar dia e noite. Comprou lampiões para que o cocheiro pudesse ver pelo menos os buracos e pedras mais perigosas na estrada, mas os acidentes se tornaram tão frequentes que Chappe vivia "em apreensão contínua, por conta dos instrumentos". Com as estradas cada vez piores, as rodas se quebravam e, em 10 de janeiro — o fatídico dia em que o navio de Mason e Dixon foi atacado pelos franceses —, a carruagem de Chappe mergulhou numa vala, em algum ponto da estrada entre Brno e Nový Jičín, na atual República Tcheca.

Fazia muito frio e a neve cobria a paisagem vazia. As montanhas em direção às quais seguia a estrada desapareceram na escuridão. Chappe ficou em pé na vala, puxando e empurrando a carruagem. Com ele estavam o cocheiro, o secretário da embaixada francesa em São Petersburgo (que se juntara a eles em Viena) e vários empregados — todos tentando desesperadamente resgatar o veículo destruído, enquanto a água gelada penetrava em seus sapatos e roupas. Por mais que empurrassem e arrastassem, a força conjunta não foi capaz de mover a carruagem. Por fim, concordaram em descarregar a bagagem e colocaram as malas de couro cheias de roupas e os pequenos baús repletos de papéis na estrada. Quando levantaram as arcas de madeira pesadas, que continham os preciosos instrumentos astronômicos e meteorológicos, Chappe ficou inquieto. Ao ouvir o tilintar de cacos de vidro, ele percebeu que mais uma vez algo tinha se quebrado. Naquela noite, Chappe, que normalmente era gregário e otimista, permitiu-se pela primeira vez contemplar a derrota. "Comecei a temer", ele escreveu no seu diário, que "poderíamos não chegar a Tobolsk no tempo previsto".

Sem o equipamento pesado na carruagem, eles finalmente a liberaram e seguiram sua lenta viagem em direção à Rússia. Enquanto o seu colega Le Gentil sofria com o calor úmido de Maurício, Chappe padecia com um frio que "até então ele não tinha experimentado". Mesmo dentro da carruagem, as temperaturas eram tão baixas que um dia ele manuseou o termômetro com os dedos dormentes e rascunhou no diário "onze graus abaixo de zero". Teve de cambalear pelo gelo fofo que chegava até a cintura, quando a carruagem colidiu com a superfície gelada que tinha transformado rios caudalosos em estradas temporárias — provavelmente sem se surpreender, pois só os instrumentos pesavam mais de meia tonelada. As estradas de terra montanhosas apresentavam mais problemas à medida que ficavam cobertas "de alto a baixo" com finas camadas de gelo. Mesmo quando colocavam dez cavalos à frente de uma carruagem, parecia que não conseguiam sair do lugar. Eles tiveram de andar a maior parte do caminho pelas montanhas a pé, escorregando e caindo, e logo ficaram cheios de hematomas. Algumas vezes, o vento forte soprava nuvens carregadas de neve bem alto no ar, arremessando os flocos como projéteis gelados. O cocheiro, que ficava mais exposto ao ataque glacial, "não aguentou" e fugiu.

Em Riga, eles mudaram para trenós e logo perceberam, ao sair da cidade, que a neve tinha desaparecido. Estavam presos mais uma vez. O intérprete — tentando se aquecer — não foi de nenhuma utilidade, pois estava "de porre", como Chappe descobriu. Então, pouco antes de chegar a São Petersburgo, a carruagem escorregou para dentro de uma vala tão profunda que somente as cabeças dos cavalos se mantiveram à tona. Ficaram "enterrados" durante horas.

Embora frustrado com esses "contínuos atrasos", Chappe conseguiu encontrar alguma distração no sofrimento, examinando as mulheres que conheceu pelo caminho com a precisão taxonômica dos cientistas. Ele comparou, examinou e classificou. Num povoado, mediu as suas anáguas e, em outro, declarou que as senhoras eram "rigorosamente virtuosas". Por mais que estivesse cansado e com frio, continuava sendo um *connaisseur* do sexo feminino e fazia comentários de apreço acerca dos seus olhos cintilantes, da "esbelteza das suas cinturas" e da "boa forma das criadas".

A Academia Imperial de Ciências e a torre do observatório em São Petersburgo

No dia 13 de fevereiro, quase três meses depois que saiu de Paris, Chappe finalmente chegou a São Petersburgo. Agora, tinha de se preparar para a etapa final da viagem. Eram quase 3 mil quilômetros até Tobolsk, mas, primeiro, ele seria apresentado aos membros da Academia Imperial de Ciências e presenteado com um ensaio sobre o trânsito de Vênus, escrito por um dos acadêmicos. O ensaio estava no centro de uma discussão feroz entre dois dos mais reconhecidos astrônomos da academia. O cientista russo Mikhail Lomonosov estava em guerra com o seu colega alemão Franz Aepinus que, de acordo com Lomonosov, fora injustamente promovido, em detrimento dos seus colegas russos. Enquanto Lomonosov encontrava dificuldades na obtenção de apoio para seus projetos científicos, Aepinus, estrangeiro e recém-chegado, escalara rapidamente a escada dos favores imperiais, a ponto de ter sido pouco tempo antes nomeado tutor da futura imperatriz Catarina, a Grande.*

Lomonosov era um cientista brilhante, porém, temido por seu temperamento explosivo. O fervoroso patriota, filho de um comerciante de peixes de Archangel, foi o primeiro russo a ser admitido na Academia Imperial de São Petersburgo. Era um polímata: escrevia sobre linguagem, poesia, história, arte, química e astronomia. Lomonosov odiava os muitos cientistas estrangeiros da academia porque, como afirmou, eles não prestavam "nenhum serviço à pátria mãe russa". Seus colegas, como escreveu tempos depois o poeta Aleksandr Pushkin, "não se atreviam a pronunciar uma palavra em sua presença". Não sendo um homem que prezasse as boas maneiras, as batalhas que travava contra os colegas acadêmicos eram tão violentas que Lomonosov uma vez chegou a ser colocado em prisão domiciliar, durante oito meses, após uma briga motivada pela embriaguês e que terminara com uma facada. Usava qualquer tática para provocar os inimigos, lançando mão de campanhas difamatórias, de artigos caluniosos em jornais e de procedimentos ilícitos de bastidores. Lomonosov insultava, ameaçava e se comprazia ao perturbar as reuniões da academia pregando peças obscenas nos colegas estrangeiros. Aos seus olhos, eles eram, no melhor dos casos, "cãezinhos amestrados" estúpidos e, no pior, trapaceiros maquiavélicos — e estavam todos, segundo a sua convicção, conspirando contra ele.

Quando Aepinus publicou pela primeira vez seu ensaio sobre o trânsito de Vênus, Lomonosov achou que ele simplificava os princípios astronômicos a tal ponto que se equivocava por completo. O debate se transformou numa acirrada disputa, com Lomonosov compondo o próprio ensaio sobre o trânsito como resposta e ainda escrevendo cartas de reclamação para os membros da academia. Em sua opinião, os desenhos de Aepinus estavam incorretos, a terminologia não era científica e o tratado não seria de nenhuma utilidade para os observadores. Ao mesmo tempo, Lomonosov procurava ar-

---

* A carreira de Aepinus continuou a florescer e, no começo de 1761, ele foi nomeado Diretor de Estudos do Corpo Imperial de Nobres Cadetes — uma posição que não só trazia prestígio, como também um salário muito maior.

ruinar a credibilidade do adversário: de acordo com suas alegações, o observatório raramente era utilizado e o laboratório, que estava sob a responsabilidade de Aepinus, vivia na maior bagunça, com os instrumentos revestidos de mofo e ferrugem. Lomonosov advertiu o presidente da academia que fora ao observatório havia poucos dias, durante uma noite astronomicamente importante, e encontrara a entrada coberta de neve — Aepinus, sem dúvida, não tinha se importado de visitá-lo.

Aepinus retrucou que não havia nada de errado com seu ensaio, e que Lomonosov estava espalhando "falsos rumores por toda a cidade". Em vão, ele acreditou que isso poria fim à batalha. Entretanto, Lomonosov estava apenas começando. O esquema de Aepinus era "equivocado", falou. Não tinha ficado nem mesmo claro para quem ele escrevera o ensaio: a "massa rude e inculta" jamais o entenderia, ao passo que a inteligência dos nobres e acadêmicos seria "insultada" pelo texto simplório. Aepinus usou os acadêmicos — que "me odeiam", como disse Lomonosov aos colegas — para estimular ainda mais disputas. Antes que Aepinus continuasse com as suas "querelas gratuitas", rosnou o russo furioso, ele deveria ter em mente os "serviços prestados por Lomonosov ao seu país", e não ameaçá-lo como um amador. Era ridículo. Os dois astrônomos, que deveriam trabalhar juntos na preparação para o trânsito, andavam sempre às turras.

Chappe não pretendia se envolver. Ele já tinha os seus problemas, pois descobrira, durante o encontro, que havia concorrência astronômica. No final de novembro, enquanto batalhava para atravessar aquelas torrentes de chuva infindáveis, os russos decidiram montar as próprias expedições. Um observador estava prestes a viajar até Irkutsk, perto do lago Baikal, na Sibéria, e outro ia para Nerschinsk, perto da fronteira com a China. Parecia que a carta escrita pela academia de Paris, informando aos russos que estava enviando Chappe à Sibéria, não chegara. Sem notícias da França, o presidente da academia anunciara que a Rússia precisava participar, ecoando os sentimentos franceses e britânicos de que as observações do trânsito eram importantes para a ciência da navegação, assim como para a "honra" do império. Obtiveram os instrumentos necessários e treinaram dois jovens observadores para a tarefa.

Os russos haviam partido um mês antes da chegada de Chappe a São Petersburgo, pelejando no caminho em direção ao leste através do deserto congelado. Tendo despachado os próprios observadores, a academia russa não via sentido nenhum na expedição de Chappe. Os acadêmicos argumentaram que ele deveria ver o trânsito de algum lugar mais conveniente e próximo de São Petersburgo, mas o francês não concordou. Ele não tinha suportado todas as durezas da longa viagem que fizera para ser desbancado pelos cientistas russos. Extremamente competitivo e ansioso por oferecer os dados mais importantes de todos, Chappe começou a angariar apoio para sua expedição a Tobolsk, alegando que não havia outro lugar no mundo em que o trânsito pudesse ser observado "com tanto privilégio". Dirigiu-se ao embaixador francês em São Petersburgo, que "compreendeu rapidamente" as suas razões, e ao Alto Chanceler da Rússia, que, felizmente, era um "amante e protetor das ciências". Após quatro semanas em São Petersburgo, Chappe havia atingido o seu objetivo e recebido permissão para continuar a viagem.

Um dos trenós fechados em que Chappe viajou de São Petersburgo à Sibéria

Na noite de 10 de março de 1761, faltando menos de três meses para o trânsito, Chappe deixou São Petersburgo. Ele viajava com uma caravana de quatro trenós fechados, cada qual conduzido por cinco cavalos, que portavam tudo de que ele precisava para as observações em Tobolsk. À noite, os trenós eram iluminados por tochas, cujas luzes tremeluziam entre as árvores, formando uma longa comitiva de formas estranhas e animais ofegantes que se moviam através da escuridão. Para fazer a viagem até a Sibéria, Chappe foi obrigado a levar as provisões mais elementares: comida, é claro, mas também cama e vinho. Um dos trenós estava abarrotado com os instrumentos, enquanto outro carregava os serventes e o seu relojoeiro — Chappe havia decidido que precisava de alguém "para consertar meus relógios, no caso de algum acidente". O terceiro trenó era ocupado por um sargento, que se juntara à expedição como guia e intérprete, e no quarto ia o próprio Chappe, enrolado em peles e olhando a brancura da neve que refletia a Lua com um brilho fantasmagórico.

Como prometera a si mesmo, nada haveria de detê-lo antes de chegar a Tobolsk, mas seria uma corrida contra o derretimento. Chappe rezou para que as temperaturas congelantes se mantivessem. Jamais chegaria a tempo por aquelas estradas toscas — a única opção era viajar nos rios congelados. Por mais que detestasse o frio, o abraço do Ártico era fundamental para seu sucesso. Conforme os trenós avançavam pela paisagem do inverno, Chappe experimentava, pela primeira vez, as delícias daquele meio de transporte. "Fomos com a maior velocidade", ele comemorou. E sentiu que Tobolsk esperava por ele.

Eles fizeram parte da viagem sobre o rio Volga, numa superfície "lisa como vidro", em que os trenós deslizavam com "rapidez inconcebível". Chappe se sentia tão revigorado pela velocidade que se colocou para fora da cabine a fim de senti-la de modo apropriado, "de pé" sobre o telhado do trenó, com o vento gelado soprando à sua volta. Sua alegria só não durou muito porque os acidentes continuavam a atrasá-los. Os trenós capotavam com frequência, um dos cavalos quase se afogou, eles batiam em árvores suspensas e caíam várias vezes dentro de montes profundos de neve, disse Chappe, "prestes a serem tragados". Todavia, ele ainda encontrava tempo para continuar sua pesquisa sobre as mulheres russas, observando aquelas que eram "alegres", "mais altas", "muito bonitas", tinham "compleições melhores" ou "uma figura bastante desagradável".

Interior de uma casa de campo russa, de acordo com
Chappe — acrescida de uma mulher seminua

No começo de abril, quatro semanas depois de deixar São Petersburgo, o gelo começou a derreter, abriram-se rachaduras e a água começou a vazar na superfície congelada dos rios. Determinado a não ser "suplantado pelo derretimento", Chappe avançou, correndo perigosamente. No dia 9 de abril, o gelo tinha se tornado tão fino que os cocheiros se recusaram a cruzar o último rio. Estavam a apenas oitenta quilômetros de Tobolsk — um percurso de doze horas no trenó

—, no entanto, se falhassem nessa passagem, o destino se tornaria tão inatingível quanto o próprio planeta Vênus. Sem a ajuda do governante da cidade, Chappe não seria capaz de construir um observatório, nem de receber proteção na imensidão vazia da Sibéria. Ele necessitava da infraestrutura que Tobolsk tinha a oferecer.

Depois de tudo que tinha enfrentado, Chappe se recusava a acreditar que a expedição tivesse de parar tão próxima de seu destino. "Um suor frio percorreu todo o meu corpo", desesperou-se, "acrescido de um total abatimento". Bajulou, ameaçou, gracejou e intimidou os companheiros para que aceitassem o risco. Quando finalmente os convenceu, com a ajuda de quantidades abundantes de *brandy*, já anoitecera e estava tão escuro que só se podia enxergar o tímido brilho das estrelas refletido sobre o gelo traiçoeiro. Embora a água tivesse começado a penetrar na superfície derretida, Chappe apressou seus bêbados para que seguissem caminho. Apavorado, mas decidido, ele ficou no topo do trenó, conduzindo a pequena expedição pelas águas através do gelo fino.

5
Preparando-se para Vênus

Faltando menos de dois meses para o trânsito, os astrônomos em todo o mundo estavam ocupados, preparando-se para o encontro de Vênus com o Sol. No entanto, inúmeras expedições astronômicas ainda não tinham chegado aos seus destinos, e mesmo aquelas que já os haviam alcançado ainda precisavam realizar diversas tarefas — desde erguer seus observatórios até estabelecer sua longitude. Mais próximos de casa, cientistas na Grã-Bretanha, Suécia, França, Alemanha e Itália também começaram a se preparar para o dia promissor. Os que iriam fazer observações na Europa Central perderiam a primeira parte do trânsito, durante a noite, mas seriam capazes de cronometrar a saída de Vênus, na primeira luz do dia. O chamado à ação de Delisle foi respondido em profusão. Por toda a Europa erguiam-se observatórios, e os carpinteiros andavam ocupados fazendo plataformas de observação. Em Munique, os membros da Academia Bávara de Ciências usaram a ocasião para construir o primeiro observatório da cidade (ainda que fosse pequeno e se situasse na torre da muralha, no Hofgarten). Um mosteiro na Alemanha encomendou instrumentos na França e os posicionou no muro do jardim, e um jesuíta polonês colocou um telescópio na galeria mais alta de uma biblioteca, em Varsóvia. Nos Países Baixos, astrônomos construíram torres de observação em suas casas, enquanto na Áustria nobres transformaram seus castelos em observatórios temporários. Em Roma, Viena, Göttingen, Amsterdã e em outras dezenas de cidades, os astrônomos conferiram seus instrumentos, acertaram os relógios e esperaram por Vênus.

Um astrônomo observando o trânsito de Vênus

A Academia Real de Ciências sueca também andava ocupada com os seus preparativos. A academia tinha sido instituída em 1739 — durante o período denominado Idade da Liberdade, em que o poder passou da Coroa para o Parlamento, após a morte do rei Carlos XII, em 1718. A Suécia, antiga potência imperial em ascensão, começou a ver declinar a sua influência no cabo de guerra imperialista. O país se enredara em algumas guerras desastrosas, inclusive a ainda em curso Guerra dos Sete Anos, na qual era aliado da França contra a Prússia. O partido que predominava no Parlamento, chamado de "Chapéus" (em razão dos acessórios usados pelos oficiais e cavalheiros), desejava estreitar os vínculos com a França e concentrou seus interesses nas políticas mercantis e na economia. De modo previsível, e contando com diversos políticos dos "Chapéus" como membros fundadores, a academia fora inaugurada com o objetivo específico de encorajar a ciência "útil". Qualquer assunto que tivesse potencial para se tornar lucrativo para a economia sueca era estimulado: da astronomia às novas ferramentas agrícolas e à "criação do bicho da seda".

O secretário da academia, Pehr Wilhelm Wargentin, então com 43 anos e considerado o maior astrônomo da Suécia, estava determinado a não se deixar superar pelos colegas das outras partes da Europa. Filho de um pastor com inclinação para a ciência, ele costumava observar o céu quando criança, e depois estudou astronomia na Universidade de Upsala. Wargentin era muito dedicado à astronomia e, nas últimas duas décadas, transformara a academia de Estocolmo de organização doméstica voltada para si em florescente fórum científico, que contribuía para uma animada troca internacional de ideias. Sempre acreditou que "uma espécie de irmandade" deveria existir entre as diferentes sociedades científicas da Europa e estabeleceu contatos com diversos astrônomos e cientistas na Suécia, seus colegas estrangeiros. Sua sede em trocar e cooperar não encontrava paralelo em nenhum de seus contemporâneos. A quantidade de trabalho a que se dedicava — tanto administrativo quanto astronômico — era tão prodigiosa que não lhe sobrava tempo para mais nada. Pode não ter sido divertido ou sociável, mas era eficiente, pontual nas suas correspondências e muito admirado pelos colegas. Representava o vínculo mais importante da Suécia com o mundo científico internacional.

"Antes de mim", ele falou, "a academia não tinha (por assim dizer) correspondência com os países estrangeiros", mas agora suas publicações eram traduzidas para o alemão e resumidas em francês. Em troca dos periódicos suecos, Wargentin recebia publicações similares das sociedades de Londres, Paris e São Petersburgo. A organização de observações do trânsito era parte do seu esforço para encorajar esses vínculos mais fortes. Wargentin insistia em que todos os astrônomos suecos contribuíssem, tendo a Academia Real de Ciências como corpo instituidor por trás de seus esforços.

Delisle enviara um mapa-múndi para seu amigo Wargentin, a fim de incentivá-lo a contribuir com a iniciativa global. A Suécia estava numa posição vantajosa, porque a Escandinávia era uma das regiões de onde se poderia ver o trânsito completo e a que dispunha de acesso mais fácil. E não apenas isso: como era importante que os cálculos fossem feitos em localizações as mais distantes possíveis, as estações de observação no extremo norte eram as contrapartidas perfeitas das observações de Nevil Maskelyne em Santa Helena, no hemisfério sul. Em consequência, Wargentin encomendou alguns instrumentos dos melhores artesãos de Londres e organizou uma expedição à Lapônia, no norte da Finlândia (que, à época, era uma possessão sueca), onde as noites brancas do norte ajudariam os observadores a ver o trânsito completo. Ele foi a força motriz das contribuições suecas.

Os suecos, como os britânicos e franceses, fizeram uso de suas possessões coloniais para conduzir as observações do trânsito. No começo do século XVIII, os suecos podiam ter perdido o seu status de grande potência imperial, mas o imenso vazio da Lapônia, com a sua pequena população sami de criadores de rena, representava para a Suécia um entreposto colonial do mesmo modo que Jacarta e Sumatra representavam para os holandeses e britânicos. Como tal, a Lapônia era tão exótica e desconhecida para eles quanto uma ilha tropical no oceano Índico e prometia — como acreditavam tantos cientistas suecos — muitas riquezas.*

Para a expedição à Lapônia, Wargentin pedira ao astrônomo Anders Planman, que trabalhava como professor na Universidade de

---

* O botânico Carl Linnaeus, por exemplo, tinha viajado à Lapônia em 1732 e sugerido o estabelecimento de *plantations* nas montanhas, acima das florestas. (Linnaeus e Lapland: Sörlin, 2000, p. 57.)

Upsala, que viajasse até Kajana, no leste da Finlândia (então, sob controle da Suécia). O ansioso Planman se envolveu intimamente com todos os preparativos, sugerindo um design inovador para o telescópio de sete metros e meio, que podia ser desmontado em seis partes para facilitar o transporte, e desenhando as embalagens de tal forma que até mesmo as lentes "mais finas" poderiam ser levadas, em segurança, numa carroça de lavrador. Planman deixou Upsala no meio do inverno, em fevereiro de 1761.

Para chegar à Finlândia, ele teria de atravessar o congelado Golfo de Bótnia de trenó, mas o inverno rigoroso cobrira a Escandinávia com um notável manto espesso de neve. As fortes ondas haviam sido congeladas numa paisagem solidificada, como se alguém tivesse estalado o dedo para deter o mundo. Em vez de uma superfície macia, o Golfo de Bótnia era uma gelada região traiçoeira de "esplêndidas estalactites de cor azul esverdeada". Embora impressionantemente belo, representava enorme perigo para a viagem. Os trenós precisavam seguir as linhas enrijecidas das ondas e capotavam com frequência, quando um dos seus lados subitamente se "erguia de modo perpendicular no ar". Enrolados em grossas mantas de couro, os passageiros eram então catapultados para fora dos trenós como se fossem balas de canhão forradas de pele e os cavalos galopavam assustados, como descreveu um dos viajantes, "diante da visão daquilo que supunham ser um lobo ou um urso rolando no gelo".

Quando Planman chegou a Abo, no lado finlandês do Golfo de Bótnia, estava tão doente que foi forçado a descansar por três semanas, até recobrar as forças. Para recuperar o tempo perdido, ele viajou dia e noite pelas florestas desertas em direção a Kajana. Havia um "silêncio deprimente", como observaram outros viajantes, sendo que o único barulho ouvido era o coro errático do estouro das cascas de árvores, que faziam um estrondo sempre que a seiva de uma delas congelava e se expandia. Com mais de um metro de altura de neve, os cavalos tendiam a parar com tanta frequência que Planman caminhou por boa parte de sua jornada. Passava as noites com estranhos, cavalos, porcos e cachorros, em cabanas simples de lenha, mas aproveitava cada um dos dias que o trazia para mais perto de seu destino. Chegou a Kajana no dia 15 de abril, dois meses depois que partiu de

Upsala e poucos dias após o desembarque do astrônomo britânico Maskelyne em Santa Helena.

Enquanto Planman batalhava o seu percurso pela neve, um grupo de cientistas se sentia decepcionado por não ter tido a chance de participar desse empreendimento global. As treze colônias britânicas na América do Norte vivenciariam o trânsito completo nas horas de escuridão. Quando Vênus começasse a jornada diante do Sol, os colonos de Geórgia a Massachusetts estariam no sétimo sono. De manhã, ao raiar do dia, a estrela teria desaparecido outra vez. Todavia, existia um norte-americano decidido a não perder aquela visão: John Winthrop, astrônomo e professor de Harvard, de 64 anos. Ele estava tão desesperado para ter ao menos um lampejo do planeta que chegou a pensar em viajar para o extremo leste do continente norte-americano: Terra-Nova e Labrador. Ali, com alguma sorte, ele seria capaz de ver os últimos minutos de Vênus passando pela face do Sol.

Ele iniciou o plano com atraso. No começo de abril de 1761, Winthrop publicou um longo artigo em diversos jornais norte-americanos, explicando a importância do evento. Como cada uma das treze colônias tinha o próprio governo, Winthrop apelou à assembleia local de Boston, enfatizando o aspecto comercial do projeto que "poderia, afinal, ser muito útil à navegação". Era uma abordagem inteligente. O comércio era fonte de poder para as colônias americanas — os campos abasteciam a metrópole e, em troca, os colonos importavam grande parte dos seus bens pelo Atlântico, ao passo que os pesqueiros de Terra-Nova e Labrador dependiam dos seus mercados de exportação na Europa e nas Índias Ocidentais. Duas semanas depois, no dia 20 de abril, Winthrop recebeu permissão e apoio financeiro do governo de Massachusetts, que agora estava convencido de que a expedição do trânsito traria "crédito para a província". Providenciariam um navio para transportá-lo a qualquer localização de Terra-Nova e Labrador que "considerasse apropriada". Ele tinha menos de sete semanas para organizar a expedição, chegar ao seu destino e instalar um observatório.

Conforme o dia do trânsito se aproximava e os astrônomos iam ficando mais nervosos, os jornais também começavam a falar da história, despertando o entusiasmo entre os amadores e o público em geral. Em abril de 1761, o periódico *Edinburgh Magazine* explicou, em grandes detalhes, os aspectos intricados do trânsito. O artigo relatava as expedições britânicas a Santa Helena e Bencoolen, além de exaltar os esforços franceses para enviar astrônomos a Pondicherry e Rodrigues. De acordo com o autor, somente os holandeses não tinham demonstrado nenhum interesse — pareciam mais preocupados em "levar adiante um comércio ilícito com os franceses do que em mandar observadores à Batávia". Nas colônias americanas, o jornal *Boston Evening Post* reportou que o rei George II havia dado dinheiro para as expedições a Bencoolen e Santa Helena e, em Estocolmo, Wargentin escreveu um longo artigo sobre o trânsito para um jornal sueco, com instruções sobre como apreciá-lo. Enfatizando a relevância do evento extraordinário, ele também deu informações sobre os instrumentos e sobre a forma de proteger os olhos da claridade perigosa do Sol, utilizando lentes escuras. Jornais franceses traziam artigos sobre Vênus, e Delisle distribuía um panfleto chamado *Vénus passant sur le Soleil*, que abordava as observações iminentes.

Livros foram publicados para os observadores amadores, inclusive um "diálogo" extravagante entre um irmão e uma irmã, que explicava o trânsito para jovens cavalheiros e senhoras. Um astrônomo escocês, que também era fabricante de instrumentos e se chamava James Ferguson, traduziu o tratado de Edmond Halley "para aqueles que não entendem latim" e instruiu o leitor sobre como utilizar o quadrante para medir as distâncias entre os planetas.[*] Acrescentou ainda uma tradução de um ensaio francês sobre o trânsito que tinha sido publicado pela Académie des Sciences em Paris, um mapa que se baseava no mapa-múndi de Delisle e gravuras do percurso de Vênus sobre o Sol. Ferguson afirmou que suas palestras sobre astronomia para o grande público estavam tão em moda que ele poderia facilmente manter os assentos ocupados duas vezes. Benjamin Martin, fabricante inglês de instrumentos, também tirava vantagens do recente encantamento pela astronomia, organizando interessantes colóquios

---

[*] Ferguson apresentou seu livro *A Plain Method of Determining the Parallax of Venus by her Transit over the Sun* à Royal Society, no dia 19 de fevereiro de 1761 (Livro de Ferguson na RS: 19 de fevereiro de 1761, JBRS, v. 25, f. 52)

sobre o trânsito em sua loja de Fleet Street, Londres. Dia após dia, nas semanas que antecederam o trânsito, ele colocava anúncios nos jornais locais oferecendo seus serviços. Todas as pessoas que se dispusessem a pagar dois xelins e seis *pence* poderiam aprender sobre Vênus, com a ajuda da fascinante coleção de planetários, globos, diagramas e mapas de Martin. O assunto se tornara tão popular que ele também escreveu um livro chamado *Venus in the Sun*.

Durante a década do trânsito, a astronomia se tornou um passatempo popular

Enquanto isso, os astrônomos profissionais tentavam tanto quanto possível manter-se atualizados. Havia troca de panfletos, comunicação de novidades e compartilhamento de predições. A Royal Society informou a Delisle que o navio de Mason e Dixon fora atacado pelos franceses, após apenas quatro dias de viagem, mas que eles haviam partido para Bencoolen mesmo assim (ou pelo menos era o que se pensava). O capelão da comunidade britânica em São Petersburgo mantinha os membros da Royal Society atualizados com um relato da expedição russa, e também com o envio do ensaio polêmico de Franz Aepinus sobre o trânsito. Um astrônomo holandês prometera a Delisle que faria o possível para encontrar um empregado da Companhia das Índias Orientais holandesa que pudesse observar o trânsito em Jacarta, pois o governo dos Países Baixos havia se recusado a oferecer qualquer cooperação oficial. Quando foi apresentado aos membros da Academia Imperial de São Petersburgo, Chappe lhes fez um relato sobre a expedição francesa em primeira mão. Um dos membros da Academia Bávara de Ciências, localizada em Munique, informou a um colega que recebera notícias de Pingré sobre sua viagem a Rodrigues, e o secretário alemão da academia russa escrevera a um amigo cientista da Academia Real Prussiana de Ciências, de Berlim, dando detalhes da jornada de Chappe, os quais foram então reportados a um colega em Leipzig.

Notícias das expedições remotas logo se espalharam pelas capitais da Europa. Os cientistas franceses receberam uma carta de Le Gentil, escrita em julho de 1760, em Maurício. Pelo que ficaram sabendo, ele agora estava a caminho das Índias Orientais, pois havia lhes notificado que fizera "planos de ir à Batávia" (Jacarta de hoje). Também leram uma carta da academia russa, que anunciava a partida de Chappe, de São Petersburgo para Tobolsk — embora não tivessem ainda notícia de sua chegada ao destino. A Royal Society não sabia que Maskelyne e seu assistente haviam desembarcado em Santa Helena, e não tinha ideia do que havia acontecido a Mason e Dixon.

Eles só podiam esperar que tudo estivesse correndo de acordo com o planejado. E, em certo sentido, estava mesmo. Chappe vencera a corrida contra o degelo ao atravessar em segurança o último rio. Quando alcançou o outro lado, o astrônomo teve um surto de "tremor generalizado".

Mas ele tinha conseguido e, no dia 10 de abril de 1761, quatro dias depois que Maskelyne pôs os pés em Santa Helena, Chappe chegou a Tobolsk — uma semana mais tarde, o gelo se rompeu e derreteu, provocando as mais severas enchentes de primavera da história da região.

Em meados de abril de 1761, apenas Maskelyne, Chappe e Planman tinham chegado a seus destinos; para as outras expedições, uma observação bem-sucedida parecia um objetivo inatingível. Mason e Dixon navegavam pela costa ocidental da África, a milhares de quilômetros de Bencoolen, Le Gentil se encontrava no meio do oceano Índico e Pingré estava a caminho de Maurício, em vez de Rodrigues. Mesmo aqueles que já tinham chegado, ainda precisavam construir os observatórios, montar os equipamentos e determinar as longitudes pela observação das estrelas — o tempo estava se esgotando.

Maskelyne fora o primeiro a chegar, aterrissando em Santa Helena no dia 6 de abril. No entanto, ele estava com dificuldades de encontrar um local adequado para seu observatório na ilha. Escalando as trilhas perigosas cavadas nas montanhas íngremes, o vigário corpulento de Chipping Barnet fazia uma estranha figura na paisagem rústica de Santa Helena. Se ele escorregasse, "fatalmente cairia no precipício", como lhe advertira outro viajante. Enquanto subia e descia os caminhos estreitos, Maskelyne olhava em volta, à procura de um lugar conveniente, mas nenhum se encaixava: os vales de acesso mais fácil eram pontos de observação inúteis, porque os morros circundantes bloqueavam a visão, ao passo que as locações acima das montanhas, como Maskelyne reclamava, ficavam "quase que perpetuamente cobertas de neblina e vapores". Como era de se esperar, ele passava pelos mesmos problemas de Edmond Halley, que tinha observado o trânsito de Mercúrio em Santa Helena, no ano de 1677.[*] Estranhamente — pois era sabido que a ilha vivia "infestada" de nuvens —, os astrônomos continuavam insistindo em recomendá-la como local para a observação de Vênus. Após vários dias ziguezagueando pelo terreno escarpado, Maskelyne escolheu uma locação, "um pouco abaixo do monte Halley".

---

[*] Halley viajou para Santa Helena no final da década de 1670, a fim de preparar um mapa das estrelas do hemisfério sul. Foi nessa ilha remota que ele observou o trânsito de Mercúrio, despertando a sua ideia de utilizar o trânsito de Vênus para calcular a distância entre a Terra e o Sol.

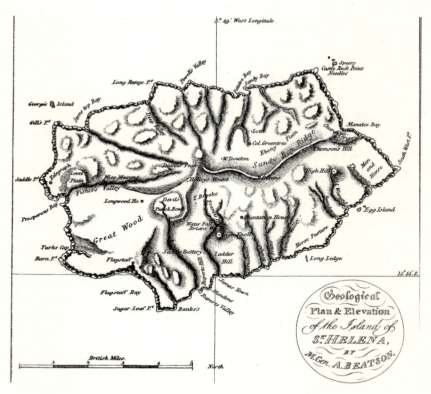

Mapa de Santa Helena, com o monte Halley no meio da ilha

O governador de Santa Helena ajudou o máximo que pôde. Para a construção do observatório de sete por três metros, ele enviou homens e materiais — sem os quais, Maskelyne reconheceu, "eu não sei o que teríamos podido fazer", pois o observatório "certamente, jamais teria ficado pronto a tempo". Maskelyne supervisionou a edificação e preparou seus instrumentos para observar o trânsito. A fim de acertar corretamente o relógio, ele precisava determinar o momento exato do meio-dia — e como todos os outros astrônomos, usava as chamadas "altitudes iguais" do Sol para fazê-lo. Todos os dias — sempre que o céu estava claro — media a altura do Sol acima do horizonte, por algumas vezes, antes e depois do meio-dia. A partir dessas observações, ele calculava o ponto em que o Sol atingia o seu nível mais alto e acertava o relógio de acordo com o cálculo. Apesar da sua diligência, teve problemas com o telescópio de dez metros porque, "em razão da demora dos artesãos para terminá-lo", ele não tinha tido tempo para testá-lo antes de sair da Inglaterra. Também continuou fazendo as suas observações da Lua e dos satélites de Júpiter, de modo a determinar a exata longitude de Santa Helena, que era, em sua opinião, de "extrema importância".

Nesse meio-tempo, Mason e Dixon ignoraram mais uma vez as ordens e planejaram observar o trânsito no Cabo da Boa Esperança. Com toda a demora — primeiro, pelos ventos contrários que os deixaram encalhados em Portsmouth por várias semanas e, depois, pela batalha desastrosa com a fragata francesa, quando tinham apenas quatro dias de viagem —, eles já estavam atrasados quando fizeram a parada no Cabo, no dia 27 de abril de 1761. E decidiram ficar. Seria impossível atravessar mais de 9 mil quilômetros de águas tumultuadas pela guerra, durante a estação dos furacões, que começaria dentro de um mês. Se isso não bastasse, também foram informados de que os franceses haviam tomado o entreposto comercial britânico de Bencoolen nas batalhas que estavam em curso pelo controle das possessões coloniais das Índias Orientais. Quando Mason e Dixon viram o extremo sul do continente africano se destacando no oceano, como um dedo nodoso, resolveram fazer ali suas observações. Projetando-se na altura, sobre o mar, as rochas ofereciam um campo de visão desobstruído do céu noturno — tal qual o Astrônomo Real recomendara. No dia 6 de maio, faltando exatamente um mês para o trânsito, eles mandaram uma carta para a Inglaterra, explicando suas razões e enfatizando que a decisão final fora tomada pelo capitão do navio, nunca tentativa sutil de escapar de qualquer acusação futura. Em Londres, os membros da Royal Society permaneciam em ignorância, sem saber que a expedição havia terminado de forma prematura.

Sob o abrigo da imponente Table Mountain, a Cidade do Cabo era um animado entreposto holandês frequentado por muitos europeus que navegavam rumo à Índia, à China e às Índias Orientais. Como observou um dos viajantes, era a "parte distante do globo" mais visitada, abastecendo um número crescente de viajantes coloniais marítimos, com a oferta de acomodações temporárias em terra e provisões para seus navios. Quando Mason e Dixon chegaram, a agitada cidade consistia de cerca de mil casas de tijolo pintadas de branco, com telhados de palha, todas construídas ao longo das linhas regulares de largas avenidas. Nas cercanias, os vinhedos produziam uma grande variedade de vinhos e os jardins eram plantados com vegetais europeus e exóticos, de modo que Mason e Dixon puderam aproveitar repolhos e brócolis, além de frutas como a goiaba caribenha. A Cidade do Cabo era a personificação do esmero, da limpeza e da eficiência dos holandeses. Como elogiou outro viajante, "nesse porto, os estrangeiros se sentem em casa, mais do que se possa imaginar". Mason e Dixon ficaram numa dessas casas, pois "o método comum de viver", na Cidade do Cabo, era o de alojar-se de forma privativa. Havia também um imenso jardim botânico, com espécies deliciosamente cheirosas, e uma trilha sombreada por carvalhos para caminhar. Era o depósito de hortifrutigranjeiros da Companhia das Índias Orientais holandesa, para o seu império, coberto de plantas da África do Sul e também das colônias holandesas das Índias Orientais.

Panorama da Cidade do Cabo, com a Table Mountain ao fundo

Os dois astrônomos britânicos não tiveram muito tempo para admirar a paisagem. Eles alugaram uma carruagem para transportar os instrumentos e o governador holandês fez tudo o que pôde para auxiliar o esforço científico, fornecendo materiais e trabalhadores para ajudar na construção do observatório. Mason e Dixon, todavia, ficavam cada vez mais impacientes. No dia 6 de maio, exatamente um mês antes do trânsito, Mason escreveu com ansiedade para a Royal Society, dizendo que "os holandeses são muito vagarosos" e não entendem uma única palavra em inglês. Enquanto os astrônomos tentavam explicar como construir o observatório, gesticulando e desenhando, começaram a se desesperar "para vê-lo concluído a tempo". Com os dias passando muito depressa, Mason e Dixon conseguiram convencer o capitão do navio a emprestar seus carpinteiros por alguns dias. Mason e Dixon escreveram à Royal Society que, sem a ajuda deles, jamais teriam aprontado o observatório a tempo. Quando os carpinteiros terminaram, havia ali uma pequena estrutura em forma de tenda — circular, com dois metros de diâmetro, coberta de lona e com um telhado cônico que podia ser aberto "para qualquer lado do céu". Eles afixaram o relógio em dois pedaços de madeira que enterraram no chão, a cerca de um metro e meio de profundidade. Passaram as semanas seguintes conferindo o relógio com a altura do Sol, de modo que pudessem medir a entrada e a saída de Vênus de forma precisa. Assim como Maskelyne em Santa Helena, Mason e Dixon se tornavam cada vez mais preocupados com o clima, porque estava nublado "praticamente o tempo todo". Ao contrário dos outros observadores, no entanto, eles estavam duplamente nervosos, porque somente uma observação bem-sucedida poderia justificar a clara violação das instruções e decisão de permanecer no Cabo da Boa Esperança.

Tobolsk, a capital da Sibéria

Na Rússia, Chappe também batalhava para se aprontar. Logo na chegada a Tobolsk, ele esquadrinhou a área a fim de encontrar um lugar adequado para seu laboratório e identificou um local perfeito numa montanha cerca de um quilômetro e meio fora da cidade. Então, quando pensava que tudo correria bem, a população nativa colocou toda a expedição em perigo, pois, ao vê-lo preparar o seus grandes telescópios, relógios e quadrantes, acabou se convencendo de que ele era um mágico. O povo culpava-o pelas anormais torrentes de água que desciam aos borbotões das montanhas e inundavam a região, enquanto o gelo derretia. Como as suas casas e plantações desapareceram, os camponeses ameaçaram matar Chappe. Para protegê-lo, o governo local providenciou sentinelas e o astrônomo decidiu dormir no observatório, a fim de evitar que a multidão "tentasse destruí-lo".

Resguardado da fúria dos habitantes da cidade, Chappe se apressou para ter o observatório concluído até 18 de maio de 1761, quando deveria observar um eclipse lunar e poderia, então, calcular a sua longitude. O eclipse era visível em muitas partes do mundo e outros astrônomos do trânsito também o utilizaram para estabelecer a sua localização geográfica exata. Em Kajana, no extremo leste da Finlândia, o sueco Anders Planman também se preparava para o eclipse quando se deu conta de que a sua visão ficaria obstruída no alto. O criativo astrônomo logo apanhou três poltronas no salão do agente local dos correios (com quem ele dividia alojamento). Empilhando uma sobre a outra, e tendo o perplexo agente dos correios e a esposa a segurar firme a precária construção, Planman pegou o telescópio e subiu ao topo dessa torre de quase quatro metros de altura formada pelas poltronas, para ver a sombra da Terra encobrindo a Lua. Na mesma noite, Mason e Dixon dirigiam seus telescópios para o desaparecimento da Lua, em pleno Cabo da Boa Esperança, ao passo que Pingré acompanhava o evento do deque de seu navio no oceano Índico.

Faltando menos de três semanas para o trânsito, Pingré ainda estava bem distante de Rodrigues. Depois de seu navio ter sido obrigado a acompanhar o navio francês de suprimentos, que tinha ficado avariado, o astrônomo desembarcou em Maurício no dia 7 de maio. O governador prometeu ajudá-lo. Depois da experiência com Le Gentil, que havia esperado por tanto tempo na ilha por uma passagem para a Índia, o governador estava certamente se acostumando a consolar e ajudar astrônomos franceses desesperados. E assegurou a Pingré que já tinha inclusive arranjado um pequeno navio, que estava em condições de partir no dia seguinte.

Ainda seria possível chegar a Rodrigues a tempo — uma jornada de oito dias apenas, como disse um capitão a Pingré. No entanto, oito dias depois, Pingré não estava nem um pouco perto. Primeiro, rajadas de vento e ondas muito altas retardaram a viagem; em seguida, veio a calmaria. O navio não saía do lugar. Os dias passavam depressa e, para ele, a corrida frenética tinha se transformado numa paralisação. No dia 26 de maio, finalmente, Pingré avistou Rodrigues ao longe — uma visão "que me encheu de uma satisfação tão grande quanto aquela que senti quando parti da França", ele bradou, mas ainda não havia vento. Pingré acreditou que, agora, estava nas mãos de Deus e do capitão. "A calma continua no mar, no ar e no espírito do sr. Thullier [seu assistente]", ele escreveu no diário, "mas, não no meu". Por mais dois dias, seu navio continuou parado como se estivesse pintado num quadro, tendo Rodrigues ao fundo como pura provocação. Então, no dia 28 de maio, faltando apenas sete dias para o trânsito, Pingré finalmente pisou na "ilha desejada".

Não havia cidade nem forte em Rodrigues. A única razão pela qual a Companhia das Índias mantinha a ilha era a sua grande população de tartarugas. Consideradas um remédio contra o escorbuto, as tartarugas eram capturadas e guardadas num cercado, sendo despachadas para Maurício a cada dois ou três meses. O governador de Rodrigues, como Pingré observou de forma esnobe, morava numa pequena cabine de troncos, feita de madeira toscamente cortada e lama. Pingré e seu assistente tiveram de dormir num barracão de chão batido, ao lado dessa "residência" do governador.

"Não tínhamos tempo a perder", escreveu Pingré. Ele achou uma locação no norte da ilha, de onde poderia observar o trânsito, mas já era muito tarde para construir um observatório apropriado. Em vez disso, colocou uns pedregulhos em círculo e ergueu uma pequena cabana para guardar os instrumentos. A construção era tão grosseira que mal protegia do vento, da poeira e dos animais. Os equipamentos já tinham sofrido com a longa viagem marítima, sendo que alguns estavam "tomados pela ferrugem", lamentava-se Pingré, lustrando-os com nervosismo e untando-os com óleo de tartaruga, o único lubrificante disponível. Nos dias que se seguiram, o astrônomo francês preparou seus instrumentos e observou os movimentos dos satélites de Júpiter, durante a noite, de modo a acertar o relógio — esforço que era sabotado pelos ratos, que já tinham comido um dos pêndulos.

Em suas muitas locações ao redor do mundo, os astrônomos se ocupavam com os preparativos de última hora, unidos em seus esforços. Quaisquer que fossem as suas nacionalidades e religiões, independentemente do fato de que viajaram milhares de quilômetros ou ficaram em casa, quer tivessem um telescópio de sete metros de altura ou um tubo portátil — todos eles estavam batalhando pelo mesmo objetivo. Em meio à Guerra dos Sete Anos, os astrônomos tinham superado as fronteiras nacionais e os conflitos, em nome da ciência e do conhecimento. Agora, faltando apenas algumas horas para o trânsito, tudo que podiam fazer era torcer para que o clima estivesse do lado deles.

6
O DIA DO TRÂNSITO, 6 DE JUNHO DE 1761

CONFORME A TERRA RODAVA E UMA LOCAÇÃO após a outra emergia das sombras da noite para a claridade do dia, quase 250 astrônomos giravam seus telescópios na direção do céu. No norte, as noites claras de verão permitiriam àqueles que estavam na Escandinávia e na Lapônia ver a passagem completa de Vênus sobre o Sol (que deveria começar às três horas da manhã), mas os observadores de Grã-Bretanha, Alemanha, França, Países Baixos e Itália precisariam se contentar com a saída, pois as primeiras horas do trânsito ocorreriam em plena escuridão. Tobolsk veria o começo do trânsito, pouco antes das sete horas da manhã; a costa oriental da Índia, às sete e meia da manhã; e Jacarta, logo depois das nove horas da manhã. América do Sul experimentaria todo o trânsito no escuro, assim como as colônias da América do Norte, de Geórgia a Massachusetts.

Com a chegada do dia do trânsito, Delisle deve ter sentido orgulho de ver como seu chamado à ação havia sido acolhido em todo o mundo, ainda que sua visão deteriorada não permitisse que ele próprio fizesse qualquer observação mais precisa. Tinha iniciado o projeto em seu pequeno observatório, em Paris. Aceitando o desafio de Edmond Halley, persuadira cientistas de toda a Europa a seguir sua proposta, mostrando ser um líder realmente inspirador. Nos últimos anos, ele calculara, desenhara, convencera e trocara cartas, usando todos os contatos que tinha no mundo internacional da ciência para fazer esse momento acontecer. Agora, tudo que lhe cabia era esperar e rezar para que os astrônomos viajantes alcançassem seus destinos a tempo.

Os objetivos de cada expedição eram claros. O que os astrônomos nas sociedades científicas de Paris, Londres e Estocolmo requeriam para seus cálculos era a localização precisa em que cada observação fora feita e, de modo crucial, as cronometragens exatas do trânsito de Vênus em sua passagem diante do Sol. Se os astrônomos trabalhassem de acordo com o método de duração de Halley — mensurando o trânsito completo —, eles deveriam verificar quatro pontos específicos: o momento em que Vênus tocou a borda externa do Sol, a chamada entrada ou ingresso externo; a hora em que Vênus entrou completamente no Sol, a chamada entrada ou ingresso interno; o instante em que o pequeno ponto negro começou a sair do Sol novamente, a egressão interna ou saída; e a egressão externa ou hora de saída, em que Vênus desapareceu totalmente. Pelo método de Delisle, os observadores precisavam apenas considerar *ou* a entrada *ou* a hora da saída.

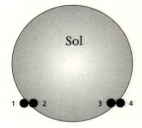

1. ingresso externo ou entrada; 2. ingresso interno ou entrada;
3. egressão interna ou saída; e 4. egressão externa ou saída

Independentemente do método utilizado, nenhuma observação isolada seria útil por si só — os cientistas precisavam pelo menos de um par. Dependendo das suas localizações, os observadores veriam Vênus começar e terminar sua marcha em horários ligeiramente diferentes, ou por durações diferentes.

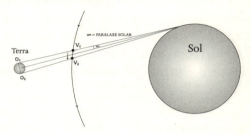

O observador O1 veria Vênus entrando no Sol (V1) primeiro, enquanto
o observador O2 veria Vênus um pouco mais tarde (V2)

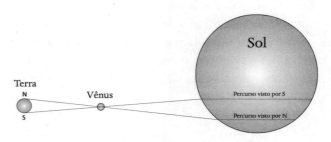

Percursos de Vênus, segundo a visão de observadores
nos hemisférios norte e sul, em 1761

Um observador do sul, como Pingré em Rodrigues, enxergaria a entrada de Vênus primeiro e um percurso mais longo e mais próximo do centro do Sol do que um observador no extremo norte, como Anders Planman na Lapônia. Quanto mais distantes os observadores estivessem, maior seria a diferença entre os horários de entrada e saída e entre a duração total registrada.

O que os cientistas esperavam extrair desses dados era o paralaxe solar: a chave para o tamanho do sistema solar. A paralaxe é a diferença ou mudança de posição de um objeto, quando visto de duas linhas diferentes de visão.* A paralaxe solar (ângulo α na Figura 2) é medido como o ângulo (ou, para ser preciso, metade do ângulo) entre essas linhas traçadas de duas locações diferentes, em lados opostos da Terra e do Sol.**

Havia dois modos distintos de calcular o paralaxe. Um era usando a diferença dos horários de entrada *ou* saída de Vênus, conforme a mensuração de dois observadores diferentes (Figura 2) — levando em

---

*   Se você esticar o braço e olhar o polegar contra um objeto a distância, alternadamente com o olho esquerdo e o direito, vai parecer que o seu polegar muda de posição. No trânsito de Vênus, os olhos esquerdo e direito são os dois diferentes locais de observação. Isso quer dizer que astrônomos como Pingré, no hemisfério sul (o olho esquerdo), veriam Vênus (o polegar) numa posição diferente contra o pano de fundo do disco solar (o objeto distante) da do outro observador, como Planman, no hemisfério norte (o olho direito).

**   A paralaxe solar era medida em minutos e segundos de arco: 60 minutos de arco correspondem a 1 grau e 60 segundos de arco correspondem a 1 minuto de arco.

conta a posição geográfica exata e as diferenças da hora local. O outro era utilizando a diferença da duração total do trânsito, de acordo com os registros de dois observadores (Figura 3).

Em seguida, lançando mão de uma trigonometria relativamente simples, os astrônomos podiam começar a calcular a distância entre a Terra e o Sol.*A chave para o enigma do tamanho do sistema solar estava prestes a ser descoberta. Ou era assim que eles pensavam.

 Le Gentil: A bordo do Le Sylphide, oceano Índico, sudeste de Sri Lanka, logo abaixo da linha do equador, Latitude: 5°44'10" S, Longitude: 89°35' E

O Sol nasceu pouco depois das seis horas da manhã, num céu totalmente limpo. O clima era perfeito. Em duas horas, Vênus beijaria a borda exterior do Sol, levando seu contorno escuro para dentro do disco incandescente. Le Gentil seria um dos primeiros a ver o fenômeno. No entanto, em vez de estar na terra firme de Pondicherry, ele se encontrava num navio em movimento. No deque rolante, ele não poderia confiar em seu relógio de pêndulo, nem seria capaz de estabelecer uma posição geográfica precisa. Todavia, enquanto pensava em todos os outros astrônomos que também esperavam por Vênus, disse a si mesmo para não ficar "ocioso", e "fazer o melhor que podia".

Ele tentaria marcar a entrada e a saída de Vênus com uma ampulheta que demorava trinta segundos para esvaziar cada compartimento — longe de ser o relógio mais confiável, porém melhor do que nada.** Enquanto Le Gentil olhava para o céu, um dos marinheiros se encarregava de virar a ampulheta sem parar, anotando o número de rotações que tinha feito.

---

*   Por exemplo, para calcular a distância entre a Terra e o Sol ("y"), os astrônomos poderiam usar metade do triângulo que se formava entre os observadores O1 e O2 e o Sol. Tomando metade da distância entre O1 e O2 — vamos chamá-la de "x" — e o ângulo do paralaxe solar "α", eles poderiam calcular o lado que faltava do triângulo, a distância "y".

$$y = \frac{x}{\tan \alpha}$$

** A ampulheta fora feita para esvaziar cada compartimento em trinta segundos, mas Le Gentil recalculou que, de fato, ela demorava 34 segundos para fazer isso.

Ao passo que outros astrônomos enterraram longos pedaços de madeira em profundidade, a fim de garantir uma perfeita estabilidade para seus instrumentos, Le Gentil havia fixado seu telescópio numa viga de madeira de pouco mais de um metro, amarrada a um dos mastros do navio. Ele não sabia quando Vênus iria aparecer. Nenhum astrônomo sabia exatamente a hora da entrada — Vênus ficaria invisível até o instante exato. Isso já era suficientemente extenuante para os olhos, mas determinar esse momento preciso num navio que arremetia era praticamente impossível. O melhor que podia fazer era olhar fixamente para o Sol ofuscante, à espera de captar o primeiro lampejo de Vênus. Entretanto, por mais que tentasse, Le Gentil achava impossível manter o foco. Toda vez que o navio enfrentava uma onda, ele perdia o Sol de vista. Seus olhos já estavam bem cansados antes que Vênus se mostrasse. A fim de poupar a energia e a visão, Le Gentil então decidiu se concentrar apenas na saída de Vênus, considerando que seria mais fácil acompanhar o progresso do planeta pelo Sol depois que ele já tivesse aparecido.

Após uma demora que pareceu a eternidade, Le Gentil finalmente avistou Vênus. Como era esperado, ele perdera a entrada do planeta. Agora, não havia mais nada a fazer além de admirar o seu lento percurso. Mais uma vez, no entanto, o céu fazia uma brincadeira cruel. Nas horas que se seguiram, nuvens apareceram e Le Gentil acabou convencido de que havia perdido sua oportunidade de ver a saída. Mas então, o céu clareou e, às 2h27 da tarde, de acordo com a sua — ligeiramente errática — precisão, ele pôde ver o pequeno planeta parecendo tocar "a borda do Sol". Naquele momento, ele chamou o marinheiro que virava a ampulheta — e na hora em que ele a virou pela vigésima oitava vez, Vênus tinha "saído" e desaparecido. O trânsito havia terminado, mas Le Gentil sabia que seus horários não poderiam ser utilizados — pois estavam, como ele mesmo admitiu, "distantes" da exatidão. Do ponto de vista científico, suas observações seriam inúteis. Sua viagem tinha sido em vão.

Chappe d'Auteroche: Tobolsk, Rússia

Chappe se levantou cedo, após uma noite maldormida. A noite anterior ao trânsito o deixara emocionalmente esgotado. O céu permaneceu claro durante o pôr do sol e, enquanto a luz desaparecia vagarosamente, Chappe se agarrou àquele momento com paixão. Como escreveu em seu diário, a "quietude perfeita do universo" o envolvia e se somava à "serenidade" da sua mente. Finalmente, ele se sentia em equilíbrio com o universo — os perigos e esforços dos meses anteriores o conduziram àquela sensação de plenitude. Todavia, por volta das dez horas da noite, enquanto olhava, pensativo, para o céu noturno, o nevoeiro começou a surgir no horizonte e nuvens intumescidas encobriram as estrelas — era apenas o preâmbulo de uma imensa nuvem negra que logo se apresentou. Enquanto o céu fechava suas cortinas escuras, fazendo as estrelas desaparecerem, Chappe foi ficando tão angustiado que acabou entrando "num estado de prostração". A jornada tinha sido "infrutífera", afirmou, e ele havia enfrentado todos os perigos "em vão".

Embora a noite já estivesse avançada, ele acordou os assistentes que dormiam no observatório, tirando-os debaixo dos cobertores quentes, para que pudesse ficar sozinho na pequena cabana — sem se importar em saber onde eles passariam a noite. Enquanto caminhava de um lado para o outro no pequeno cômodo, seus telescópios pareciam estar brincando com ele. O minúsculo observatório era claustrofóbico. A cada cinco minutos, Chappe saía para olhar o céu com incredulidade. Ele ficou acordado a noite inteira, se sacudindo numa "agitação pavorosa".

Quando o Sol apareceu por trás de uma camada espessa de nuvens escuras, tudo que Chappe conseguiu ver foi uma sombra vermelha atrás da mancha cinzenta. De repente, o vento começou a soprar e levou para longe aquele véu sombrio. Ao ver o céu clareando, Chappe se animou e se sentiu restaurado "por uma nova forma de vida". Toda a natureza, ele afirmou, "parecia se regozijar". Seus pensamentos e sentimentos sombrios desapareceram tão depressa quanto as nuvens, sendo substituídos pela alegria e pela confiança. Chappe, que demonstrava pensar e vivenciar as coisas apenas pelos extremos, se sentiu um novo homem.

Como ele mesmo escreveu, logo em seguida, o governador da região, sua família e o arcebispo de Tobolsk, junto com alguns clérigos, chegaram ao topo da montanha para "compartilhar a minha felicidade". Chappe havia erguido uma barraca separada, para que eles pudessem usar ali um dos seus telescópios, e havia duplicado as sentinelas — medidas de precaução para não ser perturbado em suas próprias observações. O relojoeiro recebera ordens de fazer anotações e observar o relógio, enquanto o intérprete tinha de contar os minutos e os segundos.

Quando a hora do trânsito se aproximou, Chappe ficou ao lado do telescópio, olhando para frente e para trás, "para nós e para o Sol mil vezes em um minuto", afirmou. Em meio à própria excitação, ele nem reparou na nuvem que se instalara num dos lados do Sol. Somente quando o vento a levou para longe, Chappe se deu conta de que Vênus já havia tocado a estrela. Sem temores, ele disse a si mesmo que se concentraria no momento em que Vênus tivesse entrado totalmente — o ingresso interno. Enquanto o pequeno círculo negro se movimentava com vagar, o animado Chappe começou a tremer. "Fui dominado por um tremor generalizado", explicou depois, "e me senti obrigado a recolher todos os meus pensamentos, de modo a não perder o momento". No instante em que Vênus se separou da borda interior do Sol, Chappe gritou para que o relojoeiro escrevesse a hora exata. Nas horas que se seguiram, observou o avanço gradual de Vênus e, finalmente, marcou a hora da sua saída. A longa viagem até a Sibéria tinha valido a pena. Convencido da precisão das suas observações, Chappe acreditou que elas seriam "úteis à posteridade, quando eu já tiver partido desta vida".

 Alexandre-Gui Pingré: Rodrigues, oceano Índico

Pingré acordou no meio da noite com o barulho da chuva pesada caindo sobre o telhado do pequeno galpão que ele agora chamava de lar. Tempos depois de ter ido embora da ilha, Pingré calculou que, durante sua estada de 104 dias, havia chovido em 93 (...) algo bem distante daquilo que a academia em Paris havia previsto quando o despacharam para lá.

Ainda chovia às cinco horas da manhã, quando Pingré se levantou, mas ele estava preparado mesmo assim. Seus instrumentos foram limpos e colocados dentro do círculo de grandes pedregulhos. Os dois telescópios foram amarrados com cordas e rolos em mastros de madeira firme. O relógio foi posicionado (após reparos de emergência no pêndulo que fora comido pelos ratos) e a hora foi acertada. Ele olhou fixamente para o céu e viu o Sol aparecer no horizonte às seis horas em ponto, mas não conseguiu enxergar nada. Logo em seguida, o Sol começou a se mostrar, já com o pequeno ponto negro presente. Vênus devia ter entrado um pouco antes do nascente, e Pingré perdera o começo do trânsito. No entanto, nas duas horas seguintes, o astrônomo conseguira observar Vênus através de pequenas aberturas na grossa camada de nuvens. Por volta das oito e meia da manhã, o céu clareou um pouco e Pingré, com o seu assistente, o capitão e o segundo-tenente do navio que os trouxera para a ilha, começou a medir a distância entre Vênus e a borda interna do Sol — embora, como ele mesmo afirmasse, os resultados "não podem ser confiáveis por mais de um segundo". Não só Pingré era míope, como tinha ainda dificuldades em manter o foco do telescópio, porque os ventos fortes "desalinhavam o instrumento". Os segundos se alongavam em minutos, e os minutos em horas. O tempo se arrastava. Então, quando ele se preparava para observar a saída do pequeno planeta, uma nuvem se postou na frente do Sol. De acordo com seu relógio, que marcava 12h53m18, Pingré acreditou que tivesse visto uma forma "débil" entre as nuvens, que poderia ser Vênus saindo, mas não tinha certeza. Um minuto depois, às 12h54m21, ele ponderou que o trânsito "certamente havia terminado". Como ele mesmo admitiu mais tarde para a Royal Society, as suas observações tinham sido feitas "rapidamente, por causa das nuvens". No entanto, em vez de se desesperar, ele e os companheiros de observação celebraram o evento, brindando "aos astrônomos de todos os países que estão observando Vênus esta noite".

Como esperava Pingré, bastante otimista, em conjunção com as observações do hemisfério norte, o seu trabalho poderia ser suficiente para fornecer a chave da distância entre o Sol e a Terra.

Mikhail Lomonosov: casa de Lomonosov, São Petersburgo, Rússia

A briga entre Lomonosov e Franz Aepinus tinha chegado a um final dramático. No dia 3 de junho, faltando apenas três dias para o trânsito, o Conselho da Academia de Ciências determinou que o cientista alemão entregasse as chaves do laboratório aos protegidos de Lomonosov. Indignado com a decisão, Aepinus, amuado, se retirou, anunciando que não se importava em não assistir à passagem de Vênus. Os protegidos de Lomonosov ficavam no laboratório e o próprio havia se retirado para casa, a fim de conduzir ali as suas observações do trânsito.

Era o ponto culminante de uma disputa que havia se iniciado no inverno anterior. Em maio, tempos depois que Chappe deixara São Petersburgo, Lomonosov insistira para que alguns cientistas russos se juntassem a Aepinus no observatório, no dia do trânsito. O germânico, que se ressentia da constante interferência de Lomonosov, teimosamente se recusou a isso e escreveu uma longa carta de reclamação ao Conselho da academia, apresentando argumentos muito fracos para justificar que apenas ele deveria ser o responsável pelas observações. Aepinus insistia em que os observadores de Lomonosov não possuíam "conhecimento do tema das observações". Eles também não sabiam ler latim, alemão, inglês, francês ou sueco, o que significava sua completa exclusão da troca internacional de informações sobre o trânsito. Sem falar outros idiomas, como escreveu Aepinus, os protegidos de Lomonosov não teriam capacidade de compreender as discussões sobre como visualizar Vênus, quando cronometrar a sua passagem, como fazer os cálculos, que instrumentos utilizar e quando. Além do mais, ainda argumentou que eles faziam muito barulho. O observatório era pequeno e eles o atrapalhariam, alegou Aepinus, impedindo-o de ouvir o tique-taque do relógio (o que era importante para contar os segundos, ao cronometrar os horários de entrada e saída).

Como era de se esperar, Lomonosov logo preparou um contra-ataque, colocando as suas apreensões numa longa carta que refutava cada um dos argumentos de Aepinus, e, ao mesmo tempo, apresentava o colega alemão como incompetente. Como reivindicou Lomonosov, todos os laboratórios do mundo convidavam diversos coobservadores para participar de eventos importantes, e os seus protegidos seriam perfeitamente capazes de assistir ao trânsito. Eles já olhavam as estrelas desde a época em que Aepinus ensinava o seu "catecismo na escola". O fato de que Aepinus reclamasse de que não teria condições de ouvir o relógio era mais uma prova de quanto era despreparado — bons astrônomos, disse Lomonosov, sabiam "contar os segundos sem precisar de um relógio".* Toda a questão, ele defendia, era "pura loucura". Sem dúvida, era loucura, pois o resultado foi que Aepinus, um dos melhores astrônomos de São Petersburgo, considerou que mitigar o seu orgulho ferido era mais importante do que observar a rara aparição de Vênus.

Lomonosov, por outro lado, não iria perdê-la. Ele despertara mais cedo e ficara sentado ao telescópio, tentando desesperadamente manter o foco no Sol incandescente. Mas não havia nada para ver. Quando seus olhos se cansaram, ele começou a se preocupar. Então, depois de ficar quarenta minutos olhando diretamente para o Sol, viu algo estranho: a borda claramente definida do disco ficou nebulosa e "parecia estar revolvida", no exato ponto em que ele acreditava que Vênus iria entrar. Rapidamente, Lomonosov desviou os "olhos exaustos" do telescópio para descansá-los e, quando tornou a olhar, viu o ponto negro. Vênus começava a adentrar. Durante horas, Lomonosov então viu o planeta percorrer a face do Sol, descansando os olhos de vez em quando, a fim de se aprontar para a saída. Mais uma vez, a cena não era nada daquilo que ele e outros astrônomos esperavam. Quando Vênus se preparava para sair, "um pequeno pontinho" apareceu na borda interna do Sol, aproximando-se dele e finalmente tocando o planeta menor. Em seguida, enquanto Vênus começava a partir, a borda do Sol ficou "revolvida" de novo. Embora tenha deixado a cronometragem da entrada e da saída para seus protegidos no laboratório, Lomonosov tinha certeza de que ele próprio havia feito uma descoberta extraordinária: Vênus, ele agora acreditava, tinha uma atmosfera exatamente igual à da Terra. A nebulosidade estranha na borda do Sol, conforme percebera, tinha sido criada pela atmosfera de Vênus. Como explicou,

---

* Lomonosov estava exagerando. A maioria dos observadores tinha um assistente que contava os segundos durante o trânsito.

o "pontinho" negro ou a saliência era uma prova adicional, porque resultava da "refração dos raios solares na atmosfera de Vênus". Isso, ele concluiu, podia até significar a existência de vida naquele planeta.*

 Anders Planman: Kajana, Finlândia

Planman aguardava no pequeno laboratório que havia construído em Kajana. O Sol surgira às duas horas da manhã e ele esperava enxergar Vênus por volta das quatro. Os instrumentos estavam a postos, seu assistente ficara encarregado de contar os minutos e segundos e Planman ensinara ao pároco local como utilizar um dos telescópios. Com sua diligência habitual e atenção meticulosa aos detalhes, Planman estava preparado para qualquer eventualidade. Ele havia determinado a longitude após a observação do eclipse lunar, do alto da sua torre de poltronas, e havia erguido um laboratório simples, feito de tábuas toscas, para proteger seus instrumentos do vento forte e da geada.

Planman acordou com o céu azul e se manteve confiante no sucesso. Então, no exato momento em que Vênus deveria aparecer, o ar se encheu de uma fumaça espessa. Os agricultores locais tinham feito uma queimada nas matas circundantes, de modo a limpar a terra. Para ficar ainda pior, eles perderam o controle do fogo e as chamas se espalharam, devorando grandes faixas de floresta. Uma grossa camada de fumaça continuou a bafejar sobre o pequeno laboratório. Planman ficou furioso. Como ele mesmo disse a Wargentin, tempos depois, se tivesse tomado conhecimento de que os métodos locais de agricultura incluíam as queimadas, teria imposto uma "proibição". A fumaça o pegara de surpresa e ele não teve certeza do horário exato da entrada externa de Vênus, mas, em poucos minutos, os seus olhos se adaptaram, e ele friamente observou o ingresso completo.

Seu assistente teve menos sorte. O vento sacudiu o telescópio do pároco de tal forma que ele não conseguiu manter o foco e os seus olhos rapidamente se cansaram. Cuidadoso como sempre, o próprio

---

* Lomonosov não foi o único a concluir que poderia haver uma atmosfera em Vênus. O alemão Georg Christoph Silberschlag foi o primeiro a publicar essa teoria, no dia 13 de junho de 1761, no periódico *Magdeburgische Zeitung*.

Planman antecipara o problema e se encarregara de praticar a observação do céu ora com o olho esquerdo, ora com o direito — trocando-os com regularidade durante o trânsito, de modo que o seu olho direito, que era o melhor, estivesse descansado para a saída de Vênus, que ocorreu logo depois das dez horas da manhã. Embora prejudicado pela fumaça e pelo fracasso do seu assistente, ao final do trânsito, Planman ficara satisfeito com o resultado. Ele havia observado o ingresso (embora com certa dúvida, no começo) e a egressão.

Como escreveu orgulhosamente para Wargentin, ele tinha visto "as núpcias de Vênus" do princípio ao fim.

 Pehr Wilhelm Wargentin: Estocolmo, Suécia

Embora fosse muito cedo, o observatório de Estocolmo estava cheio. A campanha publicitária de Wargentin havia sido tão exitosa que era quase impossível se mover dentro do cômodo abarrotado. A rainha Louisa Ulrika e o filho de quinze anos, príncipe Gustav, tinham chegado antes das três horas da manhã. Políticos, representantes da nobreza e embaixadores estrangeiros, assim como muitos outros espectadores, se empurravam em busca de espaço. Wargentin também pedira a outros membros da academia sueca que o ajudassem e equipou-os com telescópios. Uma vez que estavam espremidos no interior, logo ficou claro que nem todos os observadores seriam capazes de ver o relógio — e então foi decidido que um deles ficaria encarregado de contar os minutos e segundos em voz alta.

Quando o sol nasceu, o céu estava luminosamente azul. Todos os observadores ficaram ao pé de seus telescópios, aguardando a aparição de Vênus. O clima era perfeito, até que Wargentin viu o mesmo fenômeno que Lomonosov tinha visto, naquele exato momento, em São Petersburgo: a borda do Sol parecia estar "borbulhando", o que tornava difícil discernir se Vênus tinha realmente entrado. Às 31h21m37, Wargentin vislumbrou uma pequena depressão no Sol, que se tornava cada vez maior e mais escura. Onze segundos depois, ele acreditou que se tratasse de Vênus, mas não sabia que horário apontar como o exato momento da entrada. Enquanto o planeta se movia na direção do Sol, Wargentin achou que o pequeno ponto negro estava agora cercado por um halo brilhante, mas seus colegas não conseguiram enxergá-lo. Apesar desse problema e do barulho dos espectadores — que tornava difícil para os astrônomos ouvir os minutos e segundos que iam sendo contados em voz alta —, eles puderam ver os horários de ingresso externo e interno. A partir disso, teriam quase seis horas para se deleitar com a lenta marcha de Vênus.

Antes das nove e meia da manhã, todos se concentraram de novo, com "a maior presteza", para o momento da saída. Um deles viu algo sendo "atirado" para fora de Vênus em direção ao Sol, mas nem todos confirmaram. Uma vez mais, Wargentin teve certeza de que detectou um "anel estreito" de luz, mas também foi o único a fazê-lo. Enquanto os astrônomos cronometravam a saída final, ficou claro que as observações não corresponderam. Os horários anotados variavam de 9h47m59 até 9h48m9s, que foi o de Wargentin — para uma ciência precisa como a astronomia, essa diferença era substancial. Eles "não coincidiram da forma esperada", comentaria depois Wargentin, decepcionado.

Charles Mason e Jeremiah Dixon: Cabo da Boa Esperança, África do Sul

Mason e Dixon estavam nervosos. Além da preocupação com a parada não autorizada, o clima no Cabo da Boa Esperança era muito ruim. Desde a chegada deles, havia seis semanas, o céu tinha estado quase o tempo todo nublado, permitindo-lhes fazer poucas observações úteis. Entretanto, na noite anterior, quando foram dormir, se sentiram um pouquinho mais otimistas — finalmente, as nuvens tinham desaparecido.

Eles sabiam que perderiam o começo do trânsito. Embora estivessem quase na mesma longitude de Estocolmo, o nascente mais tardio no Cabo os impediria de ver a entrada de Vênus. Ao passo que em Estocolmo o Sol iluminaria o céu às três horas da manhã, Mason e Dixon precisariam ter paciência até a aurora, logo após as sete horas. Enquanto aguardavam no observatório escuro, cada movimento dos ponteiros do relógio os levava para mais perto do precioso momento. Tique-taque, tique-taque, a batida regular do relógio de pêndulo era o único som. Até que o sol finalmente nasceu, mas sob "uma névoa densa", e logo desapareceu por trás de uma nuvem escura. Mason e Dixon não conseguiram enxergar Vênus. O tempo se arrastava. Exatamente 23 minutos depois que avistaram a luz embaçada do Sol, atrás de um véu de ar carregado de umidade, eles descobriram Vênus — por um instante, antes que ele e o Sol desaparecessem novamente. Durante as duas horas seguintes, o Sol brincou de esconde-esconde. Pouco antes de Vênus se preparar para a saída, a estrela "estava totalmente encoberta por uma nuvem", mas, de repente, o céu clareou. Sem arredar pé dos telescópios, Mason e Dixon cronometraram o começo e o fim da saída de Vênus, sem que nada atrapalhasse a sua visão. Vinte minutos depois, o Sol mais uma vez sumiu, agora pelo resto do dia, mas a primeira observação do trânsito no hemisfério sul tinha sido um sucesso.

 Nevil Maskelyne: Santa Helena, Atlântico Sul

Desde sua chegada a Santa Helena, havia dois meses, Maskelyne vinha olhando para um céu encoberto e percebia, a cada dia que se passava, que suas chances de observar o trânsito de Vênus eram minúsculas. Durante a maior parte do tempo, nuvens pesadas pendiam sobre as montanhas da pequena ilha, e ele tinha certeza de que naquele dia não seria diferente. Apesar das dúvidas, Maskelyne preparou cuidadosamente seus instrumentos e seu relógio, ajustando as lentes, apertando os parafusos e dobrando as molas. Para sua grande frustração, o relógio tinha parado apenas um dia antes do trânsito, mas ele conseguira consertá-lo a tempo.

No dia 6 de junho, Maskelyne se levantou no escuro e foi para o pequeno observatório. Em Santa Helena, assim como na Europa, o trânsito começaria durante a noite. O sol nasceu num céu previsivelmente sombrio, porém, alguns minutos depois, e para grande surpresa de Maskelyne, as nuvens se abriram para mostrar Vênus em seu pano de fundo dourado. Sua alegria durou pouco, pois o Sol logo tornou a desaparecer. Uma hora mais tarde, quando Vênus se preparava para o final, Maskelyne, animado, percebeu que o céu voltava a ficar azul e Vênus reaparecia "como um intenso ponto negro na superfície solar". À medida que o pequeno círculo se aproximava da borda interior do Sol, Maskelyne viu aquilo que muitos outros astrônomos observavam ao mesmo tempo: as bordas que estavam prestes a se tocar pareciam vibrar e tremer. Como os outros, ele não tinha certeza de que aquilo era de fato o início da saída interna. O "grau de exatidão" que Halley desejava, Maskelyne escreveu à Royal Society, não poderia ser alcançado. Para tornar tudo ainda pior, as nuvens voltaram a aparecer e o impediram de calcular o horário de saída — "a observação mais importante de todas". Quando as nuvens se dissiparam, o Sol parecia rir zombeteiramente da cara de Maskelyne, mas não havia mais sinal de Vênus.

Agora, como afirmou o astrônomo, era o caso de esperar que Mason e Dixon "tivessem tido uma oportunidade mais favorável". Enquanto olhava para o céu vazio, ele pensava em todos os outros astrônomos que haviam completado suas observações e se preocupava com a possibilidade de que eles também pudessem ter fracassado. "Estou com medo", ele suspirou, "de que tenhamos de esperar pelo próximo trânsito, em 1769". Se Halley estivesse vivo, Maskelyne pensou, ele teria ficado satisfeito com o esforço internacional mesmo assim. Eles podem não ter tido êxito — ainda —, "mas nós fizemos tudo que estava ao nosso alcance".

 John Winthrop: St. John's, Terra-Nova e Labrador

O professor de Harvard John Winthrop aguardou em silêncio, na escuridão de sua barraca, montada num campo que distava alguns quilômetros de St. John's, em Terra-Nova e Labrador. Ele só conseguiria observar uma hora do trânsito, logo após o nascente, antes que Vênus saísse da frente do Sol, e tinha conhecimento de que seria o último de todos os astrônomos do mundo a vê-lo. Sabia que Le Gentil havia sido despachado para Pondicherry, onde o astrônomo francês já teria assistido ao trânsito havia mais de cinco horas, assim como os observadores britânicos em Bencoolen, os russos em São Petersburgo e os suecos na Lapônia.

Winthrop era considerado o maior matemático da América do Norte — era um professor popular (John Adams, futuro presidente dos Estados Unidos, havia sido aluno dele) e um astrônomo entusiasmado. Assim como diversos dos seus colegas, Winthrop tinha observado o trânsito de Mercúrio, mas depois se concentrara em Vênus, como o "fenômeno mais importante que a astronomia pode nos proporcionar". A excepcionalidade do evento também o transformava numa "diversão primorosa", afirmou Winthrop. Todos falavam sobre o trânsito — era o "tema das conversas".

Sendo o único astrônomo norte-americano que planejou registrar o evento, Winthrop saiu de Boston num barco, no dia 9 de maio, com dois alunos a reboque e os instrumentos empacotados com todo cuidado. Treze dias depois, ele chegou a St. John's e logo procurou uma locação de onde pudesse conduzir sua observação. Cercada de montanhas "pelo lado do nascente", a cidade não oferecia nenhum lugar adequado. "Fomos obrigados a procurar mais longe dali", escreveu Winthrop, e, após algumas tentativas "frustradas", ele achou um local "a certa distância" de St. John's. Não havia tempo para que construíssem um observatório apropriado e, em vez disso, montaram diversas barracas. Os dias que antecederam o trânsito foram gastos em preparativos febris. O relógio precisava ser acertado, tomando-se a altitude do Sol ao meio-dia, os telescópios tinham de ser montados e a posição geográfica precisa deveria ser calculada. Atacados por "enxames infinitos de insetos" e com a pele coberta de marcas de "picadas venenosas", os homens trabalharam dia e noite. Mas conseguiram se aprontar.

Winthrop escolhera bem o local de seu observatório temporário. Enquanto toda a costa sul de Terra-Nova e Labrador até Halifax, na Nova Escócia, estava sendo açoitada por uma forte tempestade, naquela manhã a área em torno de St. John's, no nordeste da ilha, encontrava-se "serena e calma" — exceto pelos enxames de mosquitos. Então, quando os ponteiros do relógio de Winthrop se moveram até as 4h18 da manhã, o Sol se levantou atrás do horizonte e ele viu aquilo que chamou de "a visão mais agradável: VÊNUS SOBRE O SOL". O planeta ainda demoraria cerca de trinta minutos para iniciar a saída e, portanto, Winthrop convidou os moradores do local que se amontoavam do lado de fora de seu observatório temporário, "para contemplar um espetáculo assim tão curioso" e espiar pelo telescópio. Com a aproximação rápida do final do trânsito, Winthrop voltou aos seus instrumentos, tendo um dos assistentes a contar em voz alta os minutos e segundos, e o outro a tomar notas. Às 5h05, de acordo com o seu relógio, o espetáculo havia terminado e Winthrop havia conseguido registrar os horários de saída tanto interno quanto externo.

Em memória da visão maravilhosa que tiveram, os moradores locais decidiram chamar o lugar em que Winthrop construíra o seu observatório de "monte Vênus".

Na Alemanha, quase quarenta astrônomos e observadores oficiais esperaram por esse "dia solene". Muitos haviam rolado em suas camas antes do alvorecer, preocupados com o clima. No sul, em Nuremberg, um observador ouviu trovões rugindo a noite inteira e, em Munique, cinco membros da Academia Bávara de Ciências passaram a noite em claro, movendo-se entre "o medo e a esperança". As nuvens dificultaram diversas observações germânicas. Tobias Mayer, o astrônomo que produzira as extensas tabelas lunares que Maskelyne utilizara para calcular a longitude em sua viagem até Santa Helena, observou partes do trânsito no observatório de Göttingen, mas não conseguiu distinguir muita coisa através do cinza que tingia o céu. Um observador da Bavária descreveu o Sol como se estivesse sendo "devorado pelas nuvens", ao passo que o astrônomo jesuíta Christian Mayer e seu patrono, o eleitor palatino Karl Theodor, se desesperaram diante das "nuvens desafortunadas" que cobriam os jardins do palácio, em Schwetzingen, perto de Heidelberg.

Outros tiveram mais sorte. Em Munique, assim que o sol nasceu, com Vênus aparentemente grudado nele, um dos observadores gritou alegremente: "Jesus, lá está ele!" Uma comoção agitada tomou conta do lugar e todos concordaram que aquela era uma visão "esplêndida" e um grande sucesso. Em Halberstadt, na Prússia, um observador "quase perdeu a esperança", depois que uma tempestade caiu a noite inteira e o sol nasceu apenas como uma luz débil por trás de uma manta de nuvens. No entanto, pouco antes da saída prevista de Vênus, as nuvens subitamente se dispersaram e ele conseguiu anotar os horários. A leste, em Leipzig, o clima tinha estado tão desalentador que um observador frustrado decidiu escrever uma fábula sobre o encontro secreto entre a deusa do amor, Vênus, e o deus do Sol, Apolo, durante o qual ele cobriu a amada com um manto de nuvens, a fim de escondê-la da visão dos espectadores terrenos.

Em Leiden, astrônomos holandeses só puderam ver "um lampejo de Vênus", enquanto os que estavam em Amsterdã também se desesperaram com o fato de que o céu maçante os havia impedido de ver o trânsito. Wargentin organizara 34 observadores suecos, em dez localizações, mas muitos deles tiveram problemas por causa das nuvens. Na Rússia, o astrônomo Stepan Rumovsky, que havia partido para Nerschinsk, perto da fronteira com a China, só conseguiu chegar a Selenginsk, no lago Baikal, e não deu conta de anotar os horários de entrada. Acabou cronometrando a saída de Vênus, mas o vento sacudiu o seu telescópio de tal forma que não lhe deu certeza da exatidão de suas observações.

Nas ilhas britânicas, mais de trinta observadores ficaram a postos. Só em Londres, havia mais de dez observadores oficiais, embora muitos "quase entrassem em desespero", por causa das nuvens. Felizmente, às sete e meia da manhã, o céu começou a clarear, permitindo aos astrônomos anotar o horário exato das saídas interna e externa. O incansável Delisle reunira mais de quarenta observadores na França. O próprio Delisle assistiu do observatório de Pingré, na Abadia de Santa Genoveva, em Paris, enquanto outro astrônomo carregou seus instrumentos para o novo castelo de Luís XV, em Saint-Hubert (a cerca de 32 quilômetros a sudoeste de Versalhes), porque o rei quis observar o trânsito dali. Na Itália, os astrônomos também foram encorajados pela proposta de Delisle — que chegou a ser publicada por um deles no jornal *Novelle Letterarie*. Mais de vinte italianos, em Roma, Bolonha, Nápoles, Turim, Pádua, Veneza e Parma, observaram o trânsito.

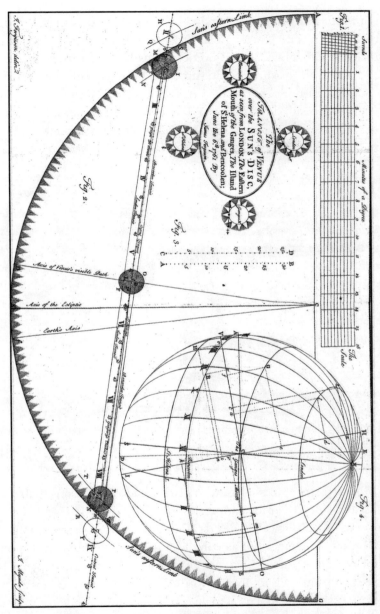

Desenho do trânsito de Vênus, conforme foi prognosticado para Londres, Índia, Santa Helena e Bencoolen, no dia 6 de junho de 1761. Publicado no livro de James Ferguson sobre o assunto.

Em todas as partes do mundo — Europa, Malta, Constantinopla, Rússia, América do Norte, Índias Orientais, África do Sul, Pequim, Índia, Jacarta e Filipinas — astrônomos e amadores assistiram (ou tentaram assistir) ao movimento do minúsculo ponto negro na superfície do Sol. Do extremo norte, na Lapônia, ao Cabo da Boa Esperança, no hemisfério sul, de Maurício a Terra-Nova e Labrador, incontáveis observadores em mais de 130 localidades olhavam simultaneamente para o céu, na esperança de captar um lampejo de "Madame Vênus".

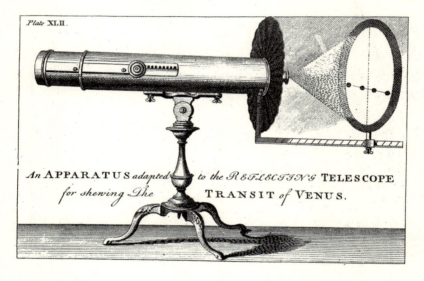

Telescópio refletor, com um aparato para projetar a imagem do trânsito na parede

Muitos astrônomos foram acompanhados por seus patronos, mercadores ricos e embaixadores estrangeiros, e outros espectadores curiosos. Em diversas cidades da Alemanha, eles usaram espelhos e lentes para projetar sobre as paredes a imagem do Sol com o ponto negro de Vênus visível, para que grupos grandes de testemunhas pudessem apreciar a visão. Em Londres, a loja de Benjamin Martin, em Fleet Street, estava abarrotada, apesar de ser muito cedo, porque ele também projetava a imagem do trânsito sobre a parede. Em Pondicherry, sem que o frustrado Le Gentil tomasse conhecimento, um oficial inglês que fazia parte do cerco ao território assistiu ali ao trânsito.

Junto com muitos outros, eles "distraíram um número considerável de virtuosos" com aquele espetáculo extraordinário — mas ninguém se importou de anotar os horários de entrada e saída. Em Bermuda, os convidados de um casamento ficaram entretidos com Vênus, quando o padre lhes ofereceu um vidro escuro através do qual poderiam ver o trânsito. Mesmo na remota Lapônia, as observações em Tornio atraíram tanto interesse que o astrônomo de lá apresentou o trânsito numa tela branca, a fim de "entreter" os moradores locais. Vênus tinha conseguido capturar a imaginação do público.

Com o fim do trânsito, os astrônomos expedicionários teriam de fazer a viagem de volta para casa ou despachar os resultados o mais rápido possível. Agora, os astrônomos das sociedades científicas da Europa enfrentavam a difícil tarefa de coletar e compilar todos os dados reunidos ao redor do mundo. Uma única observação, por mais bem-sucedida que fosse, não seria suficiente. "Quanto maior o número de observadores", reportou logo depois o jornal *Boston Evening Post*, "quanto mais distantes forem as suas estações, mais firmes e acuradas serão as suas conclusões". Os astrônomos aguardaram as informações do trânsito com ansiedade, na esperança de que seus colegas mundo afora cumprissem as promessas e compartilhassem o que tivessem recebido. Quando chegou a hora dos cálculos, no entanto, cada país retrocedeu a uma agenda mais patriótica, numa competição feroz para ser o primeiro a descobrir a verdadeira distância entre a Terra e o Sol.

7
Qual a distância até o Sol?

QUANDO VÊNUS SAIU DA FACE DO SOL, no começo da tarde do dia 6 de junho de 1761, Le Gentil não tinha nada para fazer, a não ser olhar o mar com total desapontamento. Ele fora o primeiro a deixar a Europa, viajando milhares de quilômetros em meio a furacões e tempo ruim, sobrevivendo à doença e à privação, mas não conseguira absolutamente nada. Otimista e alegre mesmo nas situações mais adversas, pela primeira vez, se mostrava quieto e carrancudo. Não escreveu nenhuma carta e o diário que normalmente preenchia, até mesmo com os detalhes mais insignificantes, permaneceu vazio por muitos dias após o trânsito. Nada seria capaz de animá-lo.

Quando o seu navio aportou um breve tempo em Rodrigues, doze dias depois, Le Gentil estava tão preocupado com a própria falta de sorte que perdeu a oportunidade de visitar Pingré. Se tivesse saltado do navio, logo teria descoberto seu colega da academia de Paris e poderia escutar, em primeira mão, como Pingré tinha se saído. Do jeito que estava, Le Gentil recolheu-se na própria cabine, evitando companhias e conversas.

Seu navio prosseguiu em direção a Maurício, deixando Pingré para trás, ainda ocupado com as observações destinadas a determinar a posição geográfica exata de seu observatório. Mas a Guerra dos Sete Anos continuava sendo uma ameaça sempre perigosa. No final de junho, enquanto Pingré se preparava para voltar para casa, um navio britânico atacou Rodrigues e confiscou o *Mignonne* e o *Oiseau*, as únicas embarcações da ilha. Rodrigues não possuía nenhuma fortificação e "metade das nossas armas não funcionava", esbravejou Pingré. Os franceses não tiveram nenhuma chance contra os britânicos. O impetuoso astrônomo ficou furioso e injuriou os invasores, mostrando com raiva o seu passaporte da Royal Society — mas de nada adiantou.

Em vez de reconhecer a importância da colaboração internacional, o capitão britânico ameaçou enforcar os habitantes franceses.

Alguns dias depois, ao partirem, os invasores içaram a bandeira britânica, levaram o *Mignonne* e queimaram o *Oiseau*, junto com a maior parte de suas provisões. Pingré ficou isolado e, tendo em vista que Rodrigues era muito remota, praticamente perdeu as esperanças de ser resgatado. Na ilha, as casas foram "saqueadas", aves de criação, cabras e gado foram roubados e chacinados, as frutas, tiradas das árvores e as hortas, destruídas. As oitenta pessoas que ficaram foram deixadas com quase trezentos quilos de arroz e farinha e, como Pingré constantemente reclamava, acabaram limitadas a beber "o líquido nojento chamado água".

Em meados de julho, mais dois navios britânicos aportaram em Rodrigues. Dessa vez, Pingré foi tratado com um pouco mais de "polidez e humanidade", mas os capitães também se recusaram a libertá-lo. Concordaram, no entanto, em transportar os resultados de suas observações do trânsito para Maurício, de onde poderiam ser enviados a Paris e à Royal Society, na Inglaterra. Por mais furioso que Pingré estivesse com o tratamento que recebera, enquanto cientista ele continuava a acreditar no caráter internacional do empreendimento. Mas permaneceu encalhado em Rodrigues, faminto e desesperado para tomar uma bebida de verdade. No fim de agosto, todo o arroz tinha terminado, o moral estava baixo e os ilhéus remanescentes começavam a brigar uns com os outros pelas mínimas coisas.

Nesse meio-tempo, Le Gentil chegou a Maurício, onde o seu velho *élan* começou a voltar, pouco a pouco. No fim das contas, tinha sorte: Vênus estaria de volta em oito anos. Ele não perderia o próximo trânsito de jeito nenhum. Aquilo se transformara na razão da sua existência. Sem ter mulher nem filhos esperando por ele em Paris, não havia pressa de voltar. A astronomia governava a sua vida e era governada por Vênus durante a década do trânsito. Vênus, a estrela mais brilhante do céu, o planeta que tinha o nome da deusa do amor, era a luz que guiava Le Gentil. Tão bela e reluzente como sempre fora, Le Gentil queria apenas vê-la como um pequeno ponto negro passando diante do Sol. Sua paixão por ela se prendia às possibilidades da ciência: a esperança de que ela teria a chave do tamanho do universo. De fato, o tenaz astrônomo estava tão determinado que simplesmente decidira permanecer na região, em vez de voltar para a França. Ele haveria de esperá-la, ainda que fosse por longos oito anos.

Le Gentil precisava apenas de um bom argumento para convencer a academia, em Paris, a continuar pagando as suas despesas e o seu salário. E logo idealizou um plano. Durante a sua viagem até a Índia, ele percebera que as cartas de navegação dos mares daquela região eram bastante imprecisas. A determinação da posição geográfica exata das ilhas daqueles mares era essencial para a navegação e o comércio, ele escreveu aos seus, enfatizando que isso "demandaria vários anos" para se efetivar — observando para si mesmo que isso "compensaria" a sua decepção com o trânsito, assim como lhe permitiria "esperar pelo Trânsito de Vênus de 1769".

Impaciente como sempre, ele não se importou de esperar pela resposta. No dia 6 de setembro de 1761, informou aos seus superiores, em Paris, que tinha viajado até Madagascar, onde pretendia fazer observações "o mais úteis possível para a geografia, a navegação e a história natural". Também fez o relato de suas observações do trânsito, assim como das de Pingré, que haviam sido entregues — como prometido — pelo capitão britânico que atracara em Rodrigues. Le Gentil afirmou que fizera a "observação menos sofrível possível, dentro de um navio, no mar", e acrescentou — não sem uma pontada de satisfação — que as observações de Pingré ficaram muito aquém do esperado. "Ele perdeu mais da metade", Le Gentil informou à academia, pois Pingré deixara de ver os momentos de entrada de Vênus.

A maioria dos astrônomos que tinha se aventurado a lugares distantes despachou com rapidez os seus resultados, mas nenhum deles parecia ter pressa em voltar para casa (com exceção de Pingré, que ficara retido contra a própria vontade). Anders Planman, por exemplo, relutava em voltar para a sua vida de professor em Upsala. Em vez disso, partiu para Oulu, a uns duzentos quilômetros a oeste de Kajana, na costa nordeste do Golfo de Bótnia. Ali, conforme escreveu para Wargentin, ele pretendia "tomar as águas" por cerca de um mês. Planman garantiu a Wargentin que isso não custaria à academia mais do que se permanecesse em Kajana, mas a verdade era que a viagem para o norte e a pressão das observações do trânsito o tinham deixado exausto. "Eu me cansei de dançar no casamento de Vênus", ele explicou aos amigos em Upsala. Para tornar a ideia mais palatável, Planman prometeu a Wargentin que também determinaria a longitude de Oulu enquanto estivesse lá.

Nevil Maskelyne começou a realizar experimentos sobre a gravidade em Santa Helena, ao passo que Charles Mason e Jeremiah Dixon continuaram a fazer observações no Cabo da Boa Esperança, conferindo e tornando a conferir o céu com assiduidade, a fim de assegurar que os seus cálculos longitudinais estivessem precisos. No final de setembro de 1761, quase quatro meses após o trânsito, Mason e Dixon terminaram no Cabo e empacotaram os instrumentos. Em algum estágio entre a sua chegada em abril e a sua partida no dia 3 de outubro, eles decidiram voltar à Grã-Bretanha via Santa Helena. Duas semanas depois, quando desembarcaram na ilha, encontraram Maskelyne e mudaram de planos mais uma vez. Sem mais delongas, Dixon voltou diretamente ao Cabo, com o relógio de Maskelyne na bagagem, para repetir ali os testes de mensuração de gravidade,* a fim de estabelecer comparações, enquanto Maskelyne e Mason permaneceram em Santa Helena. No final do ano, Dixon tornou a regressar — por essa época, os astrônomos navegavam pelos oceanos com a mesma facilidade com que faziam pequenos percursos de carruagem, em Londres.

De volta às sociedades científicas da Europa, os estudiosos começaram a cotejar os resultados das observações. Os astrônomos aguardavam com expectativa, enquanto essas cartas detalhadas e longas tabelas de cálculos atravessavam o globo. Embora fossem menos excitantes do que as próprias expedições, as análises subsequentes do imenso volume de dados eram testemunhos da dedicação obstinada dos astrônomos. Eles olhavam para as estrelas pelo prisma do pensamento iluminista e tentavam, assim como muitos outros, racionalizar e ordenar o mundo natural.

Apenas alguns dias depois do trânsito, os primeiros relatórios foram lidos na Royal Society, em Londres, assim como na Académie des

---
* Eles determinavam a força relativa da gravidade mensurando as diferenças na velocidade de movimento do relógio de pêndulo.

Sciences, em Paris, e na Academia Imperial, em São Petersburgo. Dentro de poucas semanas, um número extraordinário de cartas havia sido trocado, cruzando a Europa inteira, numa intrincada rede de informações. Todos que recebiam as novidades se encarregavam de copiá-las e reenviá-las para seus próprios correspondentes, os quais, por sua vez, também as despachavam para os seus contatos — num movimento mais circular e giratório do que linear, mas, ainda assim, efetivo. Em todos os cantos da Europa, astrônomos e ainda diplomatas, mercadores e cientistas amadores sentavam-se em suas escrivaninhas e copiavam suas observações e cronometragens — sem parar. Depois de dobrar as cartas e selá-las, eles as entregavam aos amigos ou outros para que fossem despachadas de carruagem ou navio. Era como se uma avalanche de conhecimento estivesse desabando sobre a Europa.

No começo do outono, a maior parte dos observadores europeus havia feito tantas trocas de informações que todos os interessados sabiam o que os astrônomos tinham visto na Lapônia, em São Petersburgo, na Suécia, na Grã-Bretanha, na França, na Alemanha, na Itália e no resto da Europa. Apenas uma semana após o trânsito, um astrônomo amador germânico e um cientista dominicano em Roma foram os primeiros a publicar os seus resultados, logo seguidos pelos astrônomos em Turim e Pádua, assim como por Mikhail Lomonosov, que, em julho, imprimiu duzentas cópias de sua análise em russo e mais cem cópias em alemão. Muitas observações foram publicadas nos periódicos das sociedades científicas, como o *Philosophical Transactions*, da Royal Society, o *Novi Commentarii*, da academia russa, o *Kungl. Vetenskapsakademiens handlingar*, da academia sueca, e o *Mémoires*, da academia de Paris. Jornais de todo o mundo também reportaram os resultados — em setembro, até mesmo os jornais de Boston tinham reproduzido artigos sobre as observações em Terra-Nova e Labrador, Londres e Pondicherry.

Somente os cômputos das expedições mais remotas ainda estavam por vir. Como era de se esperar, essas cartas levaram muitos meses para alcançar as sociedades científicas. Maskelyne, por exemplo, enviou seus resultados de Santa Helena aos cuidados de seu assistente no dia 29 de junho, mas só em novembro chegaram à Royal Society. Pingré escreveu uma carta para a Royal Society, em julho, quando ainda estava em Rodrigues, mas, no final de abril de 1762, quando ela foi lida para os membros da sociedade, em Londres, ele ainda não tinha voltado para a França. Pingré esperou por mais de três meses até que um navio francês o resgatasse, e só chegou a Paris no final de maio de 1762.

A Royal Society esperou um tempo ainda maior para receber notícias de Mason e Dixon. Somente em abril de 1762, quando os dois astrônomos retornaram a Londres, os membros da sociedade tomaram conhecimento dos resultados das suas observações — naquele momento, também ficou claro que os melhores dados do hemisfério sul vieram mesmo da dupla desobediente. Com a reputação recuperada, Mason e Dixon logo seriam recomendados pela Royal Society aos proprietários de Maryland e Pensilvânia,* para que pusessem um fim à longa disputa de fronteiras entre os dois estados e os vizinhos Delaware e Virgínia. A partir de 1763, Mason e Dixon passariam cinco anos nas colônias da América do Norte, pesquisando e mapeando a linha fronteiriça que ficaria conhecida como a "Linha Mason-Dixon" — e que, muitos anos depois, viria a se tornar a demarcação cultural entre o Norte e o Sul (e entre a União e os Estados Confederados, durante a Guerra de Secessão).

Os resultados de Chappe levaram muitos meses para viajar de Tobolsk a Paris. O astrônomo francês teve um colapso, logo depois de suas observações bem-sucedidas do trânsito. O esforço físico exigido pela viagem de inverno e o turbilhão emocional do dia do trânsito haviam provocado alguns estragos. Chappe vomitou sangue nos dias que se seguiram e sentiu uma "fraqueza avassaladora". Cansado e fraco, ele tentou então sobreviver à jornada de volta para casa, através de pântanos e de áreas infestadas de rebeldes russos. O cônsul francês na Rússia escreveu para a academia, em Paris, que Chappe havia cumprido a missão e estava bem, embora "extremamente cansado, o que o impedia de escrever de próprio punho". Para grande decepção, a carta não mencionava as observações do trânsito. Como era de se esperar, a academia russa foi a primeira a receber os resultados de Tobolsk. A academia de Paris precisou esperar por quase um ano para obter o documento de Chappe sobre o trânsito, que havia sido

---

* No verão de 1763, os proprietários de Maryland e Pensilvânia entrevistaram Mason e Dixon em Londres, antes de mandá-los ao continente americano.

publicado em São Petersburgo e continha todas as informações de que eles precisavam.

Conforme o material ia sendo coletado, os astrônomos começavam os cálculos. Matutando sobre as muitas descrições diferentes e cronometragens anotadas, logo compreenderam que as observações não tinham sido tão bem-sucedidas quanto esperavam. Comentários tais como "duvidoso", "incerto", "impreciso", "não exatamente" permeavam todos os relatórios. Quando os resultados foram comparados, ficou evidente que muitos observadores tinham enfrentado contratempos semelhantes.

O problema era que Vênus não tinha se movido rapidamente na direção da face do Sol, mas tinha se demorado cerca de um minuto, parecendo grudado na borda, como se não quisesse embarcar na trilha preciosa. Naquele instante, os observadores que estavam na casa do governador, em Madras, por exemplo, pensaram que Vênus se assemelhasse a uma "pera" e não a um perfeito ponto circular. Os astrônomos do observatório de Upsala viram Vênus tanto "no formato de uma gota de água" quanto no de uma "ponta de florete". Em Santa Helena, Maskelyne descreveu Vênus como se estivesse "alternadamente dilatado (e) contraído", e um observador britânico escreveu para a Royal Society que o planeta parecia "fincar-se no Sol". Isso foi o que se chamou depois de "efeito gota negra",[*] que tornara impossível para os observadores determinar os horários exatos de ingresso ou egressão.

O que os astrônomos esperavam enxergar era Vênus se separando do Sol com clareza e rapidez. Como afirmou um astrônomo germânico, eles supunham que o planeta entraria e sairia do Sol "num piscar de olhos". Na realidade, o comportamento inesperado de Vênus tornou a mensuração duvidosa — até mesmo cientistas que viram o fenômeno lado a lado anotaram horários diferentes em suas tabelas. Em Upsala, por exemplo, a diferença entre as observações registradas pelos quatro astrônomos era de 22 segundos.

---

[*] O primeiro a descrever o fenômeno como "gota negra" foi o sueco Anders Johan Lexell, que observou o segundo trânsito, em 1769, em São Petersburgo. Ele o descreveu em latim, em seu relatório sobre a observação, como "gutta nigra". Só há pouco tempo, a verdadeira razão para a gota negra foi descoberta. Hoje, acredita-se que se trata de um efeito ótico causado pelas condições atmosféricas da Terra e pela difração do telescópio. (Lexell, 1772, p. 100)

Mas não foi apenas o efeito gota negra que dificultou as observações. Muitos observadores também pelejaram para determinar os horários exatos de entrada e saída, porque a borda do Sol parecia estar "tremendo". Maskelyne só avistou Vênus por um breve instante, mas percebeu que o planeta estava "exageradamente mal definido", e Wargentin explicou que, em razão das "ondulações veementes", ele não poderia ser preciso em relação ao primeiro contato externo — mas "alguma parte de Vênus ocupou o disco do Sol" num determinado horário.

E havia também o estranho anel luminoso que circundava Vênus, em sua entrada e saída, como observaram Lomonosov e diversos outros astrônomos. Um alemão registrou o fenômeno no observatório de Kloster Berge, um antigo mosteiro perto de Magdeburg, assim como outros observadores na Lapônia, em Paris, Londres e Madras. Tal qual Lomonosov, diversos astrônomos concluíram, portanto, que Vênus deveria ter uma atmosfera similar à da Terra.

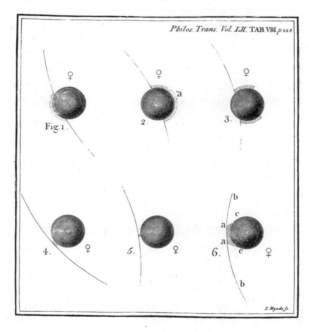

As figuras 1 e 2 mostram o anel luminoso em torno de Vênus, no momento de sua entrada no Sol. As figuras 5 e 6 ilustram como Vênus parecia estar grudado na borda do Sol, durante a entrada e a saída — o assim denominado "efeito gota negra".

Nada sobre o trânsito parecia ser inequívoco. Planman ficou tão irritado com suas observações que passou a esquadrinhá-las de modo interminável. Apenas uma semana após o trânsito, ele disse a Wargentin que havia alguma coisa errada com os seus horários. Não tendo com o que se ocupar, na solidão de Oulu, Planman não conseguia se desligar. Três semanas depois, escreveu a Wargentin dizendo que ou o telescópio tinha falhado ou o horário da saída externa de Vênus anotado estava errado. Quando Wargentin lhe enviou as outras observações suecas, Planman comparou-as e fez cálculos de um lado para o outro, concluindo, afinal, que havia uma diferença de "um minuto inteiro". Em nenhuma hipótese, Planman aceitaria que ele próprio tivesse cometido aquele erro. Ao contrário, "suspeitou" que a responsabilidade fosse do seu assistente, que ficara encarregado de contar os minutos e os segundos. Quando Planman voltou às tabelas e mudou o horário, Wargentin ficou preocupado com o que pensariam os seus colegas estrangeiros da oscilação dos dados suecos.

Mas Planman não foi o único a se enrolar com os números. Um colega em Upsala seguia pelejando para harmonizar sua mensuração do diâmetro de Vênus com os resultados coletados por outros astrônomos. A fim de adequá-los, ele simplesmente aumentou os seus números e os de Wargentin também. Na Rússia, o observador que tinha ido até Irkutsk admitiu que houvesse "errado no registro dos horários" e, em consequência, alterou os resultados. Pingré corrigiu seus dados tantas vezes que deixou os astrônomos da Grã-Bretanha confusos. De Rodrigues ele havia escrito à Royal Society, depois corrigira aqueles horários numa carta de Lisboa, em sua viagem de volta para casa, e mais uma vez, de Paris, quando se dera conta de que os horários ainda continuavam errados — nessa última ocasião, ele responsabilizou "a lentidão dos relógios".

Outra questão foi a confusão em relação às posições geográficas exatas das várias estações de observação. No cálculo da sua longitude, alguns observadores utilizaram Greenwich como o primeiro meridiano, outros usaram Paris. Isso acarretava "consequências absurdas", afirmou um astrônomo britânico, porque a precisa diferença longitudinal entre ambos ainda não havia sido estabelecida. Somando-se à inexatidão dos horários de entrada e saída de Vênus, isso significava que os dados mais essenciais para os cálculos eram imperfeitos.

Outro ponto problemático era o fato de que os astrônomos e as sociedades científicas, que tinham trabalhado de forma tão próxima na organização das observações do trânsito e no compartilhamento dos seus resultados, assumiram uma postura mais patriótica na hora de fazer os cálculos — com cada país correndo para ser o primeiro a descobrir a paralaxe solar e a distância entre a Terra e o Sol.

Delisle, a força motriz por trás desse esforço global, não participou muito desses cálculos. Após o trânsito, ele se retirou lentamente do círculo da astronomia, que havia sido o foco de sua vida por tanto tempo. Com quase oitenta anos, debilitado e quase cego, Delisle tinha feito tudo que podia. Não tendo filhos, os antigos discípulos, como Le Gentil e Jérôme Lalande, eram agora o seu orgulho e a sua alegria; eram eles os seus verdadeiros "herdeiros". Como Le Gentil se encontrava do outro lado do mundo, coube a Lalande assumir a responsabilidade de comparar os dados na França. Lalande havia observado o trânsito em Paris, não tendo se juntado a nenhuma expedição por conta de seus enjoos, mas adorava o reconhecimento público e admitia ser "impermeável aos insultos e permeável aos elogios". Parecia gostar de se postar em meio às controvérsias, a fim de chamar a atenção. Alguns anos mais tarde, por exemplo, ele desencadeou pânico em Paris, ao publicar um artigo predizendo a iminente destruição da Terra, em razão da colisão com um cometa — deixando de mencionar que, segundo seus cálculos, o evento era altamente improvável.

Lalande queria tanto ser o primeiro a propor uma cifra que baseou seus cálculos iniciais apenas nas observações dos suecos e de Chappe, em Tobolsk. E informou à Royal Society que o seu resultado do tamanho da paralaxe solar era próximo de 10"¼, mas, então, dois meses depois, ao receber as observações de Pingré, enviou uma correção reduzindo-a a 9"½. Convertido para quilômetros atuais, esse cálculo refeito correspondia a uma diferença de mais de 10 milhões de quilômetros.

Ao retornar a Paris, na primavera de 1762, Pingré examinou os dados acumulados e iniciou os próprios cálculos — seu resultado tornou a colocar a paralaxe solar em 10"6, ao passo que o fabricante de instrumentos britânico James Short, que assistira ao trânsito em Londres, concluiu que ela era de apenas 8"69. Na Suécia, o sempre eficiente Wargentin funcionava como uma câmara de compensação dos dados internacionais, mas era Planman que estava agora completamente obcecado com os cálculos da paralaxe, dedicando toda a década seguinte da sua vida a determinar aquele ângulo elusivo. Primeiro, sugeriu que a paralaxe ficava entre 8" e 8,5", depois decidiu que era 8,2", mas continuou a calcular. Quanto mais Planman modificava seus resultados e recalculava, mais Wargentin se sentia inseguro em relação a quem estava certo ou errado. Wargentin escreveu a Planman dizendo que Pingré era um "calculador forte" e, caso estivesse errado, muitos outros também estariam, então, ficou "sem saber em quem acreditar". Lalande ficou profundamente decepcionado. Por mais que os astrônomos refizessem seus cálculos, os dados de base eram muito diversos — os valores da paralaxe solar cobriam uma variedade tão grande que chegavam a uma diferença de mais de 30 milhões de quilômetros, ele disse a um colega em Berlim.

"Não há motivos para se empolgar com o seu desempenho satisfatório", Lalande falou a um colega em Berlim. Os resultados eram por demais imprecisos. "Estamos coletando todas as observações que podemos, de todas as partes do globo", escreveu um observador britânico a um colega do observatório de Upsala, na Suécia, "mas temo que não exista grande perspectiva de solucionar o problema". Os resultados não permitiam um cálculo preciso. "Ao comparar essas observações", Wargentin escreveu à Royal Society, "vocês perceberão que elas não se equiparam tanto quanto gostaríamos".

O certo era que a paralaxe era irrefutavelmente menor do que eles pensaram a princípio. Jeremiah Horrocks, o único astrônomo que tinha observado o trânsito em 1639, acreditava que ela ficava em torno de 15", o que representava uma distância de cerca de 88 milhões de quilômetros. Os cálculos que se seguiram ao trânsito de 1761 variavam de 8,28" a 10"6, muito mais próximos do valor atualmente aceito de 8"79. Isso queria dizer que, de acordo com as observações de 1761, a distância entre o Sol e a Terra ficava entre cerca de 125 milhões e 159 milhões de quilômetros — não muito precisa, mas dentro da variação dos cômputos de hoje em dia, um pouco abaixo de 150 milhões de quilômetros.

As discussões em torno dos cálculos se tornaram mais acaloradas. Os russos, mais uma vez, andavam às turras. Stepan Rumovsky, que havia realizado a observação mais a leste, em Selenginsk,* disputava os resultados e os cálculos da paralaxe com o seu colega Nikita Popov, que tinha viajado até Irkutsk. Ao longo de várias semanas, os dois astrônomos transformaram todas as reuniões da academia em fóruns para manifestar suas desavenças, lançando argumentos de um lado a outro. Rumovsky sugeriu que mandassem seus dados para os colegas em Berlim, Leipzig e Estocolmo, a fim de ouvir os "julgamentos" da parte de lá. Em vez disso, temendo uma batalha prolongada e a humilhação na arena europeia, Popov prometeu recalcular seus resultados, mas Rumovsky o acusou de "buscar refúgio na demora". Nesse meio-tempo, Rumovsky foi em frente e despachou o ensaio de Popov para os amigos da Europa. Após dois meses seguidos desse combate público, os colegas se encheram e insistiram para que eles parassem com aquela "rixa inútil e prejudicial". Embora os astrônomos intratáveis tenham se acalmado, Rumovsky arrumou mais problemas ao apresentar uma carta da Suécia, na qual Wargentin anunciava que as observações de Popov em Irkutsk "parecem quase sem serventia". Três semanas depois, Popov desistiu e admitiu que ele e seu assistente anotaram errado o horário de entrada interna — eles tinham se ausentado por dois minutos.

Outras batalhas tiveram um tom mais nacionalista. Os russos, por exemplo, questionaram se deveriam publicar os resultados do observatório de São Petersburgo, porque "a veracidade dessas observações fora desacreditada pelos astrônomos franceses". James Short, em Londres, escreveu um artigo de 46 páginas em *Philosophical Transactions*, no qual refutava os cálculos de Pingré e afirmava que o astrônomo francês tinha cometido "o erro de um minuto" ao anotar o horário da saída interna de Vênus. Minutos e segundos haviam sido acrescidos e deduzidos, escreveu Short, e as longitudes haviam sido ajustadas

---

* A observação de Pequim foi ainda mais a leste, mas não teve êxito.

para fazer com que os cálculos se harmonizassem. Em represália, Pingré acusou Short de usar resultados "incertos e até mesmo alterados". A batalha de ambos dependia da comparação entre as duas únicas observações válidas do hemisfério sul (a observação fracassada de Maskelyne fora desconsiderada): a francesa, em Rodrigues, e a britânica, no Cabo da Boa Esperança. Pingré achou que Mason e Dixon haviam determinado a sua longitude de forma inexata, ao passo que Short insistiu que o erro fora cometido pelo astrônomo francês.*

Pingré rejeitou muitas das observações que Short havia levado em consideração, julgando-as irrealistas, inclusive aquelas do cientista dominicano Giovanni Battista Audiffredi, que assistira ao trânsito em Roma. Ofendido, Audiffredi, por sua vez, publicou outro panfleto e escreveu ao secretário da academia em Paris para defender a sua honra e as suas observações, anunciando que não participaria das "rixas entre os astrônomos". Ele comparou as observações de Rodrigues com as do Cabo e concluiu que as de Pingré não tinham serventia. Ele próprio surgiu com uma paralaxe de 9"26; mais uma vez, outro número.

"Tais considerações, devo dizer, quase me fizeram desacreditar no sucesso que buscamos e desejamos", escreveu um astrônomo britânico ao colega de Upsala. Fosse qual fosse a contenda, todos concordavam com o fato de que "uma decisão definitiva", como Pingré explicou, "só será tomada após a observação do trânsito de 1769". Maskelyne já tinha previsto esses problemas, nos dias que se seguiram à sua própria observação fracassada do trânsito. "Devemos esperar por melhores circunstâncias do trânsito de Vênus no ano de 1769, para estabelecer com precisão a paralaxe do Sol", escreveu à Royal Society, de Santa Helena.

Eles tinham oito anos para se preparar.

---

* Thomas Hornsby, outro astrônomo britânico, publicou seu ensaio de trinta páginas no periódico da sociedade, afirmando que Pingré decidira "preferir as próprias observações às do sr. Mason", mas, depois, de forma totalmente impatriótica, sugeriu que talvez tivessem sido Mason e Dixon a cometer o erro. (Hornsby, *Phil Trans*, 1763, v. 53, p. 492)

Parte II
O TRÂNSITO DE 1769

8

Uma segunda chance

As condições para a preparação do segundo trânsito foram bem melhores. À medida que os ideais iluministas varriam a Europa, seus monarcas e poderes dirigentes se tornaram cada vez mais desejosos de patrocinar esforços científicos e de expandir o próprio conhecimento. Os astrônomos em Paris, Londres, Estocolmo e todos os demais lugares alimentavam expectativas quanto ao apoio real. George III foi o primeiro monarca britânico a estudar ciências como parte da sua educação formal. Ele era conhecido "por seu amor às ciências" e recebera aulas de física e química na infância, conservando um interesse especial por instrumentos científicos, astronomia, pesquisa da longitude, botânica e pelo trabalho da Royal Society. Espanha e França ainda eram governadas pelos monarcas Bourbons Carlos III e Luís XV. Aliados naturais na Guerra dos Sete Anos, eles também cooperaram na organização de uma expedição do trânsito ao oeste americano controlado pela Espanha. Ambos também eram apaixonados pela ciência. Carlos III, por exemplo, promoveu a pesquisa universitária na Espanha, e Luís XV era desde criança um entusiasta das estrelas, tendo observado o primeiro trânsito de Vênus, assim como a rainha Louisa Ulrika, da Suécia, e seu filho, o príncipe herdeiro Gustav. Christian VII, da Dinamarca, tornou-se rei em 1766, aos dezesseis anos, e não só se candidatou ao posto de membro da Royal Society, em Londres, como também visitou a academia em Paris.

Na Rússia, a monarca nascida na Alemanha, Catarina, a Grande, demonstrou a sua fé na ciência quando se vacinou contra a varíola, numa época em que a prática ainda era proibida na França. Ela chegou ao poder em 1762, ao se casar com Pedro III apenas seis meses depois da ascensão dele ao trono. Pedro enfurecera seu povo ao estabelecer a paz com a Prússia inimiga, no exato momento em que a Rússia estava prestes a esmagar o exército de Frederico, o Grande. Diversas decisões subsequentes, erráticas e impopulares, levaram a um golpe que inicialmente não derramou sangue — no entanto, oito dias depois, Pedro III foi assassinado em circunstâncias misteriosas, fazendo de Catarina não só a imperatriz da Rússia, mas também uma usurpadora e suspeita de assassinato.

O segundo trânsito de Vênus cativou as famílias que governavam a Europa. Os cofres reais foram abertos para financiar pelo menos algumas das expedições e observações. Catarina recrutou um pequeno exército de astrônomos para observar o evento; George III encomendou a montagem de um observatório no Parque Old Deer, em Richmond; e até Carlos III, que não financiara nenhuma viagem para o primeiro trânsito, compreendia agora a importância da iniciativa internacional. Da Dinamarca à Espanha, da Rússia à Grã-Bretanha, os monarcas apoiaram com grande entusiasmo os astrônomos em seus esforços.

Nesse meio-tempo, desde 1761, o clima político da Europa se modificara por completo. Na primavera de 1763, a paz foi restaurada, com a assinatura de tratados entre Grã-Bretanha, França e Espanha, e entre Áustria e Prússia (Rússia e Suécia haviam se retirado da guerra em 1762). A Grã-Bretanha emergira como a maior potência colonial do mundo, tomando da França o território que ficava a leste do Mississippi, o Canadá e algumas ilhas caribenhas produtoras de açúcar, assim como a região da Flórida, tirada dos espanhóis. Os britânicos mantiveram seu controle sobre a Índia, embora cedendo alguns portos costeiros aos franceses (como Pondicherry), sob a condição de que permanecessem como entrepostos não fortificados.

A guerra tinha terminado, mas as relações entre as potências dominantes continuaram tensas. Apesar do tratado de paz, velhas inimigas como França e Grã-Bretanha ainda se conservavam cautelosas. A França havia sofrido perdas humilhantes e, embora a Grã-Bretanha tivesse agora a possessão de um imenso império, o custo da guerra prolongada e uma série de colheitas ruins tinham deixado os cofres vazios. Para enchê-los, os britânicos introduziram em suas colônias americanas a Lei do Selo, em 1765 — um imposto cobrado sobre o papel, que incidia sobre jornais, documentos, livros e até mesmo baralhos, afetando quase todos os colonos. Protestos contra a lei controversa logo se externaram, com a demanda dos norte-americanos por representação no Parlamento britânico. A França ficou ainda sobrecarregada com pesadas dívidas — os efeitos financeiros da Guerra dos Sete Anos foram sentidos por todas as nações europeias, e muitas ainda lutavam sob pressão.

A Guerra dos Sete Anos redesenhara o mapa do mundo. Diferentemente de 1761, quando o conflito global impedira astrônomos como Le Gentil, Mason e Dixon de chegar aos seus destinos, as perspectivas das expedições do trânsito de 1769 pareciam ter se tornado significativamente melhores.

Não só a situação política tornava mais fácil a vida para os cientistas, como as condições astronômicas também eram melhores para o segundo trânsito. A vantagem do trânsito de 1769 era que a diferença de sua duração, vista de dois lugares nos hemisférios norte e sul, seria maior do que em 1761 — isso permitiria aos astrônomos fazer cálculos mais precisos da paralaxe solar. Depois dos sucessos e fracassos do primeiro trânsito, a comunidade científica se uniu mais uma vez. Ela sabia que não teria uma segunda chance, porque, após o dia 3 de junho de 1769, Vênus só voltaria a atravessar a face do Sol quando já tivessem se passado 105 anos. Os astrônomos da Europa tinham decidido aproveitar as lições que aprenderam em 1761. "O conhecimento dos erros" do primeiro trânsito, afirmou um astrônomo britânico, os ajudaria a "pôr em prática todos os métodos de solucionar esse problema".

Ambicioso como sempre, o astrônomo francês Jérôme Lalande tirou dessa vez a batuta do frágil Delisle e divulgou um mapa-múndi em 1764 que apresentava mais uma vez as melhores locações para ver o trânsito.* Ao comparar os resultados das observações de 1761, um astrônomo britânico concluiu que todos os observadores que fracassa-

---

* Em 1763, Lalande também foi a Londres para discutir o trânsito. Ele participou de diversas reuniões na Royal Society. (JBRS, v. 25, f. 43, 50, 64, 92)

ram no registro de horários precisos foram prejudicados pelos "vapores", que ocorrem sempre que o Sol está muito baixo no horizonte. Em Upsala, por exemplo, onde o trânsito começou logo após o nascente, os quatro observadores não foram capazes de chegar a um acordo sobre o momento exato da entrada — seus horários tiveram uma diferença de 22 segundos. Seis horas mais tarde, às nove e meia, quando o Sol já estava mais alto, as diferenças entre os horários observados de saída foram de apenas seis segundos. Agora, esses astrônomos já estavam cientes de que deveriam procurar locações de visão onde o trânsito ocorreria no meio do dia, quando o Sol estivesse em seu ponto mais alto.

De volta às tabelas, os astrônomos calcularam que o segundo trânsito seria visível integralmente no Pacífico Sul, no Sudeste da Ásia e no império russo, além do norte e oeste da América do Norte. Para sua grande frustração, a Europa só presenciaria o comecinho do trânsito, logo após o nascente, ao passo que todo o resto da marcha de Vênus diante do Sol aconteceria na escuridão da noite — a única exceção era o norte remoto, onde as noites claras de verão permitiriam aos astrônomos acompanhar Vênus até as primeiras horas da manhã.

De acordo com as previsões, as durações mais prolongadas do trânsito seriam na Lapônia e no Círculo Ártico, enquanto as mais curtas seriam no Pacífico Sul ou, como era então chamado, nos "Mares do Sul" — fazendo com que ambos se tornassem o par perfeito no qual seria possível basear os cálculos. Os britânicos sugeriram que os astrônomos viajassem até Vardo, na ponta mais nordestina da Noruega (então conhecida como Wardhus ou Wardoe), Tornio, na Lapônia, na borda norte do Golfo de Bótnia, ou "qualquer outro local perto do Cabo Norte". As observações nortistas seriam relativamente fáceis — a vantagem de Tornio, por exemplo, era que sua longitude já era conhecida — no entanto, achar contrapartidas para ela, no hemisfério sul, seria muito mais problemático.

O melhor lugar para ver o trânsito mais curto seria na imensidão vazia dos Mares do Sul, algo em torno da latitude 55°S e longitude 155°O.* A diferença na extensão de duração do trânsito entre

---

* Isso ficaria aproximadamente entre a Austrália e a América do Sul, ao longo da latitude do Cabo Horn — e, como sabemos hoje em dia, longe de qualquer território.

Tornio e os Mares do Sul seria de surpreendentes 24 minutos e 33 segundos — mais do que o dobro da extensão entre qualquer uma das outras estações de observação de 1761. Embora isso tornasse os cálculos mais precisos, também trazia alguns problemas. Não só os Mares do Sul ficavam do outro lado do globo, como também não havia rotas comerciais estabelecidas na região, o que não garantiria aos astrônomos uma carona em navio mercante disponível. Pior ainda, ninguém de fato sabia se existia terra por lá. Os poucos exploradores intrépidos que se aventuraram na região tinham retornado com relatos de sua inimaginável vastidão — hoje, sabemos que o oceano Pacífico cobre um terço da superfície do nosso planeta.

Thomas Hornsby, astrônomo britânico e professor da Universidade de Oxford, que se mergulhara nos cálculos angustiantes da paralaxe, esquadrinhou a Biblioteca Bodleian a fim de encontrar registros históricos das primeiras viagens aos Mares do Sul. Os resultados não foram muito satisfatórios, porque apenas uma meia dúzia de exploradores tinha se aventurado até lá. No final do século XVI, por exemplo, um navegador português chamado Pedro Fernandes de Queirós descobriu um grupo de ilhas na latitude de 15°S. O único problema era que essas ilhas ficavam muito distantes, a oeste, para que o trânsito pudesse ser visto em toda a sua inteireza. Os espanhóis haviam descoberto as Ilhas Salomão, em 1568, no entanto, por mais que Hornby tenha procurado, não conseguiu encontrar nenhum registro de sua posição geográfica precisa. Houve até um questionamento quanto "à existência de tais ilhas", conforme ele informou aos colegas da Royal Society. Existiam outras ilhas na longitude de 170°O, descobertas pelo explorador holandês Abel Janszoon Tasman, no século XVII. Elas também não eram exatamente o lugar em que os astrônomos precisariam estar, todavia, como a diferença entre ver o trânsito dali e de Tornio seria de pelo menos vinte minutos, acabaram sendo consideradas satisfatórias. Se ficasse impossível despachar uma expedição para os Mares do Sul, Hornsby afirmou, o melhor lugar a seguir seria o México ou outras partes do oeste da América, onde o trânsito completo ficaria visível e a marcha de Vênus ainda seria mais curta do que em Tornio.

Enquanto isso, os franceses estavam ocupados fazendo os próprios cálculos. Alexandre-Gui Pingré, que já se estabelecera de volta em sua vida confortável de Paris, após as privações em Rodrigues, apresentou ideias semelhantes à Académie des Sciences francesa, enfatizando que "há vantagens que nos serão oferecidas em 1769, que não tivemos em 1761". Assim como Hornsby, Pingré concluiu que uma observação na Lapônia deveria ser complementada com uma locação nos Mares do Sul, embora achasse que o Sol estaria baixo em Tornio e, portanto, sugerisse uma expedição ainda mais ao norte. Tal qual o britânico, Pingré também se voltou para os relatos de viagem dos primeiros exploradores, a fim de localizar uma estação de observação adequada no hemisfério sul. Ao final de sua busca, ofereceu aos colegas uma lista de possíveis destinos, recomendando as Ilhas Marquesas (que hoje fazem parte da Polinésia francesa). A diferença na duração do trânsito visto dali seria de 26 minutos e 40 segundos, alegou Pingré, e eles sabiam mais ou menos onde encontrar as ilhas. Para melhorar ainda mais as coisas, de acordo com os relatos históricos de viagem, os nativos eram "de caráter dócil".

Uma expedição aos Mares do Sul seria perigosa e cara, no entanto, conforme o britânico enfatizara, "a posteridade demonstraria um infinito pesar" caso eles deixassem de organizá-la. As vantagens para a astronomia e a navegação eram óbvias, mas havia também implicações econômicas para um império em ascensão. "Uma nação comercial", foi sugerido, deve "estabelecer um assentamento no grande oceano Pacífico".

Tendo em vista o nível de organização das sociedades científicas, já havia um astrônomo a caminho. Novamente, Le Gentil foi o primeiro a partir, dessa vez saindo de Maurício. Nos anos que se seguiram ao primeiro trânsito, viajou pelo oceano Índico, usando a ilha como base. Ainda navegou diversas vezes até Madagascar, a fim de aprimorar as cartas de navegação da região com o estabelecimento das posições geográficas exatas de todos os locais importantes ao longo do litoral da ilha, e com a investigação dos padrões de ventos no mar. Seu mapa, conforme ele mesmo anunciou com orgulho, fornecia "uma segurança muito maior para a navegação do que todos os outros que vieram antes".

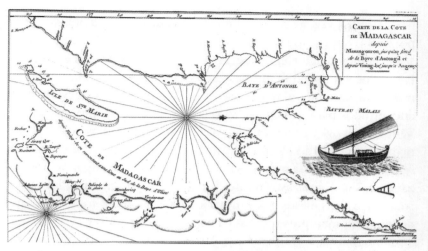

Um dos mapas de Le Gentil, produzido enquanto ele esperava pelo segundo trânsito

Em 1765, Le Gentil disse que "era hora de pensar no segundo trânsito de Vênus". Olhando seus livros e tabelas astronômicas, ele calculou os horários do trânsito e decidiu que, melhor do que Pondicherry, Manila, nas Filipinas (então sob domínio espanhol), seria o melhor lugar para fazer suas observações. Haja vista que Maurício era uma paragem na rota comercial francesa, Le Gentil planejou apanhar um navio da Companhia das Índias que estava a caminho da China. Ali, segundo tinham lhe falado, seria fácil encontrar uma embarcação para levá-lo até o seu destino. Embora essa viagem acabasse dando muitas voltas, com quatro anos sobressalentes, Le Gentil não precisava se preocupar. Ele tinha tempo de sobra.

Em janeiro de 1766, ele escreveu uma carta ao presidente da academia em Paris, solicitando cartas de recomendação para o governador de Manila, escritas pelo embaixador espanhol na França. Dessa vez, a boa fortuna deu uma mãozinha a Le Gentil. Quando estava despachando as cartas, aportou em Maurício um navio espanhol, que seguiria diretamente para Manila. Acabou que o primeiro oficial do barco era um velho conhecido seu de Paris, e o capitão logo foi persuadido a ajudar o astrônomo francês. No dia 1º de maio de 1766, após certa demora motivada pelas formalidades burocráticas e por um furacão, Le Gentil saiu de Maurício rumo às Filipinas.

Mais uma vez, a França estava à frente da Grã-Bretanha. Mas não por muito tempo, esperavam os britânicos, pois, no dia 5 de junho de 1766, enquanto Le Gentil cruzava o oceano Índico, os membros da Royal Society se reuniram na sede de Londres e decidiram por unanimidade "que um ou mais observadores astronômicos deveriam ser encontrados para se engajar na observação do próximo trânsito de Vênus, em 1769". Era hora de levar em consideração os aspectos práticos. Em relação ao último trânsito, eles tiveram apenas um ano para se preparar, mas esta seria a sua última chance de enxergar Vênus cruzando o Sol. Alguns astrônomos teriam de viajar para bem longe das rotas mercantis existentes, em navios especialmente fretados, o que demandaria mais preparativos e financiamentos maiores.

Lentamente, a academia em Paris e a Royal Society em Londres passavam dos cálculos e previsões para os aspectos mais pragmáticos das observações: quantos astrônomos deveriam ir, quem deveriam despachar, quais os instrumentos que deveriam levar, como os observadores chegariam aos seus destinos e quem pagaria as despesas.

Somente Chappe d'Auteroche, que tinha voltado da Rússia para Paris, em agosto de 1762, se absteve de um envolvimento maior com as intrincadas previsões e preparações. Ele não tinha pressa em deixar a sua posição no Observatório Real de Paris. Depois das aventuras na Sibéria, a sua vida tinha retomado um ritmo mais lento. Assistia a eventos celestiais menos excitantes — tais como os eclipses solares ou lunares — testava novos telescópios e, algumas vezes, observava o céu junto com o colega Pingré. Em 1764, conduziu alguns experimentos marítimos no litoral de Brest, a fim de investigar a precisão dos relógios fabricados pelo relojoeiro francês Ferdinand Berthoud, destinados a estabelecer a longitude a bordo dos navios (uma alternativa ao uso do método lunar de Maskelyne). Todavia, a ocupação mais premente de Chappe durante os anos que se passaram entre os trânsitos foi a elaboração completa de um relato monumental em três volumes de sua expedição siberiana, *Viagem à Sibéria*. Chappe trabalhara incansavelmente nessa publicação, que não se resumia a um relato de sua observação do trânsito, mas era um tratado abrangente sobre a Rússia, incluindo uma pesquisa sobre os seus minerais, clima, flora e fauna, além de comentários sobre os costumes sociais, artes e ciências. Gravuras elegantes e mapas ilustravam os volumes de páginas grandes, que seriam o seu legado para além do mundo da astronomia.

Em Londres, a Royal Society organizava uma expedição para a Califórnia, região controlada pelos espanhóis, que só poderia ser alcançada pela costa do Pacífico. Embora não fosse tão sulina quanto as localizações sugeridas nos Mares do Sul, a Califórnia ainda assim era importante. Ali, o trânsito completo seria visto e ocorreria bem no meio do dia. E, embora a diferença na duração não fosse tão grande quanto nos Mares do Sul, ainda seria de dezessete minutos — suficiente, acreditavam, para cálculos precisos da paralaxe. Ainda melhor seria se os espanhóis concordassem em cooperar, e eles pudessem alcançar a Califórnia por meio de uma rota comercial espanhola já existente, de Cádiz ao México.

O problema era que as relações entre britânicos e espanhóis permaneciam, no mínimo, tensas. Durante a Guerra dos Sete Anos, a Grã-Bretanha protestante havia declarado guerra à Espanha católica. Aliada da França, a Espanha sofrera grandes perdas militares e cedera a Flórida aos britânicos após o término do conflito. No começo do verão de 1766, o presidente da Royal Society escreveu ao embaixador espanhol em Londres, pedindo permissão para enviar um astrônomo à Califórnia. Tentando aplacar os espanhóis, que sempre nutriam suspeitas em relação aos não católicos, a Royal Society escolheu um astrônomo jesuíta que trabalhava na Itália, mas era também membro da sociedade britânica.[*] Em agosto de 1766, Carlos III deu a sua permissão, com a condição de que o observador viajasse numa embarcação espanhola e fosse acompanhado por "alguns cidadãos espanhóis". Tudo parecia estar encaminhado até que, alguns meses depois, em março de 1767, a Royal Society recebeu a notícia devastadora de que Carlos III dera ordens para suprimir a Ordem dos Jesuítas — e para que todos os jesuítas fossem expulsos dos domínios da Espanha. Com apenas um golpe, toda a expedição se inviabilizava. Seria preciso encontrar outro astrônomo, e a Royal Society necessitaria se credenciar novamente para obter dos espanhóis a permissão de entrar na Califórnia.

---

[*] Tratava-se do padre jesuíta Roger Joseph Boscovich.

No dia 15 de maio de 1767, a Royal Society tornou a escrever para o embaixador espanhol, perguntando se podia despachar então dois astrônomos britânicos, enfatizando a importância daquela "observação única". Os espanhóis, todavia, tinham perdido o interesse. O Cônsul das Índias em Madri, que era efetivamente o governador dos territórios coloniais espanhóis, não tinha intenção de permitir que os ingleses entrassem em seus domínios, acreditando que a expedição fosse um pretexto para espionagem. Como os ingleses já controlavam a costa leste do continente norte-americano, os espanhóis temiam por seu comércio no oeste. Em nenhuma circunstância, consentiriam que um inglês colocasse os pés em seu território norte-americano — nem sequer em nome da ciência. "Não será dada permissão aos astrônomos ingleses", eles escreveram, "tal liberdade jamais será concedida".

Agora, a solicitação da Royal Society era vista como um insulto à honra espanhola — no fim das contas, eles tinham seus próprios cientistas perfeitamente competentes. A Royal Society, assim escreveram os espanhóis, deveria saber que "bons astrônomos e matemáticos não estão em falta na Espanha". Fora despertado o patriotismo espanhol. Embora não tivessem demonstrado grande interesse no trânsito até então, agora tinham resolvido montar a própria expedição. "Sua Majestade", continuou a carta, "dará todas as ordens necessárias".

A Grã-Bretanha não foi a única nação a sofrer contratempos. Le Gentil se meteu novamente em problemas. Embora a sorte tenha lhe sorrido quando encontrou um navio a caminho de Manila, sua boa fortuna não durou muito. Durante a jornada, ele se deparou com uma "tempestade horrenda", que empurrou o navio em direção ao litoral das Filipinas, com grande perigo. Convencido de que estavam prestes a naufragar, o capitão sugeriu orações e clemência. Diante da iminência da morte, Le Gentil decidiu pular as orações e, em vez disso, jurou que, se sobrevivesse, calcularia a longitude de Manila — o juramento de um verdadeiro, porém obcecado, cientista. Fosse pelas orações do capitão ou pelo juramento de Le Gentil, o fato é que eles chegaram sãos e salvos a Manila. Conforme escreveu a um amigo após o suplício, Le Gentil se declarou "disposto a passar por qualquer coisa" para garantir o sucesso de suas observações. Então, em meados de julho de 1767, assim que os britânicos tomaram conhecimento da recusa da Espanha a deixá-los observar o trânsito na Califórnia, Le Gentil recebeu uma carta de Paris que o mandaria fazer outra viagem. A academia o instruíra a deixar as Filipinas, porque, de acordo com os cálculos de Pingré, Le Gentil tinha se dirigido "excessivamente para o leste". Eles recomendaram que Le Gentil prosseguisse rumo a Pondicherry.

Numa situação em que outros cientistas poderiam ter ficado furiosos ou frustrados, Le Gentil conservou o seu estoicismo e considerou as opções com toda a calma. Mais uma vez, decidiu continuar a jornada. Somente o clima o fez hesitar, pois, dos noventa dias que passou nas Filipinas, o céu ficou nublado em apenas três. O clima em Manila parecia perfeito para a observação do trânsito, contudo, e assim ele procurou se consolar, era possível que justamente no dia crucial de junho de 1769 o céu estivesse encoberto.

Ele partiu com as palavras de Virgílio na cabeça: "Fugir dessa terra cruel, fugir desse litoral pedregoso." Estimulado pelo seu natural otimismo e pela crença inabalável de que era seu destino contemplar Vênus, Le Gentil arrumou as malas e lançou velas ao mar.

9
A Rússia entra na corrida

Enquanto a França e a Grã-Bretanha se preparavam para o segundo trânsito, a Rússia se apressava para entrar na corrida. Por ordem de Catarina, a Grande, os russos dessa vez ficariam a cargo das próprias expedições. A imperatriz assumira como sua tarefa colocar o projeto em andamento. Na primavera de 1767, ela escreveu uma carta ao conde Vladimir Orlov, diretor da Academia Imperial de Ciências de São Petersburgo (e irmão do seu amante, conde Grigory Orlov), ordenando que os preparativos para as observações do trânsito se realizassem com "extremo cuidado". Era seu objetivo assegurar que as contribuições da Rússia fossem pelo menos tão significativas quanto às da França, Grã-Bretanha e demais países europeus. Quando Catarina ascendeu ao poder, em 1762, ficou desapontada ao saber que as únicas observações precisas do primeiro trânsito feitas no território russo foram as de Chappe d'Auteroche, um francês. Ela decidiu que o trânsito de 1769 seria uma oportunidade de provar à comunidade internacional de filósofos e cientistas que a Rússia não era o fim de mundo inculto como em geral se pensava.

Na primeira metade do século XVIII, Pedro, o Grande havia tentado reformar a Rússia, de modo a que esta guardasse "alguma semelhança com outros Estados europeus", como observou um cidadão inglês. Porém, o país ainda corria o risco de uma "recaída". Os mapas do império de Catarina eram divididos em "Rússia asiática" e "Rússia europeia", e muitos viajantes ainda o enxergavam como um "império oriental". Catarina estava ansiosa para modificar essa percepção e abraçou a ciência com entusiasmo, como forma de demonstrar sua crença no progresso e no pensamento racional. Mas não seria fácil. A escala gigantesca do país tornava-o praticamente ingovernável. As distâncias eram tão vastas que uma ordem enviada de São Petersburgo a Kamchatka, no extremo leste russo, levava dezoito meses para chegar. "Metade da Rússia pode ser destruída", afirmou um viajante, "sem que a outra metade fique sabendo". Ademais, os gastos com a Guerra dos Sete Anos deixaram as finanças russas em situação precária: impostos deixaram de ser recolhidos, soldados não foram remunerados e a administração estava em completa desordem. Entretanto, nada disso frearia a ambição de Catarina.

Um mês após o golpe de Estado, ela entrou em contato com Voltaire — o Zeus do Iluminismo — ou, como Goethe afirmou depois, o homem que "governava todo o mundo civilizado". Catarina sabia exatamente o que estava fazendo: Voltaire tinha tanta influência na Europa do século XVIII que a sua amizade poderia lançar sobre ela o halo de monarca ilustrada. Em sua segunda carta dirigida a ele, Catarina ofereceu financiamento para a tradução da inovadora *Encyclopédie*, de d'Alembert e Diderot, a maior compilação de conhecimentos do século XVIII. Sua abordagem decidida funcionou. "Sem dúvida, foi Voltaire quem me deixou na moda", Catarina admitiu depois para um amigo. Ele, por sua parte, ficou deliciado com o crédito de ter sido o inspirador da transformação de todo um império. O assassinato do marido de Catarina foi apenas uma "minúcia", disse Voltaire, "problemas de família nos quais eu não me envolvo".

Desempenhando o papel de protetora magnânima da educação científica, ela comprou a biblioteca de Diderot quando ele ficou sem dinheiro — permitindo-lhe conservar os livros em seu poder e pagando-lhe um estipêndio anual para cuidar deles. Voltaire aprovou inteiramente e escreveu-lhe dizendo que "todos os homens de letras da Europa devem estar aos seus pés". O entusiasmo de Catarina não tinha limites e ela parecia incansável, acordando cedo todas as manhãs para preencher a maior parte do dia lendo e escrevendo. Ela insistia em que, sob seu comando, o império seria diferente, porque "a Rússia é uma potência europeia". Ao mesmo tempo que instruía a academia de São Petersburgo a organizar as expedições do trânsito, por exemplo, ela também tentava reformar a legislação russa, com base em suas leituras da análise feita pelo filósofo francês Montesquieu sobre a relação entre os cidadãos e o Estado. Suas instruções à Comissão Legislativa revelavam intenções semelhantes àquelas que estavam por trás de sua defesa das observações do trânsito: ambas seriam proclamações de que a Rússia não estava enraizada no despotismo asiático, mas era um Estado europeu esclarecido.

Tendo conhecimento do fascínio de Catarina pela ciência, a Academia Imperial honrou a sua coroação, em 1762, com a publicação de uma edição especial da visão do primeiro trânsito feita por Romovsky, em Selenginsk (embora não tenha sido uma experiência bem-sucedida). Na mesma época, Franz Aepinus, que tinha sido tutor de Catarina e de seu filho Paulo, chamou a atenção dela para o segundo trânsito. Desde as suas batalhas contra Mikhail Lomonosov, Aepinus vinha se afastando progressivamente da academia e se concentrando em sua carreira na Corte. No entanto, sendo um astrônomo, ele estava bem consciente da importância das locações russas para o trânsito que se aproximava.

As observações do trânsito se tornaram partes integrantes do esforço de Catarina para alinhar o seu país com a Europa e o espírito do Iluminismo. Catarina estava convencida de que a Rússia precisava desempenhar papel de destaque nos projetos do trânsito de 1769. Ao contrário de outros monarcas europeus, no entanto, ela não esperou que os astrônomos se achegassem e tomou a iniciativa. Ela se envolveu de perto até mesmo com os menores detalhes durante os preparativos das expedições. Na primavera de 1767, logo após ter partido numa excursão pelas províncias ao longo do Volga, solicitou informações acerca dos "lugares do império mais bem-localizados" e perguntou se os operários já tinham sido despachados para lá, a fim de construir os observatórios. Antecipando-se aos problemas que a academia havia enfrentado em 1761, com a falta de astrônomos russos apropriados, ela sugeriu que treinassem oficiais navais para a realização das observações.

No dia 27 de março, suas instruções foram apresentadas aos animados membros da academia, que vinham discutindo o assunto ao longo dos últimos anos. Lomonosov tinha sido a força motriz por trás dessas tentativas anteriores, mas sua morte, em 1765, aos 53 anos, acabou fazendo com que, sem a sua energia motivadora, o interesse no projeto definhasse.* Agora, com a própria Catarina

---

* Em outubro de 1766, outro astrônomo renovou os esforços e disse à academia que o "treinamento de alguns jovens universitários nos elementos da astronomia" era essen-

demonstrando interesse, tudo se modificava. Assim que sua carta foi lida, os cientistas começaram a discutir qual seria a melhor forma de respondê-la. Depois de algumas reuniões acaloradas, os membros da academia concluíram uma longa carta, que prestava todas as informações solicitadas por Catarina. Os acadêmicos explicaram que seriam necessárias várias expedições em diferentes locações do vasto império russo. O trânsito completo seria visível somente no extremo norte da Rússia, mas a saída poderia ser observada em todo o império.

Assim como os franceses e britânicos, os russos também enfatizaram que seus astrônomos precisariam determinar a longitude das estações de observação — um importante subproduto das expedições, porque somente vinte locações na Rússia tinham sido até então determinadas de modo preciso. Sugeriram que pelo menos quatro expedições deveriam ser montadas: duas ao norte — em Kola, na Lapônia russa, e nas ilhas Solovetsky, no mar Branco; ao sul, eles sugeriram uma observação em Astracã, no mar Cáspio, e em Guriev, na foz do rio Ural (hoje, Atirau, no Cazaquistão).

Com a morte de Lomonosov, Stepan Rumovsky, de 33 anos — que havia observado o primeiro trânsito em Selenginsk e agora comandava o observatório de São Petersburgo —, ficou no comando. Haja vista que cada expedição precisaria ser tripulada por pelo menos dois astrônomos experientes, Rumovsky concordou em treiná-los durante o ano seguinte "com todo o empenho possível", e tentou recrutar doze jovens oficiais navais que fossem "diligentes" e conhecessem "o básico da matemática".

Com as lições aprendidas no primeiro trânsito, os russos decidiram que cada expedição deveria levar exatamente o mesmo conjunto de instrumentos, incluindo quadrantes e telescópios de vários comprimentos, que variavam de quase um metro de extensão até mais de cinco metros. Foram feitas encomendas aos melhores artesãos de Paris e Londres. Resolveu-se que os observatórios não seriam pré-fabricados, porque precisariam ser desenhados de modo a se adequar às condições particulares de cada locação.

---

cial, se a Rússia desejasse participar. No entanto, mais uma vez, não se alcançou nada. (2-13 de outubro de 1766, Protocolos, v. 2, p. 574)

Nas semanas seguintes, os membros da academia escreveram aos colegas estrangeiros e tentaram organizar o treinamento astronômico dos oficiais navais. Em resposta, chegaram cartas da Alemanha e da França, parabenizando os russos pelos planos e oferecendo ajuda. Entretanto, por mais eficientes que fossem os cientistas da academia, para a imperatriz as coisas não estavam evoluindo depressa o suficiente. Enquanto viajava pelo rio Volga, na primavera e no início daquele verão, Catarina não se esquecia dos projetos do trânsito e, com frequência, importunava Orlov perguntando se ele havia recebido "relatórios posteriores da academia". Ela solicitava mais informações sobre as locações sugeridas, preocupada com a segurança dos astrônomos, e exigia maior esforço, ao ordenar que um número maior de observadores fosse mandado para o norte, porque a região estava sempre "nublada". Ela insistia em que, se cada uma das observações tivesse uma segunda estação para lhe dar cobertura, com alguma distância entre ambas, as chances de sucesso do registro do trânsito seriam muito maiores. Ao mesmo tempo, ela "logo disponibilizou" uma contribuição de 6 mil rublos para a compra dos melhores instrumentos.

Em junho, ao voltar para Moscou de sua excursão ao Volga, Catarina ordenou a Aepinus que indagasse sobre o progresso do empreendimento do trânsito. Ao final de julho, ela estava ficando cada vez mais impaciente. A fim de evitar equívocos e de apressar as coisas, ela enviou Orlov a São Petersburgo com novas instruções.[*] Aepinus pedira aos comerciantes de madeira de Kola que designassem ali as locações mais adequadas, e Catarina agora exigia que todos os materiais necessários para a construção dos observatórios fossem "despachados" para Kola. Pequenas cabines onde os astrônomos pudessem viver e trabalhar deveriam ser construídas em primeiro lugar, ela afirmou.[**]

Nesse meio-tempo, Romovsky enfrentava problemas para encontrar astrônomos adequados. Alguns dos oficiais navais não tinham

---

[*] Catarina não pôde ir porque tinha de estar presente à abertura da Comissão Legislativa, no dia 30 de julho, em Moscou, que discutiria a sua "Grande Instrução" — quinhentos artigos que ilustravam a sua visão de como a Rússia deveria ser governada, com base em sua leitura dos filósofos ingleses e franceses.

[**] As pequenas casas foram construídas antes da chegada dos astrônomos e os observatórios — desenhados de acordo com as instruções da academia — foram depois erguidos no topo das construções.

nenhuma inclinação para arriscar a vida num empreendimento desse tipo, ao passo que outros recrutas em potencial, como a academia acabou sabendo, eram conhecidos por sua "falta de princípios". Por conseguinte, os cientistas tinham poucas esperanças de que as expedições pudessem ser manejadas apenas com astrônomos russos. A solução de Catarina foi a de atrair cientistas europeus para servi-la, com a promessa de salários dobrados e prestígio. Nada iria impedi-la de promover o império russo como base do pensamento iluminista.

Durante o outono de 1767, os acadêmicos estiveram ocupados com os preparativos e, em outubro, receberam notícias de um dos melhores fabricantes de instrumentos de Londres, James Short, confirmando a encomenda russa. Todos ficaram aliviados, pois "já começavam a duvidar" de que o seu anseio por equipamentos padronizados para todas as expedições pudesse ser atendido. Rumovsky afirmou que as garantias de Short "nos tiraram de uma situação bastante desagradável", pois, de outro modo, ele não tinha ideia de como explicaria a ausência dos instrumentos à indócil imperatriz. Em sua resposta a Short e à Royal Society, Rumovsky apresentou os seus planos para as expedições e também enviou uma cópia da solicitação inicial de Catarina para as observações do trânsito. Rumovsky sabia que, ao ser lida na Royal Society, em Londres, essa informação se espalharia e toda a Europa ficaria sabendo do esforço científico da Rússia. Nessa mesma carta, ele ainda relatou, com orgulho, que Catarina havia dobrado o esforço russo, de quatro para oito expedições, por causa da "imprevisibilidade" do clima.

No final de outubro de 1767, com todos os instrumentos encomendados, vários astrônomos da Alemanha e da Suíça engajados e as destinações finalizadas, tudo parecia estar a caminho para as observações do trânsito na Rússia. A academia decidiu escrever um relatório para Catarina, resumindo o progresso. Seriam enviadas quatro equipes para o norte, duas para o leste e duas para o sul — os líderes das expedições eram quatro russos, três alemães e um astrônomo de Genebra.

Mas Catarina não estava satisfeita. Seguindo os ideais iluministas, ela expandiu o escopo das expedições e ordenou que os observadores a caminho do sul e do leste fossem acompanhados por outros cientistas. Ela decidiu, então, transformar as expedições do trânsito em projetos científicos abrangentes — não só os astrônomos observariam Vênus e determinariam as posições geográficas das cidades e dos pontos de referência ao longo do caminho, como também outras equipes de viajantes fariam coletâneas de história natural, e ainda compilariam relatórios acerca das oportunidades agrícolas e minerais. Cada expedição deveria ter um astrônomo na liderança, dois assistentes, soldados e intérpretes, assim como um relojoeiro, um caçador, um empalhador de animais e um mineiro, além de outros cientistas nos campos da botânica e da zoologia.*

Mais ou menos na mesma época em que a academia enviou seu relatório a Catarina, a imperatriz também recebeu uma carta de Voltaire, dizendo que "toda a Europa olha para o grande exemplo de tolerância que a imperatriz da Rússia está dando ao mundo" — cinco anos após o início do seu reinado, as mudanças que ela havia introduzido finalmente foram percebidas no resto da Europa. No final do ano, até mesmo jornais americanos reportavam as oito expedições de Catarina pelo império russo, mencionando que tudo estava sendo feito "a expensas da imperatriz".**

Nos meses seguintes, os preparativos russos prosseguiram — o único problema era que nem o astrônomo de Genebra, nem o astrônomo germânico chamado Georg Moritz Lowitz, de Göttingen, que se ofereceram para viajar até Yakutsk, haviam chegado ainda a São Petersburgo. No final de fevereiro de 1768, os acadêmicos resolveram que não podiam mais esperar por Lowitz e que, em vez disso, teriam de enviar uma equipe russa ao extremo leste do império. Considerando-se o tamanho do império russo, essas demoras comprometeriam seriamente as chances de sucesso das expedições.

---

*   Georg Moritz Lowitz, um dos astrônomos germânicos, também era topógrafo e recebeu uma tarefa especial no mar Cáspio, a ser cumprida após o trânsito de Vênus. Pediram-lhe que investigasse a viabilidade de um canal que conectasse os rios Volga e Don, de modo a incrementar o comércio naquelas regiões distantes. (Pfrepper e Pfrepper, 2009, p. 109)
**   Tempos depois, um jornal russo insistiu no fato de que foram os esforços de Catarina que encorajaram outros astrônomos da Europa a observar o trânsito. Foi o seu engajamento que "motivou" a entrada de outros no projeto. (Bacmeister, 1772, v. 1, p. 47)

Foi uma sábia decisão, porque Lowitz demorou ainda várias semanas para chegar de Göttingen. O astrônomo viúvo ainda trouxe o filho de onze anos, com o qual pretendia atravessar a vastidão do império até a sua estação de observação. Um mês e meio depois, no final de maio, o último grupo de estrangeiros finalmente aportou em São Petersburgo, vindo da Suíça.* As equipes estavam completas. Seduzidos por salários dobrados, expedições venturosas e perspectivas de glória, os estrangeiros já tinham viajado milhares de quilômetros. No fim de maio, Catarina concedeu um adicional de 10 mil rublos. Tudo de que precisavam agora eram seus instrumentos e instruções.

O que Catarina e os astrônomos russos não sabiam era que o sobrecarregado James Short ficara gravemente doente — algo talvez previsível —, após ter sido inundado por encomendas de astrônomos da Grã-Bretanha e de toda a Europa. Todos desejavam os melhores telescópios e quadrantes, a fim de garantir o sucesso das suas observações.

Nos últimos 150 anos, a habilidade do homem de ver o sistema solar tinha se aprimorado de forma substancial. Até a invenção do telescópio no século XVII, o olho nu era a única maneira de olhar para as estrelas. Os primeiros telescópios refratários (que usavam uma lente para formar uma imagem) tinham sido substituídos pelos telescópios refletores (nos quais uma combinação de espelhos curvos refletia a luz e formava uma imagem, reduzindo a distorção). A inovação mais recente eram as chamadas "lentes acromáticas", feitas de uma composição de vidro e cristal. Essa combinação de dois tipos de vidro compensava as diferentes dispersões. Anteriormente, a dispersão da luz fora reduzida por meio da construção de telescópios muito longos (e desengonçados), mas as lentes acromáticas agora davam aos telescópios de um metro e meio a mesma acuidade dos telescópios tradicionais de seis metros. Como afirmou um astrônomo alemão, tratava-se de "uma invenção muito feliz que a Inglaterra sozinha foi capaz de produzir!"

Durante o primeiro trânsito, poucos astrônomos utilizaram telescópios com lentes acromáticas. No entanto, por causa do efeito da gota negra e das incertezas quanto à cronometragem da entrada

---

* Jacques André Mallet e seu assistente, Jean-Louis Pictet, de Genebra.

e da saída de Vênus, a qualidade dos telescópios dos observadores tornara-se crucial. A encomenda feita pela Academia Imperial de São Petersburgo foi uma das maiores que Short recebeu. Os russos demonstraram que estavam em dia com os avanços científicos — dezoito dos 21 telescópios encomendados deveriam ter lentes acromáticas. As expedições do império russo seriam das mais bem-equipadas do mundo, mas só se Short sobrevivesse. No começo do verão de 1768, sua força se esvaía com rapidez, contudo, sabendo da importância daqueles telescópios, ele obrigou-se a ficar todos os dias na oficina. A morte estava próxima, mas Short havia decidido terminar os instrumentos a tempo.

Ao longo do verão, as notícias não eram melhores. A academia recebeu uma carta do astrônomo russo que estava a caminho de Yakutsk relatando que as estradas em direção ao leste haviam sido destruídas no inverno anterior e que ele ficaria preso na Sibéria até que as condições se tornassem mais favoráveis. Preocupada com a continuidade dos contratempos, a academia decidiu despachar primeiro os cientistas contratados para fazer coletas de história natural, e os astrônomos depois. Então, em meados de outubro, com a aproximação do inverno, os instrumentos de Short chegaram — ele cumpriu a promessa e trabalhou até a morte para atender à encomenda. A academia ficou aliviada, mas ainda aguardava outros instrumentos provenientes da França. De qualquer maneira, já tinha ficado muito tarde para que os astrônomos embarcassem em suas jornadas. Em vez disso, a academia decidiu distribuir os telescópios e quadrantes britânicos entre as diferentes equipes, para que começassem a "praticar" durante os meses de inverno.

No final de janeiro de 1769, os sete astrônomos que ficaram esperando em São Petersburgo finalmente se aprontaram para partir. Três equipes se dirigiriam ao sul: a Orenburg, no rio Ural, a Guryev, na foz do rio Ural no mar Cáspio, e a Orsk, no sudeste da Rússia. Três locações ao norte foram escolhidas na Lapônia russa: Rumovsky e sua equipe iriam assistir ao trânsito em Kola, ao passo que os astrônomos suíços seriam mandados a Ponoy e Umba, também na península de Kola.

No dia 27 de janeiro, as instruções para os líderes das expedições foram lidas em voz alta numa reunião da academia. Tudo foi minuciosamente prescrito: como organizar os observatórios, o que mensurar, onde determinar as locações geográficas precisas. A academia também orientou os observadores para que se posicionassem de modo confortável e evitassem ficar "contraídos", de modo a não se cansarem durante a observação da marcha de Vênus, cuja duração seria de seis horas. Mais importante ainda, os astrônomos deveriam enviar os seus relatórios para São Petersburgo oito dias após o trânsito, no "mais tardar".

Havia uma única tarefa a ser cumprida pelo líder da expedição antes da partida: Catarina, a Grande solicitara uma audiência com o seu exército astronômico.

Palácio de Inverno de Catarina, em São Petersburgo

Dois dias depois, numa fria manhã de domingo, os sete astrônomos saíram em direção ao Palácio de Inverno para a importante reunião. Era pequena a distância entre a sede da academia e o magnífico palácio, situado do outro lado do rio Neva, que serpenteava pela cidade coberto de gelo. Os astrônomos de Catarina caminharam no frio usando chapéus e botas de pele, para se proteger das temperaturas árticas. Lavadeiras tinham cavado buracos na cobertura de gelo do rio, para lavar as camisas e roupas de cama de seus clientes. Em vez de barcos e carruagens, trenós pintados em cores vivas passavam voando em "velocidade impressionante", como descreveram outros visitantes, e pilhas de neve formavam montes artificiais nos quais pessoas de todas as idades escorregavam em pequenas pranchas. Nas ruas de São Petersburgo havia mercadores "em trajes asiáticos", camponeses com longas barbas "salpicadas de gelo" enrolados em peles de carneiro e senhoras elegantemente vestidas envoltas em peles. São Petersburgo, como diria Diderot mais adiante, conseguia unir "a era da barbárie à idade da civilização"; era uma combinação das modernas Londres e Paris com influências asiáticas e cultura camponesa.

Um cavalheiro russo coberto de peles

Prédios majestosos ladeavam as margens do Neva — com a fortaleza da cidade e a Academia Imperial de Ciências de um lado, e o Palácio de Inverno e o Almirantado de outro. As mansões dos russos abastados e dos mercadores estrangeiros somavam-se ao esplendor do cenário. Do lado de fora dos palacetes e prédios majestosos havia fogueiras nas quais criados e cocheiros se reuniam para aquecer os membros gelados. Ao adentrar o Palácio de Inverno, os sete astrônomos tiraram os casulos peludos e mostraram os belos trajes que traziam por baixo. Como os descreveu um viajante, eles se pareciam com "borboletas espalhafatosas que romperam subitamente suas crostas de inverno". Enquanto esperavam pela imperatriz, os astrônomos puderam admirar o interior esplendoroso do Palácio de Inverno — tetos pintados, ornamentos dourados, esculturas e centenas de pinturas que Catarina havia comprado aos borbotões na Grã-Bretanha, na França, nos Países Baixos, na Alemanha e na Itália. Tudo exalava o mais fino gosto europeu.

Como fazia todos os domingos, Catarina tinha rezado na capela do palácio e agora recebia embaixadores e "cavalheiros estrangeiros", em sua sala de visitas, para uma cerimônia de beija-mão. Quando os sete astrônomos se apresentaram, viram ali uma mulher de 39 anos que muitos ainda consideravam bonita. Outros contemporâneos faziam comentários sobre os seus olhos azuis "perscrutadores" e sobre o seu charme. Acima de tudo, ela impressionava pelo intelecto e pela conversação "brilhante", pois estava familiarizada com uma enorme variedade de assuntos. Não há registro do que Catarina disse exatamente aos seus astrônomos, enquanto eles faziam reverências e beijavam a sua mão, mas é certo que cumpriram a última tarefa. Agora, estavam prontos para se encontrar com Vênus.

10
A VIAGEM MAIS AUDACIOSA DE TODAS

DEPOIS QUE OS ESPANHÓIS IMPEDIRAM os britânicos de adentrar o seu território no oeste norte-americano, a Royal Society realizou uma reunião de emergência. Ficou decidido que, para garantir o sucesso das observações britânicas, seria necessário um "Comitê do Trânsito" destinado a coordenar as expedições em todo o globo. O homem para dirigir esse comitê era o infatigável Nevil Maskelyne.

Embora a sua observação do primeiro trânsito em Santa Helena tivesse sido um fracasso, ele acabou conseguindo se promover nos últimos cinco anos e melhorar de forma decidida a sua posição dentro do mundo científico e da Royal Society. Sendo um homem que jamais deixava escapar uma oportunidade, a primeira carta de Maskelyne para a Royal Society, após o retorno de Santa Helena, por exemplo, enfatizara a "precisão e excelência" de seu método lunar para calcular a longitude. De olho em futuros patrocínios, também escreveu aos dirigentes da Companhia das Índias Orientais na tentativa de convencê-los de que o seu método seria de "grande benefício" para a navegação. Maskelyne estava difundindo as próprias ideias com tal ferocidade que o relojoeiro John Harrison começou a ficar cada vez mais preocupado com a possibilidade de o astrônomo ganhar o Prêmio Longitude. Harrison tinha passado as três últimas décadas inventando relógios que funcionassem corretamente em navios — a seu ver, a única solução plausível para o problema da longitude. No começo de 1764, Maskelyne e Harrison foram indicados pelo Comitê da Longitude para navegar até Barbados a fim de testar seus respectivos métodos. Os receios de Harrison se confirmaram quando ele descobriu que o adversário recebera a incumbência de julgar a precisão dos seus relógios. Como era de se esperar, Maskelyne acusou o relógio de Harrison de não ser suficientemente preciso, apesar dos seus resultados impressionantes. Foi o começo de uma batalha amarga entre o astrônomo e o relojoeiro, que haveria de perdurar por muitos anos.*

No princípio de 1765, com 32 anos, Maskelyne se tornou o Astrônomo Real, posição astronômica mais influente no país. Automaticamente, a nomeação o fazia membro do Comitê da Longitude — e, por meio dessa estranha virada, o próprio Maskelyne era agora o responsável pela concessão do prêmio. Com as responsabilidades de Astrônomo Real no Observatório de Greenwich, ele não teria condições de comandar outra expedição do trânsito num destino remoto, mas poderia ser a força propulsora por trás dessa aventura global. Embora outros sete membros fizessem parte do Comitê do Trânsito da Royal Society, Maskelyne foi quem deu as cartas nos anos seguintes.

Astrônomo ambicioso que gostava de controlar e supervisionar cada detalhe, ele se considerava, sem dúvida, a melhor pessoa para a função. Quando ainda era um jovem e desconhecido astrônomo amador, Maskelyne escreveu a Charles Mason (na época, assistente do Observatório Real), instruindo-o sobre como observar o primeiro trânsito. Sua carta foi recheada com frases do tipo "você deve", "você irá" e "eu gostaria que você fizesse". Agora, Maskelyne faria aquilo que Delisle havia feito pelo trânsito de 1761, só que melhor. Encorajaria outras nações a participar, proporia expedições, supervisionaria os equipamentos e escolheria os instrumentos, assim como selecionaria os candidatos e daria as instruções. Como uma aranha na teia, ele se posicionou no centro do esforço internacional, mantendo tudo sob controle.

Cinco dias após a reunião de emergência, o recém-formado Comitê discutiu com todos os detalhes o destino das expedições britânicas. Dois dias depois, em 19 de novembro de 1767, Maskelyne relatou suas sugestões para os demais membros da Royal Society. Os britânicos despachariam alguém para o forte Príncipe de Gales, na baía de Hudson (que hoje pertence ao Canadá), ele afirmou, e também para Vardo e para o Cabo Norte, no Círculo Ártico — "exceto se fi-

---

* Maskelyne continuou a criticar os relógios de Harrison, em benefício de seu próprio método lunar. O Prêmio Longitude não foi concedido a um único indivíduo, mas, ao longo de muitas décadas, houve diversos recebedores, sendo que Harrison ganhou a maior parte. Maskelyne não foi premiado, embora Tobias Mayer tenha recebido postumamente a quantia de 3 mil libras, por suas tabelas lunares.

carmos sabendo que os suecos e os dinamarqueses decidiram fazer essa observação". Tendo garantido a cobertura do norte, o Comitê voltou sua atenção para a expedição mais importante: a Grã-Bretanha tinha de assumir as observações dos Mares do Sul — a mais corajosa e audaciosa de todas as viagens. Eles necessitariam de um navio para a expedição, formada por astrônomos experientes e destemidos, e de um homem que pudesse liderar a tripulação pela vastidão do praticamente inexplorado Pacífico Sul.

Isso implicaria um financiamento maior do que o do primeiro trânsito e, então, o Comitê propôs "que fosse apresentada uma petição ao governo" para equipar a expedição. Eles argumentaram que os astrônomos precisariam circundar o Cabo Horn para chegar lá a tempo, "na época do Natal de 1768". Maskelyne e seus colegas de comitê estavam sendo meticulosos e não queriam perder tempo. Na mesma reunião, eles também providenciaram listas dos instrumentos necessários e sugeriram candidatos em potencial, incluindo Charles Mason e Jeremiah Dixon, que ainda estavam nas colônias norte-americanas onde haviam trabalhado ao longo dos últimos quatro anos, no levantamento topográfico da Linha Mason-Dixon.

As semanas seguintes foram bastante agitadas. Durante o dia, Maskelyne se dedicava aos preparativos para as expedições do trânsito e, durante as noites frias, ele observava o céu de Greenwich, exibindo a sua "vestimenta de observação" novinha em folha: um traje acolchoado que incluía um sobretudo em forma de beca, calças iguais e uma enorme traseira estofada feita de flanela grossa e seda listrada de dourado, vermelho e creme, que seu cunhado, Robert Clive, tinha mandado da Índia. Retratado por um colega cientista como um "pequeno homem invisível", o gorducho Maskelyne deve ter perdido toda a autoridade quando requebrou na direção de sua sala de observação comprimido naquele vestuário dourado — a armadura de um astrônomo.

O que os membros do Comitê do Trânsito não sabiam era que os franceses também estavam planejando uma viagem aos Mares do Sul. No dia 14 de novembro, entre a decisão da Royal Society de formar um Comitê do Trânsito e a primeira reunião do grupo, Chappe d'Auteroche aderiu ao esforço francês ao apresentar seu esboço de uma expedição aos Mares do Sul, numa sessão da Académie des Sciences em Paris. Seguindo os cálculos de Pingré, Chappe sugeriu diversas locações e, é claro, sugeriu que fosse ele mesmo o candidato ideal à viagem. Tendo em vista que se tratava de uma reunião pública, Chappe enfatizou a importância do trânsito com evidente exagero e declarou, com certa licença poética e floreios, que tal encontro celestial demoraria "vários séculos" para tornar a acontecer. Exatamente como no primeiro trânsito, ele tentava assumir o comando da viagem mais importante. Caso viesse a observar Vênus numa ilha dos Mares do Sul, acabaria se tornando o astrônomo mais famoso do mundo. Como a Espanha reclamava a possessão de algumas ilhas da região, os franceses acharam melhor primeiro pedir a permissão de sua velha aliada.*

Sem saber dos planos franceses, o Conselho da Royal Society se reuniu três semanas depois, em Londres, no dia 3 de dezembro de 1767, para um relato atualizado do Comitê do Trânsito. Esse foi um dos encontros mais decisivos da história da entidade. Após longas e detalhadas discussões que duraram várias horas, votou-se pela preparação de duas expedições: uma à baía de Hudson e outra aos Mares do Sul. Maskelyne apresentou uma lista de potenciais observadores e se ofereceu para escrever-lhes. Também deu instruções para que se entrasse em contato com o astrônomo sueco Pehr Wilhelm Wargentin, "para saber em que lugares ele pretendia observar", e também para mandar uma lista de instrumentos a Estocolmo, detalhando o tipo e o tamanho de telescópios que os britânicos tinham intenção de utilizar — a fim de garantir que os resultados das observações do trânsito fossem mais facilmente comparáveis.

Nas semanas seguintes, os membros da Royal Society entrevistaram e indicaram candidatos para as expedições. Financiamentos foram discutidos e salários, negociados. Mais uma vez, pediram à Companhia das Índias Orientais que enviassem instruções aos funcionários sobre como observar o trânsito. Eles receberam uma carta da Acade-

---

* Depois que os espanhóis recusaram o pedido da Grã-Bretanha de enviar um observador à Califórnia, os britânicos decidiram não pedir mais nenhuma permissão. Eles simplesmente navegariam na direção dos Mares do Sul, sem se importar com o que diriam os espanhóis.

mia Imperial de São Petersburgo, detalhando as expedições russas e o interesse de Catarina no assunto. Em janeiro de 1768, enquanto os astrônomos se encontravam com a imperatriz no Palácio de Inverno e Mason e Dixon entregavam o mapa completo de sua linha de fronteira na América do Norte, crescia em Londres a excitação em relação ao trânsito. Os jornais reportavam o evento e os fabricantes de instrumentos começavam a anunciar telescópios aperfeiçoados, com os quais seria possível apreciar o acontecimento. Maskelyne trabalhou em suas instruções, definindo as complexidades das observações do trânsito de tal maneira que até amadores seriam capazes de segui-las. Incluiu explicações sobre a importância dos horários de entrada e saída, dos diferentes tipos de telescópios, de como regular o relógio e prender os instrumentos no chão, e também de como escurecer diferentes pedaços de vidro em tonalidades mais claras e mais escuras, a fim de se preparar para qualquer tipo de condição climática ou de "nuvens voadoras". As instruções juntavam os seus conhecimentos teóricos de astrônomo com a competência prática adquirida em suas observações de Santa Helena.

A viagem aos Mares do Sul exigia muito planejamento e suporte. A Royal Society precisava de dinheiro para os instrumentos, alojamentos, alimentos e salários, mas também necessitava de um navio. Assim como no primeiro trânsito, eles decidiram pedir dinheiro à Coroa, só que dessa vez o montante era muito maior. Para piorar ainda mais as coisas, os fundos da própria Royal Society tinham sido dilapidados. Um de seus funcionários tinha desviado 1.500 libras. Enquanto eles "prestavam atenção ao que se passava no céu", como um dos membros contou a seu amigo na França, o funcionário "caía no mundo com o nosso dinheiro".

Durante semanas, os membros da associação trabalharam para redigir sua petição ao rei. Ela ficou pronta em meados de fevereiro de 1768, no exato momento em que Le Gentil partia para Manila, num navio a caminho da Índia. O documento ressaltava a necessidade de elevar a honra da nação e citava os potenciais benefícios para a navegação. Não havia "nenhuma nação sobre a Terra" superior à Grã-Bretanha, eles alegavam, e o país era "celebrado com justiça no mundo conceituado". Se os britânicos fracassassem na observação do trânsito nos hemisférios sul *e* norte, a Royal Society escreveu ao rei George III, "seria uma terrível desonra para eles". Essa honra, no entanto, custaria à Coroa impressionantes 4 mil libras, uma quantia que nem sequer incluía os custos necessários dos navios e tripulações.

Enquanto a Royal Society aguardava com ansiedade a resposta do rei, um Maskelyne impaciente prosseguia com os preparativos, como se eles já tivessem o financiamento garantido. Faltando apenas dezesseis meses para o trânsito, ele sentia que não havia tempo a perder. A Companhia da Baía de Hudson tinha advertido a existência de pouca madeira em torno do forte Príncipe de Gales e prevenira a Royal Society para que pré-fabricasse um observatório na Inglaterra. Felizmente, um dos membros era engenheiro e elaborou a planta do observatório oitavado em forma de barraca, feito de madeira e lona. Maskelyne discutiu as medidas e os materiais e estimou os custos com o carpinteiro de Greenwich, a fim de assegurar que a pequena construção pudesse ser armazenada no navio e erguida no lugar apropriado.

Os observatórios portáteis que os astrônomos britânicos utilizaram seriam parecidos com esse da *Encyclopédie*, de Diderot

O tempo avançava com rapidez, porque a temporada de navegação para a baía de Hudson era limitada. O astrônomo escolhido teria de partir no final de maio de 1768, de modo a alcançar seu destino antes que o gelo cobrisse o forte Príncipe de Gales, até o verão seguinte — o observador teria de passar o inverno ali, para poder ver o trânsito em junho de 1769. Certamente, foi Maskelyne quem recomendou o candidato para essa expedição. William Wales era um astrônomo jovem que fora contratado por ele nos últimos três anos, para trabalhar no *Nautical Almanac*, sua mais recente tentativa de promover o método lunar como a melhor maneira de calcular longitudes nos mares. O *Nautical Almanac* fornecia aos navegadores horários dos eclipses de Júpiter e posições do Sol, mas, acima de tudo, predizia as distâncias lunares em relação ao meridiano de Greenwich, para cada mês — provendo tabelas facilmente acessíveis, com as quais os navegadores poderiam calcular quantos graus tinham se distanciado de Greenwich.* Wales viajaria numa embarcação de suprimentos da Companhia da Baía de Hudson, que tinha o forte Príncipe de Gales em seu poder, para proteger seus interesses no comércio de peles com os nativos norte-americanos (e contra os franceses). Os dirigentes tinham assegurado à Royal Society que providenciariam passagem, acomodação, comida e qualquer outra necessidade dos observadores pelo pagamento à vista de 250 libras.

Tudo caminhava sem problemas. Enquanto Maskelyne calculava com exatidão a tonelagem e as medidas do observatório portátil (a Companhia da Baía de Hudson tinha solicitado essa informação, de modo a arrumar espaço em seu navio), o secretário do Almirantado recomendava ao Conselho Naval a preparação de um navio para a expedição aos Mares do Sul. "Sua Majestade se sentiu graciosamente satisfeito", escreveu o secretário, "de arcar com as despesas" de aquisição de um navio. Com o seu interesse nas ciências, o rei George III agiu com rapidez para tomar uma decisão e, menos de três semanas após a leitura da petição da Royal Society, ordenou a procura de uma embarcação adequada. Navios foram inspecionados e rejeitados, e

---

* Maskelyne produziu 49 edições do *Nautical Almanac*, que se tornou popular entre os navegadores ao abolir a necessidade de cálculos complicados. Afinal, ele fazia de Greenwich o primeiro meridiano.

nenhum parecia se ajustar. Um precisaria ser significativamente alterado, outro não seria capaz de acondicionar a quantidade de provisões requeridas, outros estavam ao mar e não voltariam a tempo.

No dia 24 de março de 1768, o rei informou à Royal Society que concedera os recursos não somente para a provisão de um navio para a expedição aos Mares do Sul, como também disponibilizara 4 mil libras de seus recursos pessoais. Os membros da entidade ficaram exultantes. Nunca antes se gastara tanto dinheiro num projeto científico. Menos de uma semana depois, a Marinha adquiriu um "gato", navio construído para transportar carvão do nordeste da Inglaterra para Londres, e o batizou de *Endeavour*. Os preparativos para a viagem aos Mares do Sul poderiam começar de verdade.

O *Endeavour* foi reparado em Deptford — reequipado e coberto com uma mistura de piche, alcatrão e enxofre, para proteger a madeira contra os vermes das águas tropicais. James Cook supervisionou as alterações e foi escolhido pela Marinha para comandar a expedição. Nascido em Yorkshire, em 1728, Cook começou a carreira marítima como taifeiro num "gato" semelhante, transportando carvão pelo litoral da Inglaterra. Tempos depois, ele se alistou na Marinha, combateu na Guerra dos Sete Anos e mapeou Terra-Nova e Labrador. Calado e reservado, Cook era reconhecido pela cautela, mas também sabia assumir riscos calculados, sempre que necessário. Emvolveu-se em cada detalhe dos preparativos e não só atuou como capitão do *Endeavour*, mas também serviu como observador. Cook era um cartógrafo e astrônomo competente, pesquisador marinho admirado, matemático habilidoso e marinheiro experiente — mas voltaria da viagem no *Endeavour* como líder respeitado, descobridor enaltecido e herói.

Charles Green, antigo assistente de Maskelyne, foi quem acompanhou Cook na expedição aos Mares do Sul, como astrônomo. Green era um nativo de Yorkshire, de 33 anos, que havia trabalhado durante muito tempo no Observatório de Greenwich, onde assistira ao primeiro trânsito.[*] Assim como outros assistentes, mostrava-se ansioso para abandonar seu emprego entediante, e tinha uma queda por

---

[*] Charles Green também era cunhado de William Wales, o astrônomo indicado para observar o trânsito na baía de Hudson.

viagens marítimas. Em 1763, acompanhou Maskelyne a Barbados, onde testaram o relógio de John Harrison para cálculos longitudinais. Pouco tempo depois, Green saiu do Observatório Real e entrou para a Marinha. Quando soube que a Royal Society preparava diversas expedições para ver o segundo trânsito, Green compareceu a uma das reuniões para se oferecer como observador e para expor os seus termos e condições — por trezentas libras anuais, ele declarou que ficaria encantado de "ir rumo ao sul". Na realidade, ele estava tão desejoso de partir que acabou aceitando um salário anual de cem libras. Muito menos do que ele havia pedido antes, ainda assim mais do que o pagamento único de cem libras de que recebia por suas observações astronômicas. Cook podia ser o comandante da expedição, mas era apenas o segundo observador. Para a Royal Society, o astrônomo principal era a pessoa mais importante na embarcação.

Maskelyne compilou suas instruções para Cook e Green e supervisionou a construção do observatório portátil. Insistiu ainda para que montassem o equipamento assim que chegassem, "sem qualquer perda de tempo". Era importante que cada observador praticasse com todos os instrumentos, por mais tempo que fosse possível, de modo a anotar os horários do trânsito com a maior precisão.

Ao mesmo tempo, Maskelyne finalizava os últimos detalhes da jornada de William Wales à baía de Hudson, aconselhando o jovem astrônomo sobre como acondicionar o observatório e os equipamentos a bordo. No dia 29 de maio de 1768, praticamente um ano antes do trânsito, Wales deixou Londres após uma visita noturna ao Observatório de Greenwich, onde Maskelyne lhe deu as instruções escritas e uma informação de última hora.*

Todos estavam tremendamente ocupados. Enquanto Maskelyne trabalhava simultaneamente nas expedições à baía de Hudson e aos Mares do Sul, Cook se concentrava em seu navio. Ele solicitou oito

---

* Após a reunião noturna com Maskelyne, Wales correu para casa para se despedir de sua esposa Mary, em estado adiantado de gravidez, e de sua filha pequena. Ele achou melhor mandar a esposa e a filha de Greenwich para Yorkshire, onde poderiam ficar com seus parentes durante o longo período de sua ausência. Como era de se esperar — dado o mau estado das estradas e das molas das carruagens — sua esposa deu à luz em algum lugar de Great North Road, em Lincolnshire, na metade do caminho até Yorkshire. (Wales, 2004, p. 29)

toneladas de lastro, porque a embarcação "navega demasiadamente pela proa", e discutiu com a Marinha a formação de uma tripulação, assim como a autorização para cervejas e destilados. Nesse meio-tempo, a Royal Society debatia onde exatamente, nos Mares do Sul, os observadores deveriam assistir ao trânsito. A sorte estava ao seu lado. Exatamente naquele momento, um capitão britânico chamado Samuel Wallis retornava de uma longa viagem, trazendo novidades sobre uma ilha nos Mares do Sul que era habitada por nativos amigáveis e dotada de alimentos abundantes. Taiti, ou Ilha do Rei George, como era conhecida então, parecia ser a locação perfeita.

Enquanto os astrônomos se preparavam para suas expedições do trânsito, motins explodiam na Inglaterra, afetando diversos negócios essenciais para o abastecimento de uma viagem marítima. Escassez de alimentos e cortes de salários, combinados com a prisão do jornalista radical John Wilkes, incitaram os londrinos a tomar as ruas. Carregadores de carvão, alfaiates e até prostitutas nos bordéis (pelos "cortes" que estavam sendo promovidos pelos cafetões e donos de tavernas) entraram em greve, assim como marinheiros, tanoeiros, tecelãos e cortadores de vidro.

Em meio ao caos, Cook fazia pressão por mais provisões e equipamentos. Todos os dias, muitas cartas iam de um lado a outro — Cook solicitava pano verde para o chão da Grande Cabine, mais "cirurgiões necessários", armas, "uma máquina para purificar água" e "sopa portátil". Diligente e decidido a se preparar para todas as eventualidades, ele não deixava escapar nada: exigia mais sal, discutia a melhor maneira de evitar o escorbuto[*] com o Conselho de Doentes e Feridos e encomendava instrumentos para fazer levantamentos topográficos e mapas.

Somente a escolha da tripulação — sem dúvida, um dos fatores mais decisivos para o sucesso de uma viagem como aquela — não ficou nas mãos de Cook. A Marinha selecionou os homens, mas quando enviou um marinheiro fraco e enfermo para ser o cozinheiro, o capitão reclamou. Três dias depois, foi encaminhado um novo cozinheiro para o *Endeavour* — embora ele parecesse ainda pior do

---

[*] No século XVIII, marinheiros morriam mais de escorbuto do que nas mãos dos inimigos.

que o primeiro, pois, conforme os protestos de Cook, "esse homem tivera a má sorte de perder a mão direita". Apesar desses protestos, a Marinha insistiu em que o cozinheiro de uma mão só permanecesse no *Endeavour*, mesmo que o capitão o considerasse de "pouca utilidade".

Nesse ínterim, Maskelyne lidava com os instrumentos e as direções astronômicas, e o presidente da Royal Society escrevia longas e detalhadas instruções sobre comportamento e funções. A tripulação, escreveu o presidente, teria de exercitar a "máxima paciência" com os nativos que encontrasse, à medida que "nenhuma nação europeia tem o direito de ocupar qualquer parte do país deles". O objetivo primordial da viagem era a observação do trânsito de Vênus, ele lembrou a Cook.

Tal qual Catarina, a Grande, a Royal Society também ampliou os objetivos da expedição, dentro do espírito do Iluminismo. Publicou instruções sobre a realização de observações etnográficas e sobre coletas botânicas, minerais e animais. Cook e sua tripulação deveriam coletar espécimes e adquirir conhecimento, de forma a compreender aquele novo mundo. Após a observação de Vênus, o *Endeavour* não precisaria retornar imediatamente, e Cook deveria assumir a tarefa de descobrir "um continente nas baixas latitudes temperadas" — *Terra Australis Incognita*, a terra desconhecida do Sul.* A expedição do trânsito tinha se tornado uma exploração científica mais ampla, com toques econômicos e coloniais.

Finalmente, no dia 25 de agosto de 1768, Cook e sua tripulação estavam prontos para partir. O vento inflou as velas quando o *Endeavour* deu a sua guinada para o sul, e 94 homens seguiram rumo ao desconhecido, a fim de apreciar Vênus atravessando a face do Sol. Era uma tarde clara e o navio estava cheio até a borda. Ao longo dos últimos dias, os marinheiros tinham trazido tantas provisões a bordo que quase não havia espaço para se mexer. Além das oito toneladas

---

* Naquela época, as pessoas acreditavam na simetria do mundo, pensando que havia uma imensa massa de terra no sul, de modo a balancear a que existia no hemisfério norte.

de lastro, havia vinte toneladas de biscoitos e farinha, 10 mil porções de bife e porco salgado, e também mais de mil quilos de passas entre os suprimentos. Cook havia carregado 1.600 galões de destilados e 1.200 galões de cerveja, para deixar a tripulação feliz, e quase 3 mil quilos de chucrute, a fim de testar a sua eficiência contra o escorbuto. Havia madeiras, cordas, pregos, ferramentas e lonas para consertos de emergência, além de uma grande variedade de espelhos, contas e bijuterias para serem presenteadas aos nativos.

A coleção de instrumentos astronômicos era imensa — indo de quadrantes e relógios astronômicos a diversos tipos dos melhores telescópios disponíveis — e, é claro, havia o observatório portátil que Maskelyne organizara. Green já estava a bordo havia quase três semanas, tomando cuidado para que os instrumentos fossem embalados e acondicionados em segurança. Cook assistiu com grande consternação à chegada do botânico e proprietário de terras abastado Joseph Banks, com seu *entourage* de oito pessoas, que compreendiam criados, artistas e outro botânico, e ainda de uma coleção alarmante de bagagens, que incluíam centenas de garrafas de amostras, papéis, mostruários de plantas, microscópios e uma biblioteca de mais de cem livros de história natural, além das mesas de desenho e da escrivaninha de Banks. Tudo estava embalado em vinte grandes baús de madeira. "Aquilo quase me apavorou", o próprio Banks admitiu. Ele gastara o impressionante valor de dez mil libras nas passagens para ele e sua equipe no *Endeavour* e sentia orgulho de ser o "primeiro homem de ciência a empreender uma viagem de descoberta". Assim que Cook viu a parafernália, ordenou aos carpinteiros que fizessem mais mudanças nas cabines, de modo a organizar tudo a bordo.

Cook fez o máximo pelo sucesso da viagem. Todos estavam arriscando a vida pelo encontro com Vênus. Muitos deixavam para trás suas famílias — o astrônomo Charles Green era casado e, três semanas antes, Cook dera o seu beijo de despedida nos filhos e na mulher, Elizabeth, que estava em estado avançado de gravidez.* Pelo menos,

---

* Dez dias após a partida do *Endeavour*, Elizabeth Cook deu à luz um menino que Cook jamais chegaria a conhecer, pois o bebê morreu com apenas um mês de vida. (McLynn, 2011, p. 93)

estavam todos "em excelente estado de saúde e de espírito", afirmou Banks, e "perfeitamente preparados (ao menos, no que diz respeito à mente)" para a longa e perigosa viagem.

11
A Escandinávia ou a terra do sol da meia-noite

"Acredito que desta vez haverá menos observações decisivas", escreveu o secretário da Academia Real de Ciências de Estocolmo, Pehr Wilhelm Wargentin, ao seu colega Anders Planman. Uma vez mais, o incansável Wargentin assumira o comando das contribuições suecas, porém, ao contrário dos britânicos, franceses e russos, estava menos otimista quanto ao seu sucesso. Preocupava-se com o fato de que os destinos mais importantes para esse trânsito fossem ainda mais longínquos e difíceis de alcançar do que haviam sido em 1761. Isso tornava as observações suecas no extremo norte do reino ainda mais vitais, porque "eram o único lugar da Europa" de onde seria possível enxergar tanto o começo quanto o final do trânsito. O maior problema para os suecos, no entanto, era que a academia de Estocolmo estava praticamente quebrada* e Wargentin não sabia como fazer para financiar as expedições. Com tantos astrônomos competentes na Suécia, "seria um prejuízo perpétuo e uma vergonha" se tivessem de pedir aos ingleses e franceses que fizessem observações na Escandinávia, ele lamentou.

Tal qual em 1761, Wargentin estava a par dos preparativos do trânsito em todos os lugares. Embora afastado dos grandes centros científicos da Europa, Londres e Paris, ele estava mais bem informado sobre os últimos desenvolvimentos do que muitos outros. Durante o tempo em que foi secretário da academia, Wargentin manteve uma correspondência internacional quase sobre-humana, e escreveu milhares de cartas. Com firme paciência e excepcional habilidade organizacional, silenciosamente, ele mudou os rumos da academia sueca.

---

* A principal receita da academia vinha de um almanaque que, dado o aumento dos custos do papel e da impressão, já não era tão lucrativo quanto havia sido nos anos anteriores. (Wargentin a Planman, 4 de julho de 1766, Nordenmark, 1939, p. 184)

Sob sua orientação, ela se tornaria parte constitutiva e reconhecida da rede europeia de sociedades eruditas — tudo como parte do "desejo de aumentar nosso prestígio e nossa glória", ele explicou.

Dentro da comunidade internacional, Wargentin atuava como ponto de contato central e apresentava as cartas que recebia nas reuniões da academia. Ele contou aos colegas que os ingleses e franceses reportavam suas expedições do trânsito, mas também ressaltou que o sucesso dessas observações residia nos dados correspondentes do norte, cuja melhor locação seria Tornio, na Lapônia. Fazendo sua parte, Wargentin estimulou os colegas suecos a colaborar, pois, do contrário, nenhum desses resultados seria útil. A discussão foi de um lado a outro — com pouco dinheiro nos cofres, alguns cientistas suecos sugeriram escrever logo para Londres e Paris, a fim de informar aos colegas que eles teriam de despachar os próprios observadores. Wargentin ficou furioso. Ele não tinha passado as duas últimas décadas inserindo os suecos no intercâmbio internacional da erudição para fracassar durante o evento científico mais importante do século XVIII. A única solução era apelar ao rei. Tratava-se, no dizer de Wargentin, de uma questão de honra nacional.

No começo de 1767, Wargentin elaborou uma longa petição ao rei Adolfo Frederico, explicando a importância do esforço para todas as nações que estavam engajadas em "ciência, comércio e navegação marítima", e também chamando atenção para os esforços ingleses e franceses. Como o trânsito fora visível em todos os lugares do país em 1761, tinha sido relativamente barato organizar as observações na Suécia — muitos astrônomos tinham assistido ao evento em suas próprias casas ou perto dos observatórios —, mas agora a situação era muito diferente.

"Não há outro lugar no mundo", disse Wargentin, "mais adequado" do que a Lapônia — um sítio que serviria de contrapartida perfeita para as observações britânicas nos Mares do Sul. A fim de prevenir a presença de nuvens ou de enfermidade, eles precisariam montar pelo menos duas ou três expedições. E, para realçar a importância do empreendimento, não só para o mundo da ciência em geral, mas para a Suécia especificamente, Wargentin explicou que as observações longitudinais de Planman, durante o último trânsito, tinham ajudado a mapear algumas partes da Lapônia — um avanço importante para as ambições imperiais do país de explorar as riquezas potenciais das terras do norte. A estratégia de Wargentin deu certo. Apenas duas semanas depois, no dia 29 de janeiro de 1767, o rei concedeu-lhes o financiamento. Mais de dois anos antes do trânsito, as contribuições suecas pareciam estar garantidas.

Eficiente como sempre, Wargentin propôs a primeira expedição no mesmo dia: ele queria enviar o astrônomo Fredrik Mallet* a Pello, na Lapônia, ao norte do Golfo de Bótnia e dentro do Círculo Ártico. Wargentin conhecia bem aquele homem de 39 anos — Mallet era um excelente astrônomo, contudo, profundamente melancólico. Filho de um proprietário fabril abastado, desfrutou de uma criação confortável, mas gastou sua herança com rapidez e enfrentou dificuldades subsequentes para ganhar a vida. Mallet era um apaixonado pela astronomia e pela matemática, mas fora incapaz de arrumar um emprego remunerado. Quando jovem, viajou pela Europa, encontrando-se com pensadores e cientistas famosos. Essas conexões alimentaram a sua sede de conhecimento, mas também o seu gosto pela excitação da vida metropolitana de Londres e Paris. Após o retorno dessa turnê científica, Mallet ficou ainda mais triste do que antes, sentindo-se confinado na vida provinciana de Upsala, onde se tornara voluntário no observatório. Com a regularidade de um relógio, ele sempre era ignorado quando as vagas de empregos remunerados ficavam disponíveis — com tal frequência que Wargentin chegou a admitir que mesmo um homem "menos atormentado pela melancolia do que Mallet" teria se desesperado.

Em 1761, o complicado astrônomo assistiu ao primeiro trânsito no observatório de Upsala, declarando, com seu pendor para a melancolia, que deixaria a astronomia e se "enforcaria" se falhasse no intento de apreciar Vênus. Felizmente, para ele, o clima foi condescendente e Mallet se saiu bem na observação do trânsito completo. Preocupado, como sempre, ele também teve a precaução de monitorar a rua em frente ao observatório, para que "nenhum cavalo pas-

---

*   Fredrik Mallet não era parente do astrônomo suíço Jacques André Mallet, que foi despachado para a península de Kola por Catarina, a Grande.

sasse", a fim de evitar qualquer distúrbio nos delicados instrumentos, durante o evento.

Desde então, Mallet foi se tornando cada vez mais neurastênico e impaciente. Com frequência, ameaçava abandonar a astronomia e, quando foi mais uma vez ignorado na busca de uma posição, escreveu a Wargentin: "Sou incapaz de um bom humor." Ele queria sair de Upsala. Com essas queixas regulares em mente, Wargentin logo pensou em Mallet quando considerou possíveis candidatos à expedição ao norte. Embora a Lapônia não fosse Londres ou Paris, a jornada distrairia o astrônomo infeliz, o tiraria de Upsala, lhe daria um sentido de vida — e um salário.

Na primavera de 1767, enquanto Catarina, a Grande ordenava as expedições russas, os esforços suecos também começavam a tomar forma. Mallet concordou em viajar até Pello, e Planman, que agora trabalhava como professor na Universidade de Abo, foi indicado por Wargentin para observar o trânsito mais uma vez em Kajana. Planman, que tinha calculado e recalculado obsessivamente a paralaxe solar nos últimos anos, saudou a indicação. Ele não queria perder a oportunidade de apreciar Vênus pela segunda vez. Durante semanas, cartas ziguezaguearam pela Europa, espalhando as novidades dos planos suecos. O relatório de Wargentin foi lido na Academia Imperial de São Petersburgo, e Rumovsky — numa tentativa de ressaltar quanto a Rússia estava envolvida naquele empreendimento global — o copiou e enviou para a Royal Society, em Londres.

Maskelyne ficou aliviado e os russos se convenceram de que as suas próprias expedições, combinadas com aquelas de Pello e Kajana, garantiriam o sucesso das observações nortistas. "Uma ou outra dessas estações haverá de produzir uma observação completa", escreveu Rumovsky para a Royal Society. Os britânicos expressaram algumas dúvidas quanto à escolha das locações feita por Wargentin, sugerindo que havia perigo de que o Sol estivesse muito abaixo do horizonte em Pello e Kajana. Mas ficaram satisfeitos porque Mallet e Planman eram observadores diligentes, fazendo "o seu máximo para nos dar as melhores observações de que são capazes".

Em fevereiro de 1768, alguns meses antes da partida de Mallet para Pello, a academia de Estocolmo finalizou os detalhes das expedições e dividiu os fundos que o rei havia concedido entre Mallet, Planman e um astrônomo amador que vivia em Tornio, no extremo norte do Golfo de Bótnia. Mallet, que iria se dirigir para mais longe, recebeu mais da metade.

Em resposta aos muitos desapontamentos da observação anterior, cada país envolvido com o segundo trânsito expandiu as tarefas dos viajantes, ao requisitar que eles agissem em nome da ciência, e não só no da astronomia. Terras férteis, cultivos valiosos, oportunidades para assentamentos e conquistas — em suma, uma expansão do império e a exploração de solos, plantas e minerais — acrescentariam outra dimensão às expedições astronômicas. Com importantes implicações para o comércio, Mallet foi instado pelo Almirantado Sueco a fazer o levantamento topográfico do litoral do Golfo de Bótnia, de modo a atualizar os mapas navais existentes e a "determinar os principais lugares e ancoradouros".

Durante o verão de 1768, Mallet estudou os poucos mapas do Golfo de Bótnia existentes, enquanto a academia de Estocolmo indicava três membros para preparar e ajustar os instrumentos que Wargentin havia comprado da Inglaterra para o primeiro trânsito. Nesse meio-tempo, Planman ainda andava obcecado com os cálculos da paralaxe, escrevendo a Wargentin que desenvolvera outra fórmula e se sentia "indescritivelmente satisfeito" com o seu novo método.

Em agosto, Mallet deixou Upsala e iniciou a longa jornada até Pello, todavia, poucos dias depois, seu assistente ficou tão doente que eles foram forçados a esperar durante várias semanas em Öregrund, a apenas oitenta quilômetros de Upsala, na ponta sudoeste do Golfo de Bótnia, para que ele se recuperasse. De acordo com Mallet, aquele era o lugar mais "deplorável". Ele alugou um pequeno barco para pesquisar o litoral, no entanto, mais uma vez, nada seguiu o planejado. Surpreendido pelas tempestades, passou diversas noites deitado no fundo do barco, exposto ao vento e à chuva. Sem as suas "coragem e perseverança", afirmou Mallet, "eu teria desistido". Em pouco tempo, ele ficou de mau humor e enviou uma carta depressiva a Wargentin, na qual expressava dúvidas quanto à possibilidade de alcançar o seu destino, tendo em vista que o inverno se aproximava com celeridade. Ainda tinha todo o percurso diante de si. Nevascas, neve e tempestades fariam com que a viagem transcorresse de modo lento e desconfortável. Preso em Öregrund, ele parecia considerar Pello inatingível.

Ao mesmo tempo que Mallet e Planman eram indicados como os principais astrônomos das observações suecas no extremo norte, outra grande expedição escandinava estava sendo organizada, desta vez, sob a égide do rei da Dinamarca. Christian VII instruíra seu embaixador em Viena a pedir ao padre jesuíta e astrônomo Maximilian Hell que observasse o trânsito de Vênus, a expensas da Coroa, em Vardo, uma pequena ilha no mar de Barents. Finalmente alguém tinha dado ouvidos a Maskelyne, que durante tanto tempo recomendou o envio de observadores ao ponto mais nordestino da Noruega. Wargentin ignorou os pleitos de Maskelyne, mas o jovem Christian, com apenas dezenove anos, aceitou o desafio. Vardo era uma guarnição dinamarquesa (a Noruega vivia sob domínio da Dinamarca) e o rei ordenou a seu comandante que providenciasse alojamento e assistência aos astrônomos.

Como Catarina, a Grande, Christian VII tentava se retratar como um monarca ilustrado por meio do patrocínio às ciências. O progresso da ciência tinha se tornado tão importante que Christian requereu seu ingresso como membro da Royal Society. Ele se sentiria "muito lisonjeado pela escolha", como informou aos colegas. Tirando grande vantagem da expedição a Vardo, também incluiu um botânico na folha de pagamentos, de modo a promover uma coleta de plantas do norte.*

A ciência vinha antes de tudo. Christian VII dava mais importância à excelência intelectual e à competência científica do que à religião e à lei. Numa época em que os jesuítas eram impedidos mesmo de entrar na Dinamarca protestante, o convite a Hell, um padre jesuíta, para comandar a contribuição do país à observação astronômica mais importante do século demonstrava com clareza as credenciais científicas do rei.

---

* O botânico era Jens Finne Borchgrevink, que recentemente terminara seus estudos com Carl Linnaeus, o botânico sueco mais importante do seu tempo.

Hell ficou feliz em aceitar. Como diretor do Observatório Real de Viena, ele vira dali o primeiro trânsito — sozinho, numa torre, pois o observatório tinha ficado lotado de visitantes —, mas o trânsito de 1769 não seria visível da Áustria. Acreditava que não havia melhor locação no hemisfério norte do que Vardo. Na terra do sol da meia-noite, o trânsito completo poderia ser observado. E como a região no extremo norte da Noruega era completamente desconhecida para o mundo da ciência, a expedição daria ainda a Hell a oportunidade de investigar ali o clima, o solo e a população nativa.

Ao contrário de Nevil Maskelyne e Chappe d'Auteroche, que eram mais gregários, Hell, nos seus 48 anos, não buscava fama e aventura. Era um homem humilde, cuja paixão pela astronomia só encontrava paralelo em seu amor a Deus. Para ele, a astronomia revelava as maravilhas da criação divina. Acreditava que a descoberta da distância entre a Terra e o Sol serviria apenas para dar à humanidade maior conhecimento da glória do arquiteto divino.

No dia 28 de abril de 1768, Hell começou a sua longa e árdua jornada de Viena até o mundo congelado do Círculo Ártico. Assim como os outros astrônomos do trânsito, ele não viajou com uma bagagem leve. Só os seus instrumentos científicos incluíam dois quadrantes, dois grandes relógios de pêndulo, diversos telescópios (dos quais o maior tinha mais de três metros), uma pequena biblioteca de livros científicos, resmas de papel e muitos frascos de tinta, assim como azeite, chocolate, café e chá. Hell planejou fazer a rota por terra, de Viena a Trondheim, na costa ocidental da Noruega, de onde tomaria um barco para navegar pela ponta nortista do país. A expedição teria de chegar antes que o inverno comprimisse toda a costa com o seu manto de gelo, mas, primeiro, Hell tinha um encontro com o rei da Dinamarca, em seu castelo próximo a Lübeck.

Junto com o seu assistente János Sajnovics, um criado e um cachorro chamado Apropos, Hell viajou de Viena a Lübeck, passando por Praga, Dresden, Leipzig e Hamburgo. Tal qual a jornada de Delisle à Rússia, quatro décadas antes, Hell e Sajnovics transformaram essa parte de sua expedição numa grande turnê de mentes científicas. Em todos os lugares, encontraram astrônomos que tinham assistido ao primeiro trânsito e trocaram informações e dicas para o próximo.

Sajnovics, cujo diário revela um homem com o olhar aguçado para o que estava à sua volta, também apreciava os prazeres da vida terrena. Enquanto o rígido Hell era frugal e ascético (comia pouco e jejuava todo sábado), Sajnovics saboreava a boa comida e as camas confortáveis — o que, algumas vezes, fazia com que não fossem melhores companheiros de viagem. Em Dresden, Sajnovics reclamou que as pessoas preferiam gastar mais dinheiro em roupas e jardins do que em comida e bebida; em Hamburgo, ele criticou as casas por terem muitas janelas, e disse ainda que as estradas para Lübeck eram as piores que ele já encontrara. Hell insistiu em viajar com simplicidade, e a carruagem que organizou, como suspirou Sajnovics, era uma carroça "abominável" e sem molas. Essa viagem desgastante arruinou os instrumentos e, quando eles abriram as bagagens, encontraram os barômetros e termômetros quebrados — com pequeninas gotas de mercúrio flutuando sobre suas roupas — embora os telescópios e quadrantes permanecessem intactos.

Para desgosto de Sajnovics, quando eles chegaram ao castelo do rei, nos arredores de Lübeck, tiveram de se instalar numa taverna "miserável". Com o relógio divino correndo, eles esperaram com impaciência durante vários dias por uma audiência com seu patrono. Quando finalmente o encontraram, no dia 1º de junho de 1768, Christian VII deu as boas-vindas a Hell de modo caloroso. "Estou satisfeito", disse o rei dinamarquês ao jesuíta, que "um astrônomo assim tão famoso tenha concordado em fazer essa importante observação". O monarca assegurou aos astrônomos que eles receberiam toda a ajuda de que precisassem para a longa jornada. Eles prosseguiriam o mais rápido possível para Trondheim (onde encontrariam o botânico). Não havia muito tempo. Eles já tinham levado um mês para percorrer os quase mil quilômetros de Viena a Lübeck. Agora, lhes restavam apenas dois meses para viajar com todos os seus instrumentos até Trondheim — um trajeto de 1.600 quilômetros, cuja maior parte ocorreria no imenso vazio árido e montanhoso da Noruega.

No dia 3 de junho de 1768, faltando exatamente um ano para o trânsito, um número expressivo de seis expedições tinha sido organizado ao Círculo Ártico por suecos, dinamarqueses, russos e britânicos. O rei da Dinamarca estava pagando pela viagem de Hell a Vardo; de Estocolmo, Wargentin administrava a expedição de Mallet a Pello, na Lapônia (custeada pelo rei sueco); ao passo que Catarina, a Grande havia contratado astrônomos para viajar a três diferentes locações na península de Kola, na Lapônia russa. Em Londres, Maskelyne planejava ainda outra viagem — ao Cabo Norte, na ponta mais ao norte da Noruega, para a qual esperava contar com o financiamento do rei George III.*

Todas essas observações ao norte eram essenciais para o sucesso do empreendimento do trânsito. Elas serviriam como contrapartidas da perigosa viagem do *Endeavour* aos Mares do Sul.

---

* No dia 2 de junho de 1768, Maskelyne também deu as boas-vindas ao rei George II e à rainha Charlotte no Observatório Real. Com sua doação de 4 mil libras à Royal Society para a expedição do trânsito e com a encomenda de um novo observatório para si próprio, no velho campo de caça de Richmond e Kew, George III estava bastante interessado no trânsito e, certamente, solicitou uma atualização ao seu Astrônomo Real. [Rei George no Observatório Real: 2 de junho de 1768, "Observations of Transits. A Working Copy of Transit Observations of the Major Stars, 7 May 1765-18 July 1771" (Observações dos Trânsitos. Cópia Detalhada das Observações dos Trânsitos das Maiores Estrelas, 7 de maio de 1765-18 de julho de 1771), RGO 4/3, p. 121]

12
O CONTINENTE NORTE-AMERICANO

DURANTE O SEGUNDO TRÂNSITO, O CONTINENTE norte-americano tornou-se uma locação importante para os astrônomos. As treze colônias ao longo da costa leste poderiam observar o começo da marcha de Vênus diante do Sol, desde o início da tarde até o poente, deixando de ver apenas a sua saída. Na baía de Hudson, porém, no extremo norte, o trânsito completo seria visível, assim como no oeste, nos territórios espanhóis do México e Califórnia.

No final de maio de 1768, ao despacharem William Wales para passar um longo inverno na baía de Hudson, os britânicos foram os primeiros a organizar uma expedição ao continente norte-americano. Os franceses, que também planejavam enviar uma equipe, acabaram ficando para trás. Chappe d'Auteroche, na academia de Paris, fez uma petição para montar uma expedição aos Mares do Sul, mas os espanhóis não lhe deram permissão. Em vez disso, Carlos III ofereceu aos franceses passagens num navio espanhol a caminho do México, para que pudessem observar o trânsito na Califórnia. Nenhuma embarcação francesa tinha autorização para entrar em território espanhol sem escolta — somente se os espanhóis pudessem controlar a viagem, a França teria permissão de participar. Felizmente, havia frotas mercantes da Espanha viajando para o México, então, o gesto não custaria muito. Contudo, sob nenhuma circunstância, Carlos III estaria disposto a pagar por uma viagem cara e perigosa sob bandeira espanhola.

Os sonhos de Chappe de ficar famoso nos Mares do Sul acabaram frustrados, mas os franceses rapidamente voltaram a sua atenção para o oeste norte-americano. Pelo menos, eles teriam condições de ver o trânsito na Califórnia (para onde os britânicos não tiveram permissão de viajar). Durante vários meses, cartas foram trocadas entre a academia e os espanhóis. Primeiro, foram feitas sugestões de observadores, em seguida, elas foram indeferidas. O fato de que Delisle tinha se retirado do mundo científico, o qual durante tantas décadas fora o centro de sua vida, não deve ter ajudado muito. A princípio, após o primeiro trânsito, o velho viúvo encontrou consolo na religião e, depois, numa princesa otomana, segundo os rumores que circulavam em Paris. Um astrônomo afirmou que Delisle se sentia tão "atraído" pela filha do último sultão de Constantinopla, Ahmed III, que não "conseguia separar-se dela". Como Delisle andava ocupado com outras questões e Lalande se preocupava mais com a teoria, as previsões e os cálculos da paralaxe do que com os aspectos práticos da montagem de expedições, não havia um cérebro à frente do esforço francês e a academia batalhava para organizar-se.

Enquanto os preparativos franceses se arrastavam, os espanhóis finalizavam a sua parte no acordo. Dois oficiais navais com conhecimentos em astronomia foram indicados para a empreitada. Eles iriam se encontrar com a equipe francesa em Cádiz e navegariam até Veracruz, na costa ocidental do Golfo do México, de onde teriam de cruzar todo o México para alcançar a Baixa Califórnia, no oceano Pacífico. Carlos III ordenou-lhes que calculassem suas posições geográficas precisas, ao longo do caminho, e que escrevessem um diário detalhado. Os oficiais iriam observar o trânsito, mas também teriam de ficar de olho nos franceses e "jamais se separar" deles, insistiu o rei espanhol.

Enquanto as potências europeias dividiam o continente norte-americano de acordo com o seu alcance colonial e com as suas alianças políticas, os colonos norte-americanos da costa leste não pretendiam deixar sua metrópole levar todos os créditos. Na mesma época em que William Wales navegava rumo à baía de Hudson, no final de junho de 1768, os norte-americanos planejavam as próprias observações. No dia 21 de junho, treze habitantes com espírito científico da Filadélfia se reuniram na sede do governo para discutir o trânsito. Eles matutaram sobre as projeções do percurso de Vênus e sobre os cálculos que previam onde e como o planeta apareceria na face do Sol.

Os treze homens eram membros da Sociedade Americana de Filosofia (APS), que havia sido fundada por Benjamin Franklin e outros amigos da Filadélfia, em 1743. Ao criar o seu próprio fórum científico para "promover o conhecimento útil", os antigos fundadores pretenderam copiar a Royal Society britânica, mas Franklin logo percebeu que os participantes eram todos "cavalheiros muito ociosos", que deixavam de participar de qualquer esforço científico. Durante três décadas, nada aconteceu na sociedade. Eles esperavam que o trânsito de Vênus pudesse mudar esse quadro.*

Os cientistas das colônias estavam cientes de que seus colegas europeus não se impressionavam com o progresso da ciência na América. A França, em particular, olhava para eles com desprezo. Fazia apenas alguns anos que o mais famoso naturalista francês, Georges-Louis Leclerc, conde de Buffon, publicara suas ideias ofensivas acerca da "degeneração" da América, argumentando que qualquer coisa que fosse "transportada" para lá — plantas, animais e humanos — não conseguia prosperar. Um pensador francês chegou a alegar que a América jamais produziria um "homem de gênio em uma única arte ou uma única ciência".

Tendo em vista que os jornais norte-americanos reportavam a viagem de Cook no *Endeavour* e as expedições russas, os colonos perceberam que o mundo estava bastante interessado nesse empreendimento global. "Muita coisa depende desse fenômeno importante", insistiam os membros da Sociedade Americana de Filosofia. Tal qual Catarina, a Grande, que utilizara o trânsito para retratar a Rússia como uma nação europeia ilustrada, os norte-americanos acreditaram que, se conseguissem organizar várias observações, o mundo os veria com mais respeito, em vez de ficar depreciando-os como fazendeiros de ideias atrasadas.

Quando Franklin defendeu a ideia da sociedade pela primeira vez, argumentou que as colônias estavam prontas para a realização de projetos científicos, porque "a primeira labuta para a implantação das

---

* Na realidade, havia duas sociedades concorrentes que tentavam tirar o bastão da antiga APS no final da década de 1760. No dia 2 de janeiro de 1769, após uma batalha cáustica, as duas se fundiram formalmente, sob o nome de American Philosophical Society (Sociedade Americana de Filosofia).

novas colônias (...) já estava superada". E a Filadélfia era o lugar ideal para essa empreitada. Com 30 mil habitantes, era a maior cidade das colônias norte-americanas e se alimentava de um animado comércio com a Grã-Bretanha. Os navios cruzavam o Atlântico carregados de grãos, algodão e tabaco para a Grã-Bretanha, e produtos de luxo e bens de primeira necessidade, como tecidos, papel e pregos, para as colônias. Filadélfia era uma cidade arrumada, com suas ruas batizadas com os nomes de árvores nativas e delineadas com traçado regular. As calçadas eram pavimentadas e os lampiões ficavam acesos durante a noite para iluminar as ruas escuras. A cidade possuía uma universidade, a primeira biblioteca por assinatura e, graças a Franklin, tornara-se o núcleo do serviço postal cada vez maior das colônias. Os habitantes abastados da Virgínia, com seus gostos europeus, devem ter sentido uma afeição esnobe pelo fato de serem a colônia mais antiga, mas os moradores da Filadélfia tinham orgulho de sua vida intelectual e comercial florescente.

O mais animado com a perspectiva da contribuição da América ao projeto do trânsito era David Rittenhouse, de Norriton, a cerca de trinta quilômetros do centro da cidade de Filadélfia. Membro da Sociedade Americana de Filosofia, fabricante de instrumentos e astrônomo autodidata de 36 anos, Rittenhouse era fascinado pela mecânica e pela astronomia desde criança. Quando menino, demonstrou mais interesse em adornar, esculpindo constelações astronômicas, os cabos de arado, as cercas e as portas dos celeiros da fazenda de seu pai do que na própria agricultura. Aos dezenove anos, abriu uma oficina de relojoaria na fazenda, enquanto continuava com outros estudos científicos.

Os cálculos e previsões de Rittenhouse formaram a base da seleção americana das estações de observação. Diversos membros da Sociedade Americana de Filosofia ofereceram os seus serviços como observadores porque "o começo e uma grande parte dele será visível na Filadélfia, se o clima estiver favorável". No final da reunião da sociedade, os treze homens decidiram que um grupo deveria assistir ao trânsito na fazenda de Rittenhouse e outro, na Filadélfia.* Rittenhouse recebeu a solicitação de fazer os "preparativos necessários",

---

* Mais adiante, eles acrescentaram outra locação em Delaware.

porque era o homem mais preparado para a tarefa. Não havia mais ninguém nas colônias que combinasse tanto conhecimento astronômico teórico com habilidades práticas.

Três meses antes da reunião do trânsito, em junho de 1768, Rittenhouse havia causado forte impressão em seus amigos cientistas com um dispositivo de simulação que mostrava os movimentos dos planetas. Ao contrário de outros dispositivos semelhantes, destinados apenas a mostrar como os corpos celestes giravam em torno do Sol, Rittenhouse construiu um mecanismo complexo, com acuidade tão assombrosa que podia simular qualquer constelação astronômica em qualquer data, entre 4.000 a.C. e 6.000 d.C., incluindo eclipses solares e ainda os trânsitos de Vênus e Mercúrio. Era uma peça mágica de mecânica e uma obra-prima de astronomia. Como afirmou Thomas Jefferson mais tarde, Rittenhouse criara um mundo que "conseguia chegar mais perto do seu Criador do que qualquer outro homem que tenha vivido, da criação até hoje".

Rittenhouse não foi o único cientista a supervisionar as observações do trânsito dos colonos. Benjamin Franklin atuou como intermediário entre a Grã-Bretanha e a América. Com 63 anos, ele vivia em Londres como agente da Assembleia da Pensilvânia, mas logo se tornara uma espécie de embaixador não oficial para as colônias, durante o estado de tensão crescente que se estabeleceu após a crise da Lei do Selo, em 1765. Embora sua permanência tivesse objetivo político, Franklin também se integrou à florescente rede de pensadores, filósofos e cientistas da Grã-Bretanha.

Membro da Royal Society e homem de curiosidade insaciável, Franklin se envolveu profundamente com as expedições do trânsito. Ele tinha fascínio pela natureza e investigava uma grande variedade de assuntos, do ar "fanhoso" do fundo das lagoas à mensuração da temperatura do oceano durante suas viagens transatlânticas, de modo a determinar o curso da Corrente do Golfo. Adorava estar em Londres, cidade que enxergava como o nexo da indagação científica. Franklin passava pelas cafeterias e pelos clubes, frequentava as reuniões da Royal Society e era cortejado pelos maiores pensadores da Grã-Bretanha. "A América nos mandou muitas coisas boas, ouro, prata, açúcar, tabaco, índigo etc.", escreveu o filósofo escocês David Hume para

Franklin, "mas você é o primeiro filósofo e, de fato, o primeiro grande homem de letras por quem somos gratos a ela".

Durante sua visita anterior a Londres, Franklin tornou-se membro do Conselho da Royal Society, enquanto eles preparavam a expedição de Mason e Dixon a Bencoolen e a de Maskelyne a Santa Helena, para o primeiro trânsito. Franklin enviou panfletos, livros e relatórios sobre os resultados para os amigos das colônias. Quando fez um breve retorno à Filadélfia, em 1762, seus amigos cientistas de Londres lhe forneceram informações do segundo trânsito, encorajando-o a convencer os colonos a participar.

Em seu retorno subsequente a Londres, Franklin foi novamente eleito para o Conselho da Royal Society e, desde então, passou a tomar parte nos preparativos das expedições britânicas para observar o segundo trânsito. Ele ouviu as sugestões dos possíveis candidatos e se envolveu com os arranjos para as observações da baía de Hudson. Franklin esteve presente às reuniões da sociedade quando foram lidas as cartas de Catarina, a Grande e da academia de São Petersburgo, e também trabalhou no esboço da petição para solicitação de financiamento ao rei George III. Ele examinou os desenhos dos observatórios portáteis e as longas listas de instrumentos de Maskelyne. Em maio de 1768, Franklin se encontrou com James Cook e Charles Green, logo que eles foram indicados para navegar rumo aos Mares do Sul, e debateu com outros colegas a melhor escolha de destino. Com o seu conhecimento científico e as conexões que possuía em Londres, o apoio de Franklin para que os colonos organizassem as próprias observações do trânsito era inestimável.

Ele não ajudava apenas a Sociedade Americana de Filosofia, mas também o seu conhecido John Winthrop, em Massachusetts, que tinha sido bem-sucedido na observação do primeiro trânsito (ainda que por um curto período), em Terra-Nova e Labrador. Depois que um incêndio devastador destruiu os telescópios da Universidade de Harvard, Winthrop pediu a Franklin que comprasse um novo instrumento em Londres, das mãos de James Short. Franklin encomendou o equipamento no devido tempo. No dia 2 de julho, apenas dez dias após o encontro sobre o trânsito da sociedade, na Filadélfia, Franklin escreveu uma carta a Winthrop explicando por que não tinha despachado o telescópio: Short estava morto. Embora ele tivesse concluído as encomendas da Rússia, o instrumento de Winthrop ficara retido no complicado inventário dos seus bens. Franklin havia apresentado uma reivindicação do instrumento, mas teria de esperar até que os executores do testamento de Short organizassem os seus negócios.

A encomenda de instrumentos iguais de altitude e trânsito feita por Winthrop ao artesão John Bird, em Londres, também estava atrasada. Ele recebera uma tão "grande e urgente demanda de França e Rússia, além daquela de nossa sociedade", relatou Franklin, que não tinha sequer começado a trabalhar na solicitação norte-americana. Agora que os instrumentos das expedições europeias já haviam sido despachados, Bird prometera terminar o de Winthrop até o fim da semana seguinte. "É possível que ele cumpra sua palavra", escreveu Franklin, embora fazendo a advertência de que "não devemos supor que ele não cumpra"— faltando menos de um ano para o trânsito, os fabricantes de instrumentos de Londres trabalhavam dia e noite, sem parar.

Nevil Maskelyne, que continuava em sua campanha pelo maior número possível de observações, também tinha discutido o esforço colonial com Franklin. O Astrônomo Real esperava que um observador norte-americano viajasse até o lago Superior para ver o trânsito dali. A fim de encorajar Winthrop, Franklin lhe encaminhou algumas cartas de Maskelyne e também suas instruções. Desesperado para demonstrar que as colônias da América do Norte não eram uma região inóspita e tinham a mesma capacidade dos países europeus para contribuir com a ciência, Franklin lembrou a Winthrop que a expedição de Terra-Nova e Labrador, realizada em 1761, tinha sido muito importante e bem considerada.* As observações do segundo trânsito seriam uma "grande honra" para as colônias — mas os norte-americanos precisavam correr se quisessem participar. "Caso sua saúde e sua força sejam suficientes para uma expedição como essa", escreveu Franklin, "ficarei feliz de saber que o senhor vai empreendê-la".

---

* Logo após a sua observação do trânsito em 1761, Winthrop tornou-se membro da Royal Society.

Icebergs

Enquanto os colonos discutiam onde seria melhor a visão do trânsito, os britânicos estavam prestes a chegar à América do Norte. O astrônomo William Wales foi o primeiro a alcançar o seu destino. A jornada tinha sido mais longa do que o imaginado, porque o mau tempo provocara atrasos. Eles haviam encontrado icebergs que se erguiam próximos ao navio, como se fossem ilhas, com pináculos cintilantes que pairavam acima do mastro principal. A princípio, Wales considerou-os "românticos", mas depois a navegação se tornou mais perigosa. Envolvido pela neblina espessa, o capitão manobrava o navio às cegas, dentro do labirinto traiçoeiro de gelo flutuante. "Nossa situação deve ser considerada como de perigo verdadeiro", Wales anotou secamente em seu diário.

No final de julho, eles alcançaram a entrada da baía de Hudson e navegaram em direção ao forte Príncipe de Gales, na foz do rio Churchill, na costa oeste. Ancoraram no dia 10 de agosto. O ambiente era sombrio, com rochas descobertas e pouca vegetação — alguns salgueiros e bétulas anões e arbustos de groselha —, mas nada, observou Wales, "que mereça o nome de árvore". Felizmente, eles tinham trazido seu observatório pré-fabricado, que montaram nos bastiões de pedra do forte. Seguindo as ordens de Maskelyne com diligência, Wales e seu assistente se concentraram mais em seu local de trabalho do que em suas acomodações. Durante duas semanas, dormiram no assoalho de madeira da cabine, até que o carpinteiro finalmente arrumasse tempo para fazer duas camas. E foram importunados pelos mosquitos e por milhões de moscas minúsculas que, resmungou Wales, eram tão insolentes que se tornava impossível "falar, respirar ou olhar, sem que a boca, o nariz e os olhos se enchessem delas". O inverno já estava se aproximando e Wales, em particular, haveria de sofrer porque detestava o frio. Por ironia, a Royal Society despachara justamente o homem que enfatizara, em sua entrevista, "a preferência por viajar para um clima quente". Em vez disso, Wales ficaria à espera de Vênus por dez longos e frios meses.

Panorama do forte Príncipe de Gales na baía de Hudson

Os franceses também progrediam lentamente com sua expedição norte-americana. Em agosto, enquanto Wales trabalhava em seu observatório, a academia de Paris finalmente indicou um astrônomo para fazer a viagem à Califórnia: Chappe d'Auteroche.* Desapontado ao não conseguir o objetivo de viajar aos Mares do Sul, Chappe escolheu aquela que parecia ser a segunda melhor expedição da França — pelo menos, ele não faria parte da multidão de astrônomos que estava a caminho do deserto congelado do Círculo Ártico ou da baía de Hudson.

Para chegar à Califórnia em tempo, Chappe teria de sair de Paris o mais rápido possível. Havia muito que fazer: ele precisava reunir uma equipe e seus equipamentos, além de programar onde e como se juntar aos astrônomos espanhóis. A permissão de entrada na Califórnia tinha sido concedida sob a condição de que a observação do trânsito fosse o "único propósito da jornada" e Chappe "viajaria na companhia" dos espanhóis — algo que provavelmente não o deixava nada satisfeito. No entanto, antes de partir para a Califórnia, ele tinha uma tarefa ainda a cumprir: a publicação de seu livro em três volumes, *Viagem à Sibéria*.

No dia 31 de agosto de 1768, no mesmo dia em que o navio da Companhia da Baía de Hudson que transportara Wales voltou à Inglaterra, os membros da academia de Paris ouviram um longo e detalhado relatório sobre o livro de Chappe. O veredicto foi unânime: a publicação merecia sua "aprovação por mérito". A academia francesa deve ter ficado satisfeita com o esforço de Chappe, sendo pródiga em elogios a ele, mas o livro ainda iria provocar a ira de uma das mulheres mais poderosas do mundo: Catarina, a Grande. Embora Chappe tenha promovido seu livro na academia como um relato de suas observações do trânsito na Sibéria, e também como uma pesquisa abrangente da história natural, do clima, do solo e dos costumes da Rússia, aos olhos de Catarina ele era um retrato ultrajante do seu im-

---

* Após a indicação de Chappe, a academia também tentou obter permissão dos espanhóis para Pingré observar o trânsito perto da costa do México. Pingré deveria fazer parte de uma expedição destinada a testar a precisão dos últimos artefatos franceses usados para calcular a longitude no mar. Logo ficou claro que os espanhóis "não autorizariam nenhum navio francês perto da costa". Sem permissão de ir ao México, Pingré ficou encarregado de decidir o local de onde observaria o trânsito de Vênus, que acabou sendo o Haiti (então conhecido como Saint-Domingue ou São Domingos). (23 de agosto de 1768, PV Académie 1768, f. 189.)

pério como um país habitado por camponeses depauperados, alcoolizados e supersticiosos. De acordo com ela, tratava-se de uma "falsa representação maliciosa", que solapava suas tentativas de apresentar a Rússia como uma nação europeia ilustrada.

Catarina ficou tão enfurecida que publicou seu próprio livro em resposta: *Antídoto*, uma refutação hilariante de ponto a ponto, escrita em francês e inglês (e claramente destinada a um público europeu). Dirigindo-se diretamente ao autor de *Viagem à Sibéria*, Catarina ridicularizou Chappe em mais de duzentas páginas: ela questionou seus comentários sobre as camponesas com a seguinte afirmação: "Observo que o senhor tem grande percepção das mulheres (...) como acha que a academia receberá sua predileção pelo sexo?" Ela o elogiou ironicamente como "gênio admirável!", por causa de seu talento para tirar temperatura, mesmo tendo declarado que todos os seus termômetros estavam quebrados. Quando descreveu os russos como medrosos, ela contrapôs o seguinte: "Vá!, Sr. Chappe, pergunte aos suecos, aos prussianos, aos poloneses e a Mustafá, o Vitorioso (...) se os russos são inseguros!" E como, indagou, ele teria conseguido corrigir mapas, fazer observações geológicas e medir anáguas, sentado num trenó fechado que corria tão rápido quanto a "luz".

"Nenhuma nação", insistiu Catarina, "foi tratada com mais falsidade, absurdo e impertinência do que a Rússia". Sua ira não se aplacou nem quando Chappe admitiu que ela estaria agora formando "uma nova nação", ao contratar diversos astrônomos para assistir ao trânsito de Vênus. De qualquer modo, na cabeça de Catarina, diante da publicação do livro de Chappe, o sucesso das expedições russas do trânsito tinha se tornado ainda mais importante. Com ele, seu império seria colocado, de forma irrefutável, no coração da ciência europeia.

Sem noção da fúria que seu relato iria provocar, Chappe congratulava-se com a publicação. Com *Viagem à Sibéria* no prelo, ele finalmente deixou Paris, em meados de setembro, apenas seis dias após a morte do octogenário Delisle. Paralisado pelos violentos ataques de gota sofridos ao longo do verão, Delisle fez uma última aparição na academia, no final de agosto, para celebrar o dia santo do rei. Dada a sua doença, ele sabia que muito provavelmente perderia o segundo trânsito — haja vista que a filha de um sultão substituíra a astronomia enquanto objeto de sua afeição, talvez ele não tenha se importado, mas certamente tinha noção de que a França, mais uma vez, estaria contribuindo para o projeto do trânsito global: com Le Gentil em Pondicherry e Chappe na Califórnia.

Chappe, contudo, estava atrasado para seu encontro com Vênus. Levou consigo um criado, um engenheiro, um topógrafo, um pintor e um relojoeiro. A academia francesa também decidira expandir os propósitos da jornada, pedindo a Chappe que fizesse coletas botânicas e zoológicas, assim como relatórios geográficos. No caso de o mau tempo impedir as observações do trânsito, a expedição ao menos aperfeiçoaria o conhecimento que tinham sobre o mundo natural. Tendo em vista que a "interveniência de uma nuvem" poderia "destruir todas as nossas esperanças", disse Chappe, ele ainda seria capaz de fornecer informações úteis sobre geografia e história natural, "para o consolo do mundo erudito".

Enquanto Chappe organizava sua partida em Paris, as conversas sobre as observações do trânsito nas colônias norte-americanas progrediam na Sociedade Americana de Filosofia, na Filadélfia. No final de setembro de 1768, no momento em que a primeira camada de neve cobriu a terra ao redor do forte Príncipe de Gales, um dos membros da sociedade também se ofereceu para viajar até a baía de Hudson e sugeriu que fosse enviada à câmara de representantes da Pensilvânia uma solicitação de financiamento para a jornada. Quando a câmara votou o projeto, só pôde concordar com a subvenção de cem libras para a compra de um telescópio em Londres. Mais adiante, contribuiu com mais cem libras, sem estabelecer condições para o uso desse dinheiro, mas não chegaram nem perto da quantia necessária para financiar uma expedição à baía de Hudson.

Os membros da sociedade americana teriam de se concentrar nas observações acordadas anteriormente: uma na sede do governo, na Filadélfia; outra na fazenda de Rittenhouse, em Norriton; e outra no Cabo Henlopen, no Delaware. As cem libras adicionais oferecidas pela Assembleia poderiam ser utilizadas na construção de um observatório no terreno da sede do governo (onde, sete anos depois, os revolucionários norte-americanos declarariam a independência), mas "não tinham ideia de como mobiliar o observatório de Norriton". Felizmente, Maskelyne estava fazendo a sua mágica em Londres e convencera Thomas Penn — o proprietário da Pensilvânia* — a colaborar com o esforço internacional. Penn aquiesceu e logo encomendou um telescópio para a Sociedade Americana de Filosofia, em Londres. Nesse meio-tempo, Rittenhouse decidira não confiar nos artesãos britânicos sobrecarregados, mas fazer os próprios instrumentos, incluindo dois telescópios, um instrumento de mensurar altitude para calcular a altura do Sol, e "um excelente relógio".

Rittenhouse construiu um observatório em Norriton para as observações do trânsito. Detalhe para a janela no telhado, que lhe permitia apontar os telescópios para o céu.

A América do Norte se tornava cada vez mais empolgada com o evento celestial. Como ora anunciado no jornal *Boston Chronicle*, no final de 1768, o *New-England Almanack* (Almanaque da Nova Inglaterra) para o ano seguinte incluía "um relato único do trânsito de Vênus", ilustrado com gravuras do percurso previsto do planeta. Nos meses seguintes, outros jornais em todas as colônias começaram a reportar

---

* Os proprietários da Pensilvânia eram os herdeiros de William Penn, que havia fundado a colônia no século XVII.

sobre as observações e a encorajar amadores de todos os cantos a participar. Artigos explicavam como as pessoas deveriam assistir ao trânsito com pequenos telescópios de "lentes escurecidas" e como deveriam acertar os relógios com precisão.

Em Harvard, John Winthrop seguia as sugestões de Franklin e Maskelyne e tentava convencer o governo de Massachusetts a financiar uma expedição ao lago Superior. Era "extremamente importante que tenhamos tantas observações quanto pudermos da duração completa do trânsito", disse Winthrop a um dos membros do Conselho de Massachusetts. Para enfatizar a natureza internacional do projeto, ele explicou que diversos países europeus estavam despachando expedições — até mesmo Catarina, a Grande estava mandando um número surpreendente de "oito companhias para o norte de seu império".

Winthrop ainda copiou partes das cartas de Franklin e dos comentários de Maskelyne. Seria uma "grande pena perder uma oportunidade assim tão importante", prosseguiu Winthrop. Para facilitar, a expedição poderia ser atrelada ao exército britânico, que enviaria provisões para os fortes ocidentais no começo da primavera — os astrônomos poderiam viajar no comboio, "sem nenhuma grande despesa". Ele também proferiu duas palestras sobre o trânsito, com boa presença de público, para aumentar a sua publicidade e enfatizar a sua importância. Sem esse empreendimento, afirmou Winthrop, a humanidade jamais conseguiria descobrir o verdadeiro tamanho do sistema solar, "principal objeto" da pesquisa astronômica. As palestras foram amplamente publicadas, junto com um apêndice que ilustrava as melhores técnicas de observação do trânsito.

Na Filadélfia, os membros da sociedade decidiram formar um Comitê do Trânsito para supervisionar suas contribuições, mas o avanço foi dolorosamente lento. Eles ainda aguardavam os telescópios de Londres, e Rittenhouse ainda precisava terminar o seu observatório em Norriton, por causa do péssimo clima do inverno e dos operários pouco confiáveis. Seguindo a sugestão de Maskelyne de enviar um astrônomo ao lago Superior, a Sociedade Americana de Filosofia também solicitou à Assembleia da Pensilvânia o financiamento para organizar uma expedição "à distância ocidental pelo menos igual a

Fort Pit [sic]". Embora Fort Pitt (hoje, Pittsburgh, na Pensilvânia) não fosse tão ocidental quanto o lago Superior, era facilmente acessível e ficava quase quinhentos quilômetros mais a oeste do que a Filadélfia. O sol iria se pôr quase meia hora depois do que na Costa Leste, dando aos astrônomos mais tempo para as suas observações. Conforme a sociedade sublinhou em sua petição, o trânsito era de tamanha importância que "a maior parte dos Estados civilizados da Europa se mostra desejosa de lhe prestar apoio". A participação da América do Norte era essencial para a "reputação do país" — no entanto, apesar de seus apelos, nenhuma subvenção foi dada. Em Harvard, Winthrop também recebeu más notícias, quando o governador de Massachusetts decidiu que estava "desautorizado" a conceder dinheiro para uma expedição ao lago Superior. Em vez disso, os colonos teriam de assistir ao trânsito nas cidades ao longo da costa leste.

Conforme as notícias sobre as condições favoráveis do continente norte-americano se espalharam, observadores amadores nas colônias começaram a se preparar. Um mercador abastado de Providence, Rhode Island, encomendou instrumentos em Londres; um cavalheiro de Newbury, Massachusetts, pediu a um amigo iniciado nas ciências que observasse o trânsito junto com ele, assim como o Inspetor Geral de Maryland, entre muitos outros. Os britânicos podem ter sido os primeiros a enviar um observador, os franceses e espanhóis podem ter sido os únicos com planos de ver o trânsito da costa oeste da América do Norte, mas os colonos já estavam prontos para fazer parte do projeto.

13
Correndo pelos quatro cantos do mundo

As sociedades científicas das capitais europeias haviam planejado expedições aos quatro cantos do mundo. As rotas dos astrônomos do trânsito se entrelaçavam como fios invisíveis no mundo inteiro, seguindo por países distantes e regiões desconhecidas. Os astrônomos de Catarina, a Grande partiram de São Petersburgo carregados de instrumentos e demais provisões. Georg Moritz Lowitz finalmente iniciara a jornada a Guryev, com seu filho pequeno e um *entourage* de sete trenós puxados por dezoito cavalos. Na Suécia, Fredrik Mallet e Anders Planman estavam se dirigindo para o norte, mas ambos enfrentavam problemas. O melancólico Mallet se arrastava na neve, que atingira mais de um metro de altura, e nas corredeiras geladas. A temperatura chegava a 30°C abaixo de zero e não havia alimentos quentes. Ele se arrependia de ter decidido se tornar astrônomo e reclamava de como "eram feias as mulheres da Lapônia". Enquanto isso, os problemas de Planman eram mais sérios. Ele voltara a Kajana, no leste da Finlândia, para se deparar com um conflito de fronteiras com os russos. "Não há praticamente nenhum dia ou noite em que se possa estar seguro", ele escreveu a Wargentin. Ele estava "tão ansioso e preocupado", afirmou, que dormia com um "mosquete carregado" ao seu lado.

Alexandre-Gui Pingré havia partido da França numa viagem marítima de um ano destinada a testar a precisão dos relógios marinhos, com a esperança de assistir ao trânsito no Haiti, e seu compatriota Chappe estava a caminho da Califórnia. William Wales, no forte Príncipe de Gales, na baía de Hudson, acordava todas as manhãs com a roupa de cama congelada e dura, enquanto a cabeceira ficava coberta "de camadas de gelo tão grossas quanto tábuas". Enquanto Wales via no pequeno copo de *brandy* o líquido ser transformado em gelo e os seus relógios paravam de funcionar por causa das temperaturas baixíssimas, o capitão Cook e sua tripulação navegavam na direção dos Mares do Sul. Com a organização da viagem do *Endeavour*, os britânicos se arriscavam na empreitada mais longínqua de todas, mas isso ainda não era o bastante para o ambicioso Nevil Maskelyne, que tentava montar mais uma expedição. Preocupado com o fato de que russos e suecos pudessem não ter enviado observadores suficientes, ele propôs (e continuou a fazê-lo) várias outras expedições ao norte, para Spitsbergen, Vardo e Cabo Norte. Como Vardo estaria coberta pelo padre jesuíta Maximilian Hell e Spitsbergen era muito distante,* a Royal Society decidiu despachar uma equipe para o Cabo Norte. No final de 1768, eles fizeram mais um "requerimento" ao Almirantado, solicitando um navio "para transportar os observadores". Maskelyne tinha em mente uma equipe perfeita: Charles Mason e Jeremiah Dixon, que haviam acabado de retornar de sua missão topográfica de cinco anos na América. Todavia, para surpresa de Maskelyne, Dixon foi o único a aceitar a indicação. Após oito anos viajando, Mason parecia precisar de descanso, ou de umas férias de seu colaborador mais próximo.** Dixon, por outro lado, não parecia gostar de permanecer por tanto tempo na Grã-Bretanha e mal podia esperar para embarcar em outra aventura. Alheio aos motivos, Maskelyne — que temia pela sorte da expedição — logo indicou seu assistente no observatório de Greenwich, William Bayley, para substituir Mason. A última viagem para o norte finalmente foi organizada.

A corrida no rasto de Vênus estava realmente começando.

---

* O tenaz Maskelyne não pretendia desistir de Spitsbergen, ilha remota que ficava oitocentos quilômetros mais ao norte do que o Cabo Norte. Ele perscrutava para a expedição no mais alto nível, falando inclusive com a mais alta patente do Almirantado. Por fim, acabou fracassando na tentativa de convencer a Royal Society. (16 de fevereiro e 2 de março de 1769, CMRS, v. vi, f. 14, 16)

** No fim das contas, a Royal Society acabaria enviando Mason à Irlanda, onde ele observaria o trânsito sozinho.

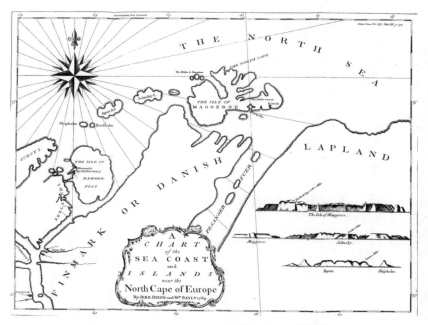

Mapa do norte da Noruega, com o Cabo Norte e Hammerfest, de onde Jeremiah Dixon e William Bayley veriam o trânsito

 Para leste: a expedição francesa, Le Gentil

Le Gentil estava novamente ao mar. Em maio de 1766, três anos antes do trânsito, ele navegou para Manila, nas Filipinas— mas, em vez de lá permanecer, recebeu ordens da academia de Paris para observar o trânsito em Pondicherry. Como sempre, o otimista astrônomo francês disse a si mesmo que olhasse o lado positivo da situação. Embora tivesse construído um observatório e feito todas as observações preparatórias em Manila, Le Gentil se convencera a ficar feliz com a mudança de planos. Ele não teria de lidar nunca mais com o voluntarioso governador espanhol de Manila, um homem que, Gentil pensava, teria levantado "obstáculos" em seu caminho. Pelo menos em Pondicherry, que os britânicos haviam devolvido aos franceses após a Guerra dos Sete Anos, ele poderia contar com a cooperação do governador francês, um velho conhecido seu.

Os caçadores de Vênus | 199

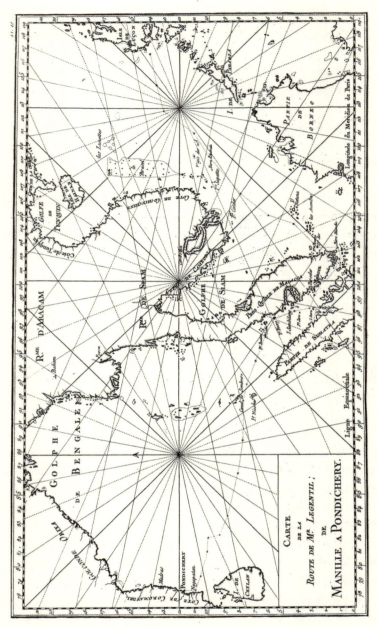

Mapa de Le Gentil, de sua rota de Manila a Pondicherry, passando pelo Estreito de Malaca

No início de fevereiro de 1768, Le Gentil saiu de Manila num navio português. Por ora, tudo parecia correr bem para o francês. Navegaram pelo mar da China em direção ao Estreito de Malaca, um canal apertado entre Malásia e Sumatra, que os introduziria no oceano Índico. O clima estava glorioso e Le Gentil se alegrava com a superfície espelhada da água, que, conforme escreveu em seu diário, era tão lisa quanto a de um "lago". No entanto, no mesmo instante em que ele elogiava as perfeitas condições de navegação, o vento soprou e o mar "rugiu". Com uma ilha de um lado e um banco de areia do outro, o navio corria risco de ser destruído. Para piorar as coisas, o capitão e o primeiro oficial tiveram uma briga tão grande sobre as respectivas competências de navegadores que acabaram se trancando nas suas cabines — "abandonando" o navio, conforme percebeu Le Gentil com nervosismo, "ao sabor do vento". Enquanto o navio flutuava sobre as ondas sem comandante, ele percorria o deque à procura de alguém que pudesse assumir o leme. Em pânico, Le Gentil se dirigiu ao timão: "Assumi aqui, pela primeira vez, o papel de piloto" — os muitos meses que ele tinha passado em navios acabaram servindo para alguma coisa e ele conduziu a embarcação em segurança.

O resto da viagem transcorreu sem grandes percalços. Houve apenas algumas tempestades, como reportou o inabalável Le Gentil. "Não poderia haver uma viagem mais feliz do que a nossa." No dia 27 de março de 1768, exatamente oito anos depois que partira da França para ver o primeiro trânsito, ele avistou Pondicherry. Ainda não eram seis horas da manhã e o clima estava espetacular. Com mais de um ano de antecedência, Le Gentil chegara ao seu destino com tempo bastante para construir o observatório e se preparar para Vênus.

Ele logo se apresentou ao governador francês e saiu com o engenheiro-chefe de Pondicherry, a fim de encontrar uma locação para o seu observatório, terminando por escolher as ruínas da fortaleza que tinha sido destruída pelos britânicos. O governador dava toda a assistência que podia e "sob seus auspícios", disse Le Gentil, "desfrutei, em Pondicherry, daquela paz adorável que constitui o esteio das musas". Os muros firmes de tijolo da fortaleza serviram de fundações robustas para o seu observatório. Nenhum vento ou tempestade seria capaz de sacudir os seus instrumentos. No prazo de dois meses, os pedreiros e carpinteiros construíram um prédio espaçoso, com uma ampla sala central de cinco metros quadrados e janelas de dois metros e meio de largura, que lhe permitiam utilizar com facilidade seus grandes telescópios. Ele tinha ainda diversos outros cômodos menores, que serviam como alojamentos — "Ali, eu ficava mais próximo do meu trabalho", declarou Le Gentil.

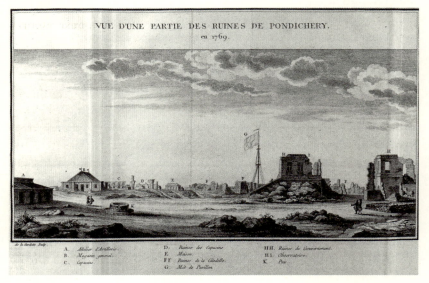

Panorama de Pondicherry e das ruínas posteriores ao cerco britânico. O observatório de Le Gentil é o prédio à direita do mastro da bandeira (indicado com H).

O fato de que estava vivendo e trabalhando em cima de uma cova que abrigava a quantidade assombrosa de quase 30 mil quilos de pólvora não parecia incomodar Le Gentil. Para um homem com o dom de atrair a má sorte onde quer que estivesse, ele se mostrava surpreendentemente alheio ao porão explosivo. Por mais perigoso que fosse, disse Le Gentil, tudo o que lhe importava era que tinha chegado a Pondicherry e que o céu estava limpo. Depois de anos de viagem e abandono, ele agora tinha tempo para limpar seu quadrante e seu relógio de forma apropriada. Com o fim das hostilidades, os ingleses também acabaram ajudando, e lhe enviaram de Madras um telescópio acromático novinho em folha. Le Gentil se deliciava com as noites claras e amenas de Pondicherry, tão perfeitas para as observações astronômicas que "superavam todas as expectativas". Ele observou um eclipse lunar, de modo a estabelecer a sua longitude, e finalmente ficou pronto. Sua peregrinação "de oceano em oceano, de costa em costa", ele declarou, tinha valido a pena — ou, pelo menos, era o que ele pensava.

 Para o norte: a expedição escandinava, Maximilian Hell

Do outro lado do globo, o padre jesuíta Maximilian Hell e seu assistente János Sajnovics lentamente se moviam em direção ao norte. Eles viajaram até Trondheim, para encontrar o botânico e alugar um barco até Vardo, ilha no extremo nordeste da Noruega. Durante a primeira parte da viagem, tiveram a companhia do irmão do Astrônomo Real da Dinamarca, mas ele os deixou em Helsingör, para cuidar de alguns negócios da família.* Eles cruzaram a Suécia e entraram na Noruega, e Sajnovics continuou a preencher o diário com comentários sobre a comida — eles beberam um chocolate quente delicioso e comeram a "mais magnífica" truta-arco-íris e morangos com creme, mas tomaram uma "sopa de vinho ruim".

---

* O astrônomo Peder Horrebow (irmão do Astrônomo Real da Dinamarca, Christian Horrebow) pretendia ver o trânsito em Tromso, no norte da Noruega, mas o mau tempo o impediu de chegar até lá. Por fim, ele acabou indo a Donnes — norte de Trondheim — mas não viu coisa nenhuma. (Peder Horrebow: 18 de agosto de 1769, Diário de Sajnovics, Littrow, 1835, p. 153; ver também Aspaas, p. 13-14)

Mapa do sul da Suécia, de Hell, mostrando a rota de
Helsingör até Göteburg, na direção de Oslo

Quanto mais eles avançavam para o norte, mais penosa ficava a jornada. Como Chappe em sua viagem à Sibéria para o primeiro trânsito, eles tiveram enormes dificuldades para transportar os equipamentos pesados pelas estradas acidentadas. Ao cruzar as montanhas, precisaram achar mais dez cavalos para puxar as carroças ladeira acima — para, em seguida, terem de batalhar para manter o controle nas descidas rápidas do caminho. Grandes pedras nas estradas estorvaram o seu avanço, um eixo quebrou e o seu percurso ficou lento e arrastado. Em alguns pontos, as estradas simplesmente desapareceram e eles tiveram de prosseguir por campos e pastagens. Quando chegaram a Oslo (na época, denominada de Christiania), o estrago das carroças era tão grande que eles precisaram adquirir outras novas, distribuindo a bagagem pesada entre cinco veículos robustos. As notícias sobre a sua estranha pretensão de observar o trânsito de Vênus se espalharam rapidamente e, quando partiram, "metade da população", observou Sajnovics, "correu atrás de nós durante meia hora".

Em seu caminho para Trondheim, eles viram montanhas cobertas de neve — o primeiro lembrete da paisagem gelada que em pouco tempo seria o seu lar. As visões devem ter sido muito impactantes, mas as estradas se tornaram cada vez piores. Mais uma vez, Sajnovics resmungou da comida. Sem tabernas ou estalagens, eles tiveram de comprar refeições "ruins" nas pequenas fazendas, ele reclamou, mas também logo descobriram que os padres locais eram mais "hospitaleiros". Algumas vezes, não conseguiram achar nada e foram para a cama famintos, o que não era tão terrível para o ascético Hell, no entanto, bastante problemático para o seu assistente *gourmand*.

Conforme o interior ficava mais montanhoso e isolado, os acidentes se tornavam mais frequentes. Chovia de modo incessante e eles não conseguiam enxergar as trilhas estreitas de jeito nenhum. Rodas e eixos se partiam com regularidade, e eles tinham de atravessar pequenas pontes precárias e deterioradas. Conduzindo-se às cegas em meio ao nevoeiro espesso, os astrônomos e suas carruagens corriam o risco permanente de despencar nos profundos precipícios que ladeavam os caminhos. Durante boa parte dessa jornada, Hell e Sajnovics caminharam atrás de seus coches.

Quando finalmente chegaram a Trondheim, estavam exaustos, embora a etapa mais pesada da expedição ainda estivesse por vir. O resto da viagem até Vardo seria em navio, ao longo da costa traiçoeira. Com a aproximação do outono, os ventos começavam a soprar e as tempestades a se anunciar. Navegar ao mar seria penoso e Hell decidiu, em vez disso, tomar uma rota, mais longa pelas enseadas pontiagudas da costa ocidental da Noruega, onde poderiam ancorar nas pequenas guaridas protegidas. Eles ainda tinham uma jornada extensa e fria pela frente.

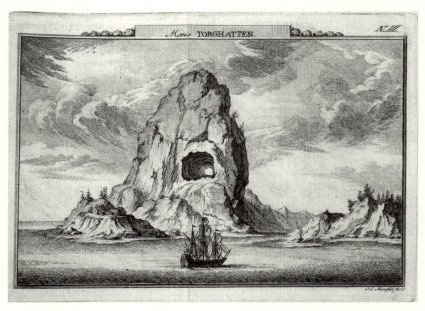

O navio de Hell navegando próximo à ilha de Torgatten, a caminho de Vardo

No final de agosto de 1768, Hell e sua pequena equipe navegaram para o Círculo Ártico. Foram acompanhados por cinco imensas baleias, que faziam uma majestosa exibição de mergulho nas águas cinzentas. De vez em quando, elas jorravam enormes jatos de água por seus respiradouros. Hell assistiu ao espetáculo fascinante à luz da longa noite de verão do norte. Pelas seis semanas seguintes, o navio realizou um bailado errático nas águas encrespadas. Ondas geladas batiam contra sua pequena cabine e, por várias vezes, eles temeram por suas vidas e instrumentos, preocupados com a perspectiva de serem "enterrados" no mar para sempre. Ainda observaram, com incredulidade, que os marinheiros se tornavam cada vez mais felizes, embora "o mar rugisse ferozmente à sua volta".

No dia 11 de outubro de 1768, eles chegaram à guarnição dinamarquesa de Vardo. Assim como Le Gentil em Pondicherry, logo saíram à cata de uma locação para o observatório. Instalaram-se no centro da pequena cidade, mas como a ilha tinha pouquíssima madeira, o comandante de Vardo recomendou-lhes enviar o barco ao continente para buscar os materiais de construção necessários. Em meio a tempestades de neve e temperaturas congelantes, levaram dois meses para erguer o observatório. A falta de madeira e o clima sombrio serviram para atrasá-los, embora nem tanto quanto os carpinteiros preguiçosos, como reclamou Hell.

O observatório em Vardo. Os alojamentos de Hell e Sajnovics ficavam à direita e a sala do observatório, com portinholas no telhado, ficava à esquerda.

Em meados de dezembro, quando o observatório ficou pronto, Hell e Sajnovics montaram seus instrumentos. Diversas portinholas no telhado e nas paredes lhes permitiram fazer observações de modo a estabelecer a sua longitude, mas ainda tiveram dificuldades com o mau tempo. Hell batalhou com o frio e a neblina praticamente ininterruptos. Ele não conseguiu ver nenhuma estrela, as provisões congelaram e explodiram seus recipientes, e, com o vento gelado soprando pelas janelas e paredes, dormir se tornou quase impossível.

As condições pioraram e Hell começou a temer que a sua pequena cabana pudesse ser carregada pelas tempestades ferozes que açoitavam toda a ilha. Em dezembro, a neve já tinha alcançado o telhado das casas, e era preciso acender as velas o dia inteiro. Sajnovics continuou a reclamar da comida, dizendo ao cozinheiro que não aguentava mais os "pratos noruegueses secos e impalatáveis". Contudo, apesar da dureza, eles também viveram momentos mágicos — as luzes do norte iluminando o céu com rodopios caleidoscópicos. Com um longo inverno à sua frente, os astrônomos não tinham muito a fazer além de olhar o céu, caçar pássaros e focas e esperar que Vênus marchasse diante do Sol no dia 3 de junho.

 Para o sul: expedição britânica, James Cook e o Endeavour

Enquanto a vida dos astrônomos do norte enfrentava uma calmaria congelada, o *Endeavour* navegava em pleno calor. Após certo enjoo inicial, os homens logo se adaptaram ao ritmo balançante das ondas. Durante a maior parte do tempo, o rico botânico Joseph Banks e seu *entourage* de naturalistas e pintores entretinham o resto da tripulação com suas curiosas obsessões por peixes e algas marinhas estranhos, que eles pegavam com as redes. Certa manhã, um peixe voador chegou a atravessar o postigo e a entrar na cabine de Charles Green. O astrônomo entregou o espécime a Banks, com todo cuidado, e voltou aos estudos. Ao longo dessas primeiras semanas de viagem, Green ensinou o método lunar de Maskelyne para determinar a longitude a James Cook e outros oficiais. Como observou Cook, ele era "infatigável ao fazer e calcular essas observações".

Conforme se aproximavam do equador, a tripulação foi ficando cada vez mais animada. Todos os dias, Green via o Sol ficar um pouco mais alto ao meio-dia, sinal de que logo estariam navegando no hemisfério sul. As temperaturas se elevavam e o ar ganhava mais peso com a umidade. Livros encapados de couro ficavam cobertos de mofo branco, navalhas eram inutilizadas e facas enferrujavam nos bolsos dos marujos. No dia 25 de outubro, exatamente dois meses após a partida de Plymouth, o *Endeavour* cruzou a linha do equador.

A tripulação realizou a famosa cerimônia de "mergulho" com aqueles que jamais tinham cruzado a linha — os virgens equinociais eram amarrados a um dispositivo de madeira e corda e, em seguida, eram baixados pelo lado do navio, para serem mergulhados três vezes na água enrodilhada.

No dia 14 de novembro de 1768, chegaram ao Rio de Janeiro (na época, sob domínio dos portugueses), vendo o contorno característico do Pão de Açúcar a se erguer na costa. Cook desejava armazenar suprimentos frescos para a próxima etapa da viagem e, como de praxe, dirigiu-se ao vice-rei português para proceder às formalidades necessárias. Para sua surpresa, o anfitrião não foi muito amigável: a tripulação foi obrigada a permanecer no navio, com soldados portugueses a remar em torno do *Endeavour*, a fim de garantir que ninguém saltasse.

Somente Cook — acompanhado de um guarda português armado — teve permissão de pisar em terra e comprar os alimentos e a água necessários. Ele tentou explicar que se tratava de uma missão científica, mas, como anotou de forma pessimista em seu diário de bordo, o vice-rei português "certamente não acreditou que o nosso caminho para o sul era destinado à observação do trânsito de Vênus". Era óbvio, ele disse a Cook, que eles eram espiões, contrabandistas ou mercadores. A observação do trânsito era, sem dúvida, "uma história inventada" para encobrir os verdadeiros propósitos da viagem. O vice-rei foi incapaz de compreender a importância do trânsito e achou a ideia tão absurda quanto a "passagem da Estrela do Norte pelo Polo Sul".

Estando praticamente aprisionados no *Endeavour*, Cook forçou a tripulação a um regime furioso de limpeza e reparos, apesar do calor insuportável do verão sul-americano. O *Endeavour* foi "colocado abaixo" e, como reclamou o botânico Banks numa carta à Royal Society, "nós mal conseguíamos andar". Os marinheiros subiam e desciam para refazer os cordames. O navio foi novamente calafetado, as velas foram costuradas, e todos os cantos e fendas foram esfregados. Todos se queixavam, mas Cook foi implacável, despejando as suas frustrações nas tábuas do *Endeavour*.

Banks também se tornava cada vez mais impaciente. Como proprietário rico, não estava acostumado aos maus-tratos. "Sou um cavalheiro e tenho fortuna", escreveu com indignação ao vice-rei. Ele tinha gasto uma grande soma de dinheiro para se integrar à viagem do *Endeavour* e estava arriscando a vida para coletar plantas. Esquadrinhando pelo telescópio, viu beija-flores pairando em flores estranhas e árvores exóticas carregadas de frutos. Tão perto, e ainda assim tão longe. Como escreveu a um amigo, Banks se sentia como "um francês envolto em roupa de cama, deitado entre duas de suas amantes, ambas nuas e empregando todos os meios possíveis para excitar o desejo".

Todos os dias, Banks e Cook bombardeavam o vice-rei com cartas, primeiro pleiteando e, em seguida, demonstrando cada vez mais raiva e frustração. Enquanto Cook se dedicava ao frenesi de limpeza, Banks "praguejava, xingava, desonrava, batia o pé", andando de um lado a outro do deque. Mas sem resultado. O vice-rei achava "impossível que o rei da Inglaterra fosse tão idiota a ponto de guarnecer um navio apenas para observar o trânsito de Vênus".

Aborrecidos, porém reabastecidos, eles partiram do Rio de Janeiro no começo de dezembro. Três semanas depois, comemoraram o Natal com uma dose extra de rum. Ao passo que Hell e Sajnovics se deliciaram com um puro chocolate quente no dia 25 de dezembro, em Vardo, os homens de Cook se divertiram numa festa um pouco mais despudorada, em que "todas as mãos ficaram indecentemente bêbadas", como reportou Banks. No entanto, o tempo quente logo mudou e as temperaturas caíram com rapidez. No Cabo Horn, que era temido por seus ventos voláteis e correntes traiçoeiras, o *Endeavour* foi atingido por vendavais de granizo. As ondas agitaram o navio de tal forma que as mobílias se deslocaram e toda a biblioteca de Banks foi derrubada dentro da cabine. Durante as noites, suas redes foram jogadas contra o teto e as paredes. Numa expedição de coleta de plantas mal planejada, na Terra do Fogo, no extremo sul do continente sul-americano, o desastre se deu quando alguns homens foram apanhados em terra por uma nevasca repentina e morreram.

O *Endeavour* na baía de Matavai

Enquanto navegavam na imensidão desconhecida do Pacífico Sul, Cook surpreendentemente conseguiu encontrar a ilha que o capitão Samuel Wallis tinha descrito no verão anterior. No dia 13 de abril de 1769, oito meses após a sua partida da Inglaterra, o *Endeavour* chegou ao Taiti.* Ao longe, eles viram os picos das montanhas surgindo no mar e, quando ancoraram na baía de Matavai, que era ornada com praias negras, os nativos os saudaram amigavelmente. A tripulação do *Endeavour* caminhou sob a sombra de palmeiras e árvores carregadas de coco e fruta-pão. Eles chamaram aquilo de "o retrato mais verdadeiro de uma Arcádia da qual seremos os reis".

Imediatamente, Cook ordenou que cinquenta de seus homens cavassem trincheiras e muralhas, e também derrubassem árvores a fim de construir um forte "para a defesa do observatório", na borda

---

* O *Endeavour* foi apenas o terceiro navio europeu a chegar ao Taiti — o *Dolphin*, sob o comando do capitão Samuel Wallis tinha sido o primeiro, em junho de 1767, seguido de perto pelo capitão francês Louis-Antoine de Bougainville, em abril de 1768.

norte da baía de Matavai. Um lado do forte era bordejado pelo rio, enquanto os outros lados eram protegidos por uma cerca alta. Dentro do complexo, havia diversas tendas: uma que funcionava como o observatório (encimado por uma bandeira britânica), uma para a cozinha e outra para os guardas, entre outras. Cook ainda instalou armas giratórias e canhões. Eles o batizaram de Forte Vênus, em homenagem à sua missão. Na ilha margeada de palmeiras, pontilhada por bosques e arvoredos e pequenas cabanas abertas, as barricadas europeias que cercavam o forte devem ter parecido totalmente fora do lugar.

Forte Vênus. A tenda do observatório é a estrutura redonda no meio, com a bandeira.

Apesar do trabalho de construção, os homens ainda encontraram tempo para aproveitar aquele idílio bucólico e degustar os prazeres do amor livre e das fêmeas "robustas". De modo explícito, as mulheres da ilha mostravam o seu desejo de compartilhar as esteiras de dormir com os marinheiros, embora Banks reclamasse que as cabanas abertas impediam que eles "fizessem uso das boas maneiras".

No dia 28 de abril, enquanto Cook ordenava que o observatório pré-fabricado fosse carregado do *Endeavour* para o forte, de forma coincidente, mas perfeitamente simétrica, do outro lado do globo, o ex-assistente de Maskelyne, William Bayley, erguia o seu próprio observatório na rocha inóspita do Cabo Norte.* Três dias depois, em 1º de maio, Cook e o astrônomo Charles Green começaram a trazer os instrumentos para terra firme, mas se deram conta, na manhã seguinte, de que faltava um grande quadrante. Com o guarda postado a uma distância de apenas cinco metros, parecia impossível que alguém pudesse ter roubado o equipamento durante a noite, mas o fato é que ele tinha desaparecido.

Eles esquadrinharam cada canto do Forte Vênus e do *Endeavour*. Sem o quadrante, a expedição seria inútil. Green não seria capaz de medir a altitude do Sol, que era necessária para ajustar o relógio (e para calcular a longitude). Também não conseguiria determinar a altitude dos planetas, luas e satélites, necessária para definir a latitude. A observação do trânsito de Vênus só teria utilidade se fosse cotejada com a posição geográfica precisa do observador — portanto, o quadrante era essencial para o sucesso da viagem.

Cook se mortificou com a suspeita de que algum dos taitianos tivesse apanhado o quadrante. Não era a primeira vez que furtavam. Eles levavam "qualquer coisa que estivesse solta no navio", facas, caixas de rapé e até mesmo as vidraças das portinholas. Nisso, falou Cook, eles eram "prodigiosos". Banks observou que os taitianos acreditavam que, ao pegar alguma coisa, "ela logo se tornava sua".

Cook não tinha navegado pelo mundo, atravessando tempestades e mares perigosos, para fracassar desse jeito. Eles haviam suportado muita coisa para serem derrotados por um ladrão. Com o desaparecimento do quadrante, Cook descartou sua própria determinação de tratar os taitianos com "toda a humanidade imaginável" e ordenou que algumas "pessoas de princípio" fossem trancafiadas até que o

---

* No mesmo dia, a expedição de Hell em Vardo quase chegou a um fim prematuro, pois algumas balas perdidas (um grupo de jovens do local estava caçando pássaros nas cercanias) entraram pelas janelas do observatório, e por pouco não o atingiram. (28 de abril de 1769, Diário de Sajnovics, Littrow, 1835, p. 136)

precioso instrumento fosse encontrado. Enquanto Cook interrogava os prisioneiros, Green, Banks e o guarda-marinha percorriam a ilha. Banks, que havia sido o negociador-chefe desde a chegada, fez uso de seus contatos e descobriu que um de seus novos conhecidos taitianos conhecia o culpado. Eles foram de cabana em cabana, perguntando e bajulando. No final da tarde, e a uns dez quilômetros do forte, eles finalmente descobriram a pessoa que tinha levado o quadrante.

Após alguma discussão (e a exibição das pistolas que haviam trazido), Banks e Green convenceram os taitianos a devolver os bens roubados. Green assistia horrorizado à entrega das partes, uma depois da outra: os ilhéus haviam desmontado o delicado instrumento para dividi-lo entre si. Depois de examinar as peças, Green ficou aliviado ao ver que não parecia ter acontecido nenhum estrago maior. Eles embalaram o quadrante numa caixa forrada de capim, antes de iniciar a longa caminhada de volta. Quando chegaram ao Forte Vênus, já estava escuro. Aquele tinha sido um dia longo, quente e cansativo — eles estavam exaustos, porém, triunfantes. Tudo de que necessitavam para as observações do trânsito estava no lugar. Só precisariam guardar os instrumentos com muito cuidado durante mais um mês.

Música e dança no Taiti, inclusive um homem tocando flauta com as narinas.

Para oeste: expedição francesa, Chappe d'Auteroche

Em meados de setembro de 1768, Chappe d'Auteroche saiu de Paris rumo à Califórnia. Não seria uma jornada fácil. A passagem tormentosa entre Le Havre, na França, e a Espanha demorou duas vezes mais do que o esperado e, desde a chegada a Cádiz, Chappe enfrentou um longo cabo de guerra burocrático com as autoridades espanholas, que não tinham providenciado os passaportes de seus assistentes. Sem os papéis, eles não teriam autorização sequer para pisar no deque no navio espanhol que os levaria até Veracruz, no México. Para piorar, disseram a Chappe que ele só poderia levar um único instrumento, determinação que teria tornado impossível a observação do trânsito.

A parte principal da longa jornada ainda estava por vir: cruzar o oceano, de Cádiz a Veracruz, na costa leste do México, e depois mais 1.300 quilômetros no lombo dos cavalos, atravessando o país até a cidade de San Blas, e finalmente a segunda viagem marítima até a Baixa Califórnia, um cabo de cerca de oitocentos quilômetros situado entre o oceano Pacífico e o Golfo da Califórnia. Já tinham ocorrido tantas demoras, escreveu Chappe em seu diário, com seus típicos floreios, "que por mais de mil vezes cheguei a me desesperar para chegar à Califórnia a tempo".

Ele implorou ao governador de Cádiz para ajudar, mas ouviu que teria de fazer a solicitação diretamente à Corte Espanhola, em Madri. Mensageiros foram despachados e Chappe ficou esperando, impacientemente, durante semanas. Embora o rei da Espanha tivesse lhe dado permissão de ver o trânsito em seus territórios da América, ainda havia inúmeras formalidades envolvidas. O tempo voava. "Se tivermos de esperar mais", Chappe se queixou, será "moralmente impossível" chegar à Califórnia para o trânsito. Fazendo uso de todos os conhecimentos e conexões oficiais que possuía, Chappe escreveu cartas para requerer novos passaportes e solicitar permissão de embarcar no primeiro navio — "seja qual for" — a caminho de Veracruz. Para sua surpresa, a Corte em Madri logo aquiesceu e as ordens foram dadas para "rapidamente disponibilizar" um pequeno navio para o propósito. Assim que os instrumentos foram embarcados, eles puderam partir. Era o dia 21 de dezembro de 1768, e dois longos meses tinham se passado desde a chegada de Chappe.

O navio era pequenino — Chappe, seu *entourage* e os observadores espanhóis Vicente de Doz e Salvador de Medina cruzariam o inverno rigoroso do Atlântico num barco cuja tripulação era de apenas doze pessoas. Chappe sentiu que o navio de pouco peso flutuava no mar como uma "pequena casca de noz", mas não deu importância. Embora ele tivesse sido advertido quanto à "fragilidade da embarcação", declarou vivamente que aquilo seria uma vantagem — o tamanho a tornava ligeira e, a seus olhos, mais rápida do que "o melhor navio" de toda a frota espanhola. Como Cádiz desaparecia no horizonte e o vento os carregava na direção de seu destino, Chappe sentiu "naquele instante, um sopro de alegria".

Apesar do deleite inicial, o tédio da viagem marítima logo demonstrou ser excessivo para ele. Durante os longos dias, o jovial francês se entretinha calculando a longitude, de acordo com o método lunar de Maskelyne, embora considerasse esses cálculos muito "enfadonhos". Maskelyne podia gostar da repetição e da ordem cadenciadas, mas Chappe, com seu pendor para o exagero e a aventura, se aborrecia com facilidade. As viagens marítimas, como ele mesmo resmungava, eram simplesmente muito "cansativas e uniformes". Enquanto outros astrônomos ficavam felizes por se concentrar em suas observações, ele preferia mergulhar no mundo colorido da sua imaginação. Sem ter nenhuma aventura ou ataque pirata para reportar, ele se distraía sonhando mais "de mil vezes" com Cristóvão Colombo e suas audaciosas explorações. Chappe contava os dias para pisar em terra firme outra vez.

Eles levaram 77 dias para chegar a Veracruz, na costa leste do México. Sentindo-se aliviado por ter sobrevivido à viagem marítima, a euforia inicial de Chappe logo deu lugar ao pânico com a chegada de um furacão, que durou três dias. Sem a sua preciosa bagagem, que ficara a bordo do navio, Chappe aguardou em terra pelos "instrumentos, com a maior ansiedade". Se estivessem danificados, ele teria viajado metade do globo em vão.

Quando a calma retornou, com seus telescópios e relógios a salvo, Chappe organizou a etapa seguinte da jornada. Eles ainda precisariam cruzar o país montanhoso para alcançar San Blas, na costa oeste do México, e dali navegar até a Baixa Califórnia.*

Tudo foi embalado outra vez em pequenos embrulhos, de modo que os instrumentos pesados pudessem ser transportados pelas mulas. Seu avanço por uma região conhecida pela presença de "bandidos" assassinos foi dolorosamente lento. As estradas eram "assustadoras", o calor, "excessivo" e as mulas praticamente não se moviam. Eles passaram por trilhas montanhosas tão estreitas que os instrumentos maiores, atados aos animais, balançavam precariamente sobre os precipícios. A comida local era espantosa, reclamava Chappe, tão quente e condimentada que se tornava intragável, "especialmente para um francês". Mais uma vez, se distraiu tomando notas sobre as mulheres, que, num determinado povoado, andavam seminuas e exibiam "um pescoço pavoroso". As mulheres no México, concluiu o competente especialista, não eram "figuras muito agradáveis". Ele voltara a se divertir.

Chappe montara no lombo de um cavalo — trocando o conforto pela velocidade —, mas seus colegas espanhóis atrasavam a viagem, ao fazê-la numa carruagem. Por mais que Chappe se adiantasse, acabava tendo de esperar por eles. Segundo as ordens do rei Carlos III, eles deveriam vigiar cada um dos seus passos. Em nenhuma circunstância, diziam as instruções dadas a Doz e Medina, poderiam perder de vista o astrônomo francês. A atmosfera era tensa e eles falavam pouco — a equipe de Chappe se manteve reservada a maior parte do tempo.

Finalmente, chegaram a San Blas no dia 15 de abril, mas os espanhóis continuaram a atrasá-los. Embora Chappe estivesse pronto para partir imediatamente, Doz e Medina perdiam tempo coletando a madeira necessária para a montagem de um grande observatório. Chappe observou com certa indignação que tinha trazido apenas o

---

* A primeira parte da jornada percorreu a mesma rota do conquistador espanhol Hernán Cortés, feita exatamente 250 anos antes, quando ele comandou a expedição que destruiu o império asteca.

material suficiente "para fazer uma tenda, e uma grande viga de cedro para pendurar o meu relógio".

Os problemas não diminuíram. A passagem de San Blas à Baixa Califórnia foi dificultada ora por ventos contrários, ora por calmarias. Eles navegaram muito mais devagar do que o esperado, e acabaram ficando sem alimentos e água. Chappe "começou a se desesperar" e a se preparar para a "mais cruel decepção". Em meados de maio de 1769, quando os demais astrônomos, do Círculo Ártico aos Mares do Sul, da Índia aos cantos remotos do império russo, já estavam todos instalados em seus observatórios temporários, Chappe ainda não havia chegado. Mas ele estava determinado a pousar no primeiro lugar que conseguissem alcançar.

"Eu pouco me importava se era desabitado ou deserto, desde que pudesse fazer a minha observação", ele insistiu, mas seus colegas espanhóis se recusaram a desembarcar. Chappe andou de um lado a outro do deque do pequeno navio. E argumentou por sua vida, sua carreira e o futuro da astronomia. O astrônomo impaciente reconheceu que aquele não era o melhor lugar para pousar. A ondulação era forte e os ventos, contrários. Os espanhóis temiam que o navio fosse esmagado e sugeriram continuar por mais uns setenta quilômetros, a fim de achar um ancoradouro mais seguro. De modo arrebatado, Chappe alegou que aquilo levaria vários dias. Eles teriam de virar de bordo contra o vento e as correntes. De qualquer maneira, ele tinha certeza de que o rei da Espanha "preferiria perder um pequeno navio desprezível a do que os frutos de uma expedição tão importante". Chappe não pretendia desistir, estando tão perto do seu destino. Apelando para a virilidade e o orgulho dos espanhóis, tentou mais uma vez, insinuando que outros haviam pousado ali anteriormente, com sucesso.

Depois de passar horas se recusando a aceitar qualquer outra opinião, acabou convencendo os colegas. Por ora, a fúria de Chappe parecia encobrir os perigos do mar revolto. Uma vez que a decisão tinha sido tomada, o capitão virou a embarcação e rumou para a costa. Conforme se aproximavam, um novo vendaval os arrastou para as rochas e os espanhóis se arrependeram de ter dado ouvidos a Chappe, culpando-o por suas mortes iminentes.

A única maneira de atracar seria levar os instrumentos e a bagagem de bote até a costa. O pequeno barco aberto oscilou nas ondas, que bateram contra eles, que ficaram ensopados, assim como os baús. As roupas secariam, alguns instrumentos também, mas se o relógio de pêndulo e os telescópios se molhassem, Chappe não teria condições de medir o percurso de Vênus. Sem os instrumentos, não teria importância chegar ou não a tempo. Quando foi a vez de Chappe sair do navio, ele embrulhou seu precioso relógio e se sentou em cima dele "para mantê-lo seco". Uma infindável investida de ondas voluntariosas cobriu o bote, provocando na superfície da água um torvelinho de espuma branca. Ele ouviu o "rugido medonho" das ondas batendo contra as rochas e o litoral. Os marinheiros remaram com "todo o vigor" e Chappe observou os seus braços fortes lutando contra a força do mar, com a certeza de que eles não o venceriam.

14
O dia do trânsito, 3 de junho de 1769

CHEGARA FINALMENTE O DIA DO SEGUNDO TRÂNSITO. Em todo o mundo, os astrônomos aguardavam a aparição de Vênus. Le Gentil tinha vivido por mais de um ano em Pondicherry, preparando-se para o grande dia; William Wales encontrava-se na baía de Hudson desde o verão anterior; Cook e a tripulação do *Endeavour* estavam no Taiti; o assistente de Maskelyne, William Bayley, chegara ao Cabo Norte no dia 28 de abril e Jeremiah Dixon se aproximara de Hammerfest no dia 7 de maio.*
Com mais de oitenta observadores em trinta estações de observação na Grã-Bretanha e dezesseis no exterior (sem contar as colônias norte-americanas), os britânicos estavam claramente à frente, seguidos pelos franceses, com quase cinquenta astrônomos em dezoito locações na França e cinco no ultramar.

Havia astrônomos em nove cidades alemãs e observadores holandeses posicionados em Leiden. Os suecos também estavam preparados. Pehr Wilhelm Wargentin havia recrutado 21 observadores em nove locações na Suécia e na Lapônia. Anders Planman estava instalado em segurança, no seu observatório de Kajana, e Fredrik Mallet — apesar das condições do inverno rigoroso e do seu mau humor — tinha conseguido chegar a Pello no dia 12 de maio, atrasado, mas a tempo.

Dezoito astrônomos estavam estacionados em dez locações no solo russo. Lá, os astrônomos da Alemanha desempenharam papel de destaque: um chegou a Orenburg, em meados de março, e outro alcançou Orsk, onde havia feito a sua primeira observação astronômica,

---
* Tinha ficado decidido que Bayley e Dixon iriam se dividir assim que chegassem ao Círculo Ártico, a fim de aumentar as chances de pelo menos uma observação bem-sucedida. A chegada de Dixon causou muita confusão. Quando sua fragata ancorou em Hammerfest, os habitantes temeram que os britânicos tivessem vindo com intenções militares, trazendo "destruição para o seu país", mas Dixon os convenceu de que a missão era pacífica. (Acerbi, 1802, v. 2, p. 117)

no dia 9 de abril. Georg Moritz Lowitz, o astrônomo de Göttingen que viajava com o filho pequeno para Guryev, no mar Cáspio, quase não chegou a seu destino, correndo contra o degelo e cruzando rios cobertos por finas camadas de gelo que flutuavam. Duas semanas antes do trânsito, Lowitz decidira que seu *entourage* e seus instrumentos o estavam atrasando e seguiu em frente com rapidez, para construir o observatório enquanto a equipe prosseguia em ritmo mais lento. Naquele mesmo dia, o astrônomo alemão e padre jesuíta Christian Mayer entrou, pela primeira vez, no observatório de São Petersburgo, onde veria o trânsito. Tendo sido recomendado para a academia russa por Jérôme Lalande, Mayer deixara sua casa em Mannheim, no dia 3 de março, apressando-se para chegar a São Petersburgo.* Os astrônomos suíços de Genebra, assim como o russo Stepan Rumovsky, também haviam alcançado as respectivas estações de observação, na península de Kola. Até mesmo o observador que percorreu todo o caminho até Yakutsk também chegou a tempo para o trânsito.

No continente norte-americano, 47 observadores aguardavam a aparição de Vênus — do administrador local de uma mina perto da Cidade do México ao "Inspetor Geral de Terras do Distrito do Norte", em Quebec. Mais de trinta observadores se espalharam em doze locações ao longo da Costa Leste, inclusive John Winthrop, em Cambridge. Finalmente, em meados de março, "após muita demora e dificuldade", Benjamin Franklin despachou de Londres os instrumentos de Winthrop, e a Sociedade Americana de Filosofia, na Filadélfia, recebeu seus telescópios alguns dias antes do trânsito.

Até mesmo Chappe e sua equipe conseguiram chegar. Quando alcançaram o extremo sul da Baixa Califórnia, no dia 19 de maio, tinham poucas esperanças de uma observação do trânsito bem-sucedida. Milagrosamente, sobreviveram à sua chegada perigosa sem danificar nenhum instrumento. Encontraram abrigo na missão próxima

---

* Mayer teve de fazer um enorme desvio por Amsterdã, para apanhar os instrumentos que havia encomendado na Inglaterra. Lalande dissera a Mayer para ir à Rússia, mas esquecera-se de avisar a academia em São Petersburgo. Quando um jornal holandês reportou que Mayer estava viajando para lá, os membros da academia russa ficaram bastante surpresos e acharam o comportamento de Lalande "um tanto estranho", mas se deliciaram com a notícia. (Johann Albrecht Euler a Jean Henri Samuel Formey, 24 de março, 4 de abril de 1769, em Moutchnik 2006, p. 194)

de San José del Cabo, uma comunidade que fora devastada por um surto de doença epidêmica — tifo, que já havia vitimado um terço da população. Como era de se esperar, os observadores espanhóis temeram por suas vidas e sugeriram que continuassem a jornada terrestre, mas não havia argumentos com Chappe, que preferia arriscar a vida a perder o trânsito. E "não se mexeria de San Joseph", fossem quais fossem as consequências. Ele estava pronto para Vênus.

No dia 3 de junho de 1769, à medida que cada uma das locações emergia da noite para o dia, astrônomos e amadores em todo o mundo se preparavam. Era o último trânsito a que qualquer um deles teria oportunidade de assistir.

 O Sul: a expedição britânica, James Cook e o Endeavour, Taiti

A tripulação do *Endeavour* estava nervosa. Desde a chegada ao Taiti, em meados de abril, o céu tinha estado encoberto a maior parte do tempo, o que "deixava todos um pouco ansiosos pelo sucesso", preocupava. Com a proximidade do dia do trânsito, o clima melhorou, embora houvesse ainda um grande número de nuvens no céu. James Cook decidiu despachar duas equipes para as ilhas vizinhas, para que fizessem observações adicionais, "com receio de que pudéssemos fracassar aqui".

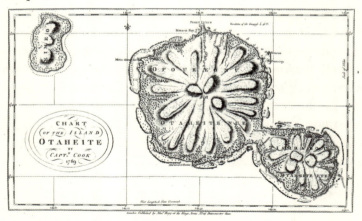

Mapa do Taiti mostrando o "Ponto Vênus" no topo

Nos dias que antecederam o trânsito, Cook e o astrônomo Charles Green estiveram "bastante ocupados", preparando seus instrumentos e instruindo as equipes que iriam observar o trânsito nas outras ilhas. Telescópios foram testados, lentes polidas e relógios conferidos pela última vez. No dia 1º de junho, a primeira equipe deixou a baía de Matavai e, no dia seguinte, a segunda fez o mesmo, com seus barcos carregados de equipamentos e suas cabeças cheias das instruções de Green. No Forte Vênus, um Green apreensivo continuou a esquadrinhar os próprios instrumentos. Com o aumento da expectativa, os homens trabalharam lado a lado em silêncio, "todos ansiosos pelo dia de amanhã".

Então, quando raiou o sol no dia 3 de junho, Cook e sua tripulação acordaram com o céu claro. Mal puderam acreditar em tamanha sorte: não havia uma única nuvem. "O dia", escreveu Cook em seu diário, "mostrou-se mais favorável do que podíamos desejar". Quando ele, Green e o botânico do *Endeavour*, Daniel Solander (que fora encarregado de manejar o terceiro telescópio no Forte Vênus), se sentaram diante dos seus instrumentos, não puderam fazer mais nada além de aguardar que Vênus penetrasse no disco solar. Cook dera ordens às sentinelas para que vigiassem o forte, de modo que nenhum taitiano "pudesse perturbar a observação". Cada minuto que passava aumentava a tensão. Ninguém pronunciava uma só palavra.

Green foi o primeiro a ver alguma coisa — às 9h21m45, ele notou uma luz na borda do Sol. Cinco segundos depois, Cook detectou a "primeira aparição visível de ♀",[*] mas Green levou outros dez segundos para ter certeza de que estava realmente vendo Vênus. Solander ainda não estava seguro. Como os astrônomos durante o primeiro trânsito, os três homens estavam batalhando para determinar o momento exato da entrada. Solander notou uma "névoa tremeluzente" e Cook certa "ondulação". A cronometragem perfeita, escreveu Cook, era "muito difícil de julgar".

---

[*] O símbolo ♀ era o signo de Vênus.

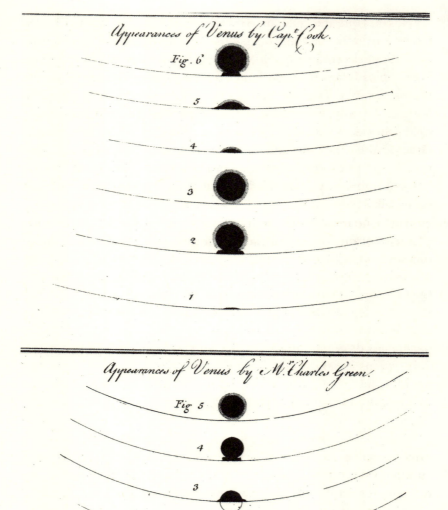

Desenhos feitos por James Cook e Charles Green, ilustrando o anel luminoso em volta de Vênus e o efeito gota negra, conforme foi visto no Taiti

Edmond Halley (1656-1742), astrônomo britânico. Foi o primeiro a desenvolver a ideia de usar as observações do trânsito para calcular a distância entre o Sol e a Terra.

Joseph-Nicolas Delisle (1658-1768) aceitou o desafio de Halley e encorajou os colegas internacionais a contribuir para o projeto do trânsito. Morreu antes do segundo trânsito.

Alexandre-Gui Pingré (1711-96) viajou em nome da Académie des Sciences para assistir ao primeiro trânsito nas ilhas Rodrigues, no oceano Índico, e observou o segundo trânsito no Haiti.

O astrônomo britânico Nevil Maskelyne (1732-1811) foi para a remota ilha de Santa Helena em 1761 e se tornou a força motriz do esforço global de observação do trânsito em 1769.

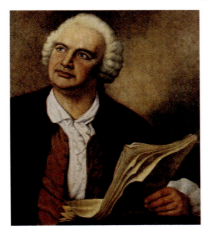

O cientista russo Mikhail Lomonosov (1711-65) observou o primeiro trânsito em São Petersburgo e brigou pelas observações do trânsito com o colega alemão Franz Aepinus.

O astrônomo francês Jean-Baptiste Chappe d'Auteroche (1722-69) observou o primeiro trânsito na Sibéria e o segundo na Baixa Califórnia.

O cientista sueco Pehr Wilhelm Wargentin (1717-83) foi a principal liderança nas observações suecas de 1761 e 1769.

Catarina, a Grande (1729-96) ordenou oito expedições em todos os cantos do império russo para observar o segundo trânsito, em 1769.

James Cook (1728-79) navegou até o Taiti com o antigo assistente de Maskelyne, Charles Green, a fim de observar o trânsito de 1769 no hemisfério sul. Ele foi não só o capitão do navio *Endeavour*, mas também recebeu pagamento da Royal Society como observador.

O padre jesuíta Maximilian Hell (1720-92) — aqui vestido com roupas sami — observou o primeiro trânsito em Viena e viajou até Vardo, na Noruega, para o segundo trânsito. Observe-se o desenho do observatório ao fundo.

Durante a sua estada em Londres, Benjamin Franklin (1706-90) auxiliou os companheiros colonos a organizar as observações do segundo trânsito na América do Norte.

O astrônomo norte-americano David Rittenhouse (1732-96) construiu os próprios instrumentos e observou o segundo trânsito em seu observatório de Norriton, próximo à Filadélfia.

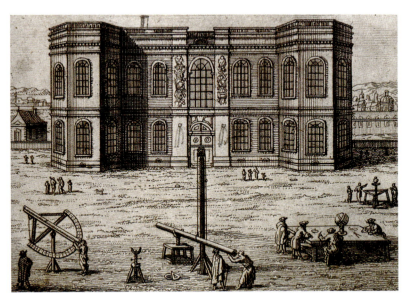

Observatório Real de Paris e a área descoberta, onde experiências eram feitas com instrumentos astronômicos e científicos.

Este é um dos cinco relógios feitos por John Shelton para a Royal Society, para as expedições. Eles foram utilizados pelos astrônomos para asseverar os horários precisos em que Vênus entrou e saiu do Sol, mas também foram importantes para o cálculo das posições geográficas exatas.

Este telescópio refletor foi feito pelo famoso fabricante James Short e é um dos muitos que foram encomendados pelos astrônomos de todo o mundo para as observações do trânsito.

Este quadrante astronômico portátil de trinta centímetros foi feito pelo fabricante londrino John Bird para as expedições organizadas pela Royal Society. O quadrante que os taitianos roubaram era exatamente igual a este modelo.

Resolutos, Cook e Green continuaram suas observações. Durante essas horas, a temperatura se elevou a penosos 48°C. Eles se queixaram que o calor se tornara "insuportável". Então, logo após as três horas da tarde, com o céu ainda limpo, sem nenhuma nuvem e sem sinal de brisa, esperaram pela saída. Enquanto Vênus e o Sol se separavam lentamente, Cook e Green anotaram os horários, mas os dois astrônomos se distanciaram em doze segundos. Vênus tinha se demorado, "o que, é claro", como escreveu Cook, tornava a cronometragem "um pouco duvidosa".

As discrepâncias entre os horários de ambos e de Solander poderiam ser explicadas pelas diferentes potências de aumento dos telescópios, embora Green e Cook tivessem utilizado o mesmo modelo. As outras duas equipes se depararam com problemas semelhantes, conforme reportaram ao retornar. No entanto, apesar desses contratempos, todos tinham esperanças de que a Royal Society ficaria satisfeita com os resultados. As condições climáticas tinham sido perfeitas e a hesitação de Vênus não fora sua culpa. Eles fizeram todo o possível.*

 O Ocidente: a expedição francesa, Chappe d'Auteroche, San José del Cabo, Baixa Califórnia

Na Califórnia, o Sol também foi agraciado com um céu azul. Desde a sua chegada, duas semanas antes, Chappe d'Auteroche e sua equipe trabalharam com ritmo frenético para se preparar. Certificou-se: "ainda tenho bastante tempo." Percebendo que poderia conseguir, ele "sentiu uma torrente de alegria e satisfação", como declarou com sua gabolice usual, "que é impossível expressar". Um grande celeiro na missão de San José del Cabo tornou-se seu

---

* Enquanto isso, outros membros da tripulação do *Endeavour* estavam menos interessados na natureza astronômica da sua expedição. Alguns aproveitaram o momento do trânsito para fazer uma incursão nos depósitos. O botânico Joseph Banks, que tinha acompanhado uma das equipes de observadores à ilha vizinha, foi fazer pesquisa (além de mostrar aos taitianos que os astrônomos estavam interessados em um pequeno ponto negro que cruzava o Sol). Ele comemorou o sucesso seduzindo três "belas garotas" que, conforme ele se deleitou ao descobrir, "com pequena persuasão" concordaram em dormir na sua barraca. (3 de junho de 1769, Diário de Banks e 4 de junho de 1769, Diário de Cook)

observatório temporário (Doz e Medina construíram um observatório próprio). De modo apressado, Chappe ordenou que metade do telhado fosse removida para que pudessem apontar os seus telescópios para o céu. Após a sua chegada atrasada, ele montou os instrumentos "como estavam", porque não havia tempo para ajustá-los — mas ficou feliz porque todos chegaram em bom estado.

Durante os dias que antecederam o trânsito, enquanto os astrônomos preparavam os seus observatórios improvisados, a população de San José sucumbiu ao tifo numa proporção alarmante. Ao passo que a tripulação de Cook ouvia música taitiana do Pacífico Sul, Chappe não escutava nada além dos "gemidos" dos habitantes infectados. Todavia, com a determinação de um homem que estava preparado para morrer em busca do conhecimento, ele "não ligava para nada" além do trânsito. Acontecesse o que acontecesse, Chappe observaria o percurso de Vênus.

No dia 3 de junho, quando acordou, observou: "o tempo me favoreceu da melhor forma possível." Ele esperava pela aparição de Vênus ao meio-dia e, assim, passou a manhã dedicado aos últimos preparativos. Durante a viagem oceânica de Cádiz ao México, ele havia escrito instruções para o dia do trânsito. Prendeu a longa lista na parede — "para que eu pudesse recordar, a cada momento, o que deveria fazer ou esperar". Ele trouxe os últimos telescópios acromáticos de Londres e fixou o relógio numa viga de cedro, que enterrou a mais de meio metro da superfície, para dar-lhe a maior estabilidade possível. Com uma precisão afetada, Chappe ainda embalou o relógio numa caixa, que depois cobriu com papel, a fim de proteger o delicado mecanismo do vento e da poeira. Todos conhecem suas funções: Chappe faria a observação, seu criado contaria os minutos e segundos, o engenheiro anotaria os horários e o relojoeiro daria assistência com os instrumentos.

Assim, faltando apenas alguns segundos para o meio-dia, Vênus se moveu lentamente para a borda do Sol. Tal qual Cook e Green, Chappe percebeu que Vênus pareceu se deter por um instante na borda do Sol, "separando-se com dificuldade". O efeito gota negra, que os astrônomos já haviam detectado em 1761, atrapalhou os horários mais uma vez. Nas horas que se seguiram, Chappe mediu e observou. Tudo saía como o planejado. Ele cronometrou a saída interna às 17h54m50s, e dezoito minutos mais tarde, a saída externa; então, o ponto negro finalmente desapareceu e o trânsito chegou ao fim. Olhando para a sua longa lista de horários e mensurações, Chappe mal conseguiu acreditar na própria sorte. "Tive a oportunidade de fazer uma observação completa", ele registrou.

Essa seria a última frase que ele escreveria no diário.

 O norte: a expedição escandinava, Maximiliam Hell, Vardo, Círculo Ártico

Vardo estava coberta por uma grossa camada branca. Algumas semanas antes, uma nova tempestade despejara ainda mais neve sobre a pequena ilha, mas, pelo menos os longos meses de escuridão do inverno tinham terminado. Maximilian Hell e seu assistente János Sajnovics tinham vivido uma vida de reclusão desde a chegada, em meados de outubro. Apenas uma única vez, cartas enviadas de Copenhague foram entregues, embora, estranhamente, eles estivessem mais bem-informados sobre o progresso de alguns de seus companheiros astrônomos do que seus colegas das sociedades científicas de Londres ou Paris. Somente três semanas antes do trânsito, um capitão norueguês trouxe notícias de que Jeremiah Dixon e William Bayley estavam se preparando para o trânsito em Hammerfest e no Cabo Norte. Dois dias depois, em 14 de maio, a tripulação de outro navio contou a eles que um dos observadores russos tinha morrido em Kildin, uma pequena ilha ao norte da península de Kola, no mar de Barents.*

---

* O astrônomo russo Ochtenski foi o primeiro astrônomo do trânsito a morrer por Vênus, mas não se sabe nada sobre as circunstâncias de sua morte. Ele era assistente de Stepan Rumovsky, que o despachou para Kildin.

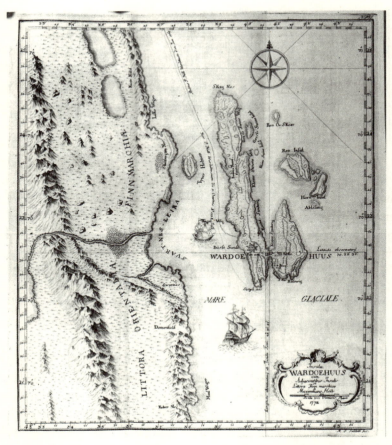

Mapa de Vardo feito por Hell, com as precisas longitude e latitude do observatório

Entristecidos com a notícia da morte de um de seus companheiros astrônomos do trânsito, mas esperançosos com o sucesso de Dixon e Bayley, Hell e Sajnovics se voltaram para os próprios preparativos. No dia 2 de junho, promoveram uma checagem final nos instrumentos. Estavam prontos para a "grande observação", mas muito nervosos para dormir. Embora Vênus só fosse aparecer depois das nove horas da noite, eles despertaram nas primeiras horas da manhã. Afastando as persianas das janelas, puderam ver o Sol com clareza. Era um início promissor, mas não havia garantias de que o bom tempo se perpetuaria. Durante os meses de verão, no Círculo Ártico, uma névoa espessa regularmente chegava do mar. Qualquer habitante de Vardo poderia informar a Hell que, naquele dia 3 de junho, a probabilidade de um dia inteiro claro era relativamente pequena.

Como era de se esperar, o céu ficou nublado em poucos minutos, mas, uma hora depois, os astrônomos tornaram a ser banhados pela luz brilhante do sol. Ao longo do dia, as nuvens azucrinaram com seu jogo de esconde-esconde com o Sol. Às três horas da tarde, o céu estava coberto de nuvens, e às seis horas da tarde, o Sol apareceu por um breve período. Às nove horas da noite, faltando apenas alguns minutos para o trânsito, Hell e Sajnovics apontaram seus telescópios em prontidão. Então, exatamente na hora prevista para a aparição de Vênus, as nuvens se abriram: "com a especial graça de Deus", exclamaram os astrônomos, enquanto observavam o pequeno pontinho negro. O comandante da guarnição imediatamente içou a bandeira e os habitantes de Vardo vieram correndo para o observatório, a fim de captar um lampejo do encontro celestial. No entanto, na hora em que eles se reuniram em torno do telescópio, o Sol tornou a desaparecer outra vez.

Por seis longas horas, através da noite clara do norte, Hell e Sajnovics vigiaram com expectativa, assombrados pelo fato de que as nuvens se recusavam a libertar o Sol de seu abraço sombrio. "Inacreditável!", escreveu Sajnovics em seu diário, "mas ainda assim verdadeiro". Eles tinham demorado seis meses para ir de Viena a Vardo e, durante os sete meses e meio que passaram no Círculo Ártico, suportaram tempestades traiçoeiras, gelo, neve e um inverno cuja escuridão parecia jamais se dissipar — e tudo isso para acabarem derrotados pelas nuvens. Todos concordaram que não havia a mínima chance de enxergarem Vênus outra vez.

Farta de olhar para o céu cinzento, grande parte da plateia de Hell foi para a cama. Então, às três horas da manhã do dia 4 de junho, enquanto Vênus, como uma moça recatada, preparava a sua saída por trás do véu enevoado, o vento soprou e as nuvens se dispersaram. De imediato, Hell e Sajnovics puderam ver o ponto negro movendo-se devagar na direção da borda do Sol. Eles mal conseguiram acreditar na própria sorte e, cuidadosamente, anotaram os horários da saída de Vênus.

O mercador da pequena cidade, que havia permanecido no observatório, ficou tão excitado que quebrou o silêncio com três tiros de canhão, para comemorar. Após uma observação bem-sucedida, o devoto Hell cantou o hino *Te Deum laudamus*, para agradecer a Deus por sua misericórdia, e foi descansar. Tinha sido um bom dia.

 O Leste: a expedição francesa, Le Gentil, Pondicherry

Em Pondicherry, o começo do trânsito aconteceria na escuridão da noite. Quando o Sol surgisse no oceano Índico, na manhã do dia 4 de junho, Vênus já teria iniciado a sua marcha. As perspectivas de uma observação bem-sucedida eram excelentes. Por mais de um mês, a abóbada azul do céu matinal manteve-se livre de nuvens. Na noite anterior, Le Gentil e o governador francês de Pondicherry tinham visto com clareza os satélites de Júpiter. Seus conhecidos e vizinhos já tinham começado a "me desejar sorte", anotou Le Gentil em seu diário. O astrônomo francês tinha certeza de que o dia seguinte seria perfeito para observar Vênus planando sobre a face do Sol. Uma última olhada no céu noturno confirmou que ainda não havia nuvens. Durante longos nove anos, Le Gentil aguardara esse momento. Era sua última chance de deixar um legado enquanto astrônomo. "Com minha alma contente", ele afirmou que esperaria pelo auspicioso dia "tranquilamente".

Às duas horas da madrugada, Le Gentil foi despertado pelos "gemidos" dos bancos de areia e correu para a janela. O céu, que nos últimos meses tinha estado brilhantemente iluminado pelas estrelas, todas as noites, apareceu coberto de nuvens. Tudo estava completamente calmo, sem nenhum vento, o que não dava esperanças de que elas pudessem se dispersar. "Dali em diante, eu me senti condenado", afirmou Le Gentil. Deitado na cama, com os olhos abertos e sem conseguir dormir, ele escutava. Às cinco horas da manhã, ele ouviu o vento soprar "um bocadinho" e isso lhe deu um lampejo de esperança; no entanto, em poucos minutos, o tempo virou e a brisa se transformou em ventania. O mar logo foi coberto de espuma flutuante e o ar ficou pesado com os remoinhos de areia e poeira. Com fúria renovada, o vento trouxe ainda mais nuvens, que se espalharam, como observou Le Gentil, para formar uma "segunda cortina" que escondia o sol nascente.

Às seis horas da manhã, a tempestade serenou, mas as nuvens se prolongaram. Le Gentil não conseguiu ver nenhum traço do Sol. Uma hora mais tarde, no exato momento em que Vênus se preparava para a saída final, ele pôde detectar apenas uma "leve brancura" que se irradiava por trás das nuvens. Em vez de assistir à bola ardente do Sol, pontilhada pelo sinal móvel de Vênus, Le Gentil não viu absolutamente nada do trânsito.

Por volta das sete horas da manhã, o trânsito havia terminado, sem ser observado pelo astrônomo francês. Meia hora depois, como se os céus estivessem brincando com ele, o Sol brilhou com intensidade sobre o seu rosto. "Tive dificuldade de acreditar que o trânsito de Vênus tinha finalmente terminado", falou. Parecia que as nuvens tinham aparecido apenas para lhe trazer "decepção". Nos últimos nove anos, ele viajara dezenas de milhares de quilômetros, cruzando os oceanos e arriscando a vida inúmeras vezes, "somente para ser o espectador de uma nuvem fatal".

Cerca de 250 observadores em 130 locações apontaram os telescópios para o céu. Na Europa, muitos assistiram, ainda que por apenas alguns minutos, antes que a escuridão escondesse o Sol. Na Filadélfia, a Sociedade Americana de Filosofia tivera êxito na montagem de três observações. O astrônomo norte-americano David Rittenhouse acordou cedo, no dia do trânsito, para ver o céu brilhando com a "pureza da atmosfera". Um grande grupo de habitantes da Filadélfia chegou à sua fazenda, em Norriton, para observar o trânsito. Então, logo após as duas horas da tarde, quando Vênus se preparava, Rittenhouse ficou tão excitado que caiu e desmaiou, deixando de ver o começo do evento científico mais importante de sua vida. Quando ele recobrou a consciência, logo apanhou o telescópio e descobriu que Vênus já tinha entrado no Sol, mas conseguiu se acalmar a ponto de fazer algumas observações.

Na Rússia, numa propriedade rural a cerca de cinquenta quilômetros de São Petersburgo, Catarina, a Grande convidara dezoito dos seus cortesãos favoritos e o astrônomo alemão Franz Aepinus para observar Vênus, cuja entrada no Sol estava prevista para as três horas da madrugada. Ela jogou cartas a noite inteira, "sem nenhum descanso", para não cair no sono e perder o evento. Na Grã-Bretanha, o rei George III assistiu ao começo do trânsito com sua esposa e quatro astrônomos de seu mais novo observatório de Old Deer Park, em Richmond, antes que o anoitecer apagasse a visão.

Havia observadores em toda parte: missionários na China, Charles Mason na Irlanda e empregados da Companhia das Índias Orientais em Madras. Em Jacarta, um padre holandês abonado construiu um observatório luxuoso de seis andares, cada qual com dois metros de altura (cujo custo foi duas vezes maior do que o do palácio do governador), que se tornaria uma das vistas mais famosas das Índias Orientais.* Até mesmo dois amadores nas Filipinas, que tinham sido treinados por Le Gentil quando ele ficou em Manila, tiveram êxito ao acompanhar a lenta marcha de Vênus.

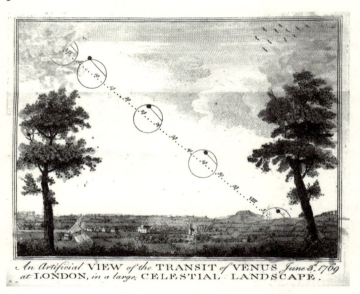

Uma representação do "Trânsito Artificial" de Benjamin Martin — durante as apresentações em sua loja, um mecanismo escondido movia o Sol através do céu e Vênus através do Sol.

---

* Joseph Banks e seu botânico Daniel Solander visitaram o observatório enquanto o *Endeavour* era consertado em Jacarta. Ficaram tão impressionados que, ao regressarem a Londres, conforme um vizinho observou, "eles não paravam de falar sobre o magnífico e bem equipado observatório". (Zuidervaart e Van Gent, 2004, p.18)

Equipados com os melhores instrumentos, os astrônomos se concentraram na determinação dos horários de entrada e saída de Vênus, embora muitas outras pessoas ao redor do mundo apenas desejassem ver o raro espetáculo celestial. Em Londres, mais de cinquenta espectadores curiosos se comprimiram na loja do fabricante de instrumentos Benjamin Martin, para ver a imagem do trânsito projetada na parede. No caso da presença de nuvens, Martin providenciaria outras distrações para o seu público, como um "Trânsito Artificial" — uma representação do céu de Londres, no dia do trânsito, de mais ou menos dois metros por um metro e meio, que incluía um mecanismo de relógio e movimentava um modelo de Vênus através do Sol pintado.

Nas colônias norte-americanas, encorajados pelas reportagens extensivas dos jornais locais, centenas de espectadores curiosos também se juntaram ao evento. Em Providence, Rhode Island, o trânsito foi observado pela "maioria dos habitantes", enquanto os amadores que se reuniram em Charleston "ficaram totalmente privados", em virtude das nuvens. Onde quer que os astrônomos montassem seus telescópios, multidões se agrupavam para ver o pequenino ponto negro por meio das lentes escurecidas. Embora os astrônomos permanecessem grudados a seus telescópios, mesmo quando as nuvens e a chuva os impediam de ver qualquer coisa, o público logo perdia a paciência. Algumas pessoas procuravam distração melhor. Quando um temporal escureceu o céu em Leiden, nos Países Baixos, um espectador preferiu assistir a uma "Vênus terrestre", na ópera da cidade. As observações ali, ele escreveu a um amigo, acabaram sendo bem-sucedidas e a cantora "prometia permitir alguma imersão". Esses prazeres terrenos também foram apreciados por alguns "jovens fidalgos" de Londres, que, segundo a notícia de um jornal, depois de terem visto o ponto negro no Sol, "fizeram um trânsito para Covent Garden, em meio a vários dos renomados belos planetas" — uma área da cidade então bem conhecida por suas prostitutas.

Reprodução satírica: "Observando o Trânsito de Vênus"

Todos que assistiram sabiam que essa seria a última vez que Vênus cruzaria o Sol durante o tempo que tinham de vida. Quando o trânsito terminou, passar-se-iam mais 105 anos para que o planeta voltasse a ser aquele ponto negro. Agora, mais uma vez, começaria a tarefa monumental de coletar e compartilhar os dados, numa tentativa de consolidar os diferentes números em um único indicador que eles tanto procuravam: a distância precisa entre o Sol e a Terra.

15
Após o trânsito

No dia 11 de junho de 1769, oito dias após sua visão bem-sucedida do trânsito, Chappe d'Auteroche caiu doente com tifo. Enquanto a missão de San José del Cabo se transformava num "cenário de horror", Chappe continuava a trabalhar como se estivesse possuído. Durante as noites, ele observava as estrelas e os planetas, e durante os dias, servia de enfermeiro para a sua equipe. Todos foram infectados — os observadores espanhóis e seus criados tinham conseguido assistir a Vênus, mas adoeceram logo depois, assim como o engenheiro, o relojoeiro e o pintor de Chappe. Quase todos na missão estavam "ou morrendo ou caminhando rapidamente para a morte". No dia em que o próprio Chappe acordou com febre alta, não havia ninguém saudável para socorrê-lo. Tremendo, ele abriu o seu baú e tentou se automedicar com purgativos. E decidiu que não podia morrer ainda, pois dali a sete dias, em 18 de junho, precisava observar um eclipse lunar, de modo a estabelecer a longitude de San José — sem a qual as suas impressionantes observações do trânsito seriam totalmente inúteis.

Delirando de febre e aturdido pelas dores de cabeça intensas, Chappe olhou através do telescópio para fazer as mensurações. Agarrando-se à vida, forçou-se noite após noite a ficar junto aos instrumentos, observando as estrelas e os eclipses do satélite. Por fim, ele concluiu suas anotações e, sabendo que a morte era inevitável, guardou seus registros do trânsito numa pequena caixa. Estava decidido a oferecer ao mundo científico as suas inestimáveis mensurações, ainda que fosse após a morte.

Naquele momento, o povoado e a missão tinham se transformado num "mero deserto"— uma cidade fantasma, esvaziada pela doença e pela morte. O calor tinha se tornado insuportável e os habitantes que sobreviveram eram atacados pelos insetos de forma incessante. Entre os que se recuperaram, a maioria voltou a ser golpeada por um segundo ataque mortal.* Somente dois membros da equipe francesa, o engenheiro e o pintor, tiveram condições de lutar contra a doença. Chappe, que sempre encarara a vida com lentes rosadas de hipérbole e animação, ficou estranhamente calmo — ele estava contente e silenciosamente feliz com suas conquistas. Com a aproximação da morte, ele foi se assemelhando a um "verdadeiro filósofo", disse o engenheiro. No dia 1º de agosto, com todas as observações astronômicas necessárias realizadas, Chappe morreu em paz.

Ele foi um dos poucos astrônomos a ver a marcha de Vênus através do Sol por duas vezes, e o único a observar ambos os trânsitos com sucesso, do princípio ao fim. Havia conquistado mais do que qualquer outro observador, mas sua tarefa não estava ainda concluída: cabia à equipe remanescente, enfraquecida, garantir que o mundo científico recebesse essas observações excepcionais. O engenheiro e o pintor, exauridos e mal se aguentando em pé, tomaram posse da única cópia das anotações de Chappe. Ao enterrarem o astrônomo no solo endurecido de San José, sabiam que a partir de então caberia a eles entregar os dados preciosos à academia em Paris e garantir que a morte de Chappe não seria em vão.

Em Pondicherry, Le Gentil se conformava com o fracasso desastroso. Sentia-se traído e abatido. Por duas longas semanas após o trânsito, não conseguiu fazer nada. Quando apanhou a caneta para escrever à academia em Paris, a fim de reportar sua desdita, ela caiu de sua mão. Seu estado de espírito não melhorou depois que ficou sabendo que o céu, que havia sido tão "cruel" com ele, em Pondicherry, mostrara-se perfeitamente claro em Manila, onde originalmente ele havia planejado assistir ao trânsito. Mais uma vez, se sentiu amaldiçoado. Nenhum outro astrônomo passara tantos anos no encalço de Vênus. Agora, ele teria de retornar a Paris com as mãos vazias.

---

* Todos os espanhóis morreram, com exceção de Vicente de Doz, que voltou à Espanha no verão de 1770, para entregar ao rei as suas observações. (Masserano, *Phil Trans*, 1770, v.60, p. 549-550; Nunis, 1982, p. 124ss)

Enquanto Le Gentil preparava a sua jornada pesarosa de volta para casa, os membros das sociedades letradas da Europa estavam começando a coletar os dados do segundo trânsito. Novamente, os cientistas de Paris, Londres, Estocolmo e São Petersburgo assumiram o encargo pesado de comparar os resultados. Os astrônomos se apressaram a escrever os seus cômputos e, no final de 1769, os dados de um grande número de observações tinham sido trocados entre as sociedades científicas. Dessa vez — encorajados pelo interesse de Catarina, a Grande no trânsito —, os russos se mostraram mais eficientes. Apenas três meses após o trânsito, 51 relatórios impressos foram despachados da Academia Imperial para colegas e sociedades de toda a Europa.

No entanto, nenhuma das observações russas tinha sido inteiramente satisfatória. Em São Petersburgo, o astrônomo alemão Christian Mayer, que chegara apenas duas semanas antes do trânsito, observou que seus horários de entrada foram incertos porque Vênus apareceu distorcida. O astrônomo alemão em Orenburg relatou fenômeno semelhante, escrevendo sobre a borda "ondulada" do planeta. Um dos astrônomos suíços na península de Kola conseguiu anotar os horários de entrada, mas nuvens o impediram de ver a saída de Vênus, ao passo que outro suíço (que fazia a observação um pouco mais a oeste) viu apenas uma cortina de chuva incessante. O assistente de Rumovsky, que na última hora recebera ordens para assistir ao trânsito em Kildin, morreu. O único dos astrônomos de Catarina que teve êxito ao anotar tanto os horários de entrada quanto os de saída foi o próprio Rumovsky, em Kola — mas ele ficou com algumas dúvidas, pois as nuvens perturbaram sua visão muitas vezes.

Conforme chegavam a São Petersburgo os relatórios provenientes de toda a Europa, tornava-se claro que o clima tinha sido pior do que durante o primeiro trânsito. Um astrônomo de Göttingen fora perturbado pelas nuvens, enquanto os observadores de quatro cidades dinamarquesas não enxergaram absolutamente "nada", por causa do mau tempo. As observações de Upsala e Estocolmo também foram decepcionantes. Wargentin contou a seus colegas internacionais que o dia do trânsito começara como "um dos mais belos dias do verão", porém, ao anoitecer, exatamente quando esperavam por Vênus, as nuvens encobriram o Sol. Alguns anotaram os horários de entrada, mas, com o Sol da noite parcialmente encoberto e baixo no horizonte, esses horários acabaram sofrendo variações de alguns segundos. Os suecos passaram a noite toda em claro, na esperança de captar outro lampejo de Vênus nas primeiras horas da manhã, mas o céu permaneceu teimosamente nublado.

Os franceses também ficaram desapontados. A visão no Castelo de la Muette, de Luís XV, perto de Paris, foi interrompida por uma chuvarada repentina que obrigou o enorme grupo de espectadores a se comprimir no pavilhão de observação, causando muito "barulho e confusão". Em Paris, Lalande fracassou na tentativa de cronometrar o primeiro contato: "Eu estava exatamente no local em que as nuvens surgiram 25 segundos antes."

Os astrônomos da mesma maneira pelejaram na Grã-Bretanha. Nevil Maskelyne examinou as observações britânicas e encontrou resultados aquém da sua expectativa. Os sete astrônomos que haviam cronometrado os horários de entrada de Vênus, no Observatório Real de Greenwich, tiveram uma defasagem espantosa de 53 segundos — um resultado ruim, sob qualquer aspecto, embora mais ainda para Maskelyne, que se tornara famoso pelas observações que alcançavam "um grau de correção raramente equiparado e jamais suplantado". As diferenças foram "maiores do que eu esperava", observou secamente. Em Londres, alguns observadores tiveram problemas porque colunas de fumaça subiram dos milhares de chaminés da metrópole — algo que os astrônomos de Glasgow tentaram contornar colocando um anúncio no jornal local em que "imploravam aos habitantes (...) que apagassem suas lareiras".

Além do mau tempo, logo ficou claro que a maioria dos astrônomos havia encontrado os mesmos fenômenos do primeiro trânsito. As observações foram pontuadas por comentários como: a borda do planeta "borbulhou", ou se mexeu "como as ondas de um mar tempestuoso". De forma alternada, Vênus foi descrita como "uma maçã conectada por seu caule" à borda do Sol, "o gargalo de um frasco de Florence" e uma "trufa pontuda". Outros assinalaram que o planeta parecia estar grudado à borda do Sol por uma "pequena sombra" ou um "fio escuro", nos momentos de entrada e saída. "A figura circular de Vênus estava alterada", reportou Maskelyne de Greenwich, ao passo que outros narraram como o planeta estava "desfigurado" ou "mal definido". Alguns tornaram a ver o anel luminoso e quase todos os observadores europeus reclamaram dos "vapores tremeluzentes". Apesar de utilizarem os melhores instrumentos, os observadores de Estocolmo, Upsala, Paris, Greenwich, São Petersburgo, Orenburg e demais localidades da Europa e da Rússia foram todos estorvados pelos caprichos de Vênus: o assim chamado efeito gota negra, vapores e ondulações.

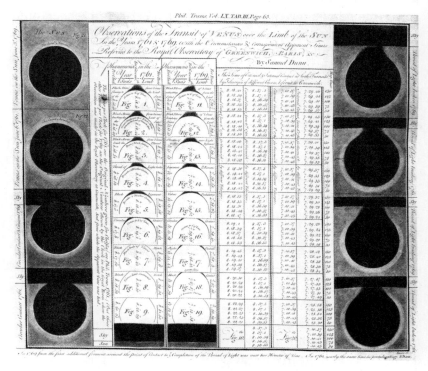

Desenhos do anel luminoso em torno de Vênus e do efeito gota negra, como vistos em 3 de junho de 1769, em Londres.

Os resultados de Pello não foram melhores, como descobriu Wargentin, em julho, ao receber o relatório de Fredrik Mallet. Atraindo a má sorte quase com tanta frequência quanto Le Gentil, o pobre Mallet não viu coisa alguma. Embora o céu tivesse ficado limpo durante muitos dias, as nuvens apareceram apenas algumas horas antes do trânsito. À noite, Mallet não conseguiu ver o momento em que Vênus avançou na direção do Sol, e nem captou a sua saída, nas primeiras horas da manhã. O melancólico astrônomo mal pôde acreditar que viajara pelo gelo e pela neve para absolutamente nada. Toda vez que pensava naquela "noite miserável", afirmou, sentia-se ainda mais deprimido. E estava "brigado" com Vênus, como disse a um amigo.

Apenas o diligente Anders Planman foi capaz de observar o trânsito em Kajana — embora o céu tivesse ficado encoberto por uma grossa camada de nuvens nas horas que antecederam o evento. O astrônomo chegou a se desesperar. Como escreveu a Wargentin: "Jamais senti tamanhos receios e preocupações". Planman já tinha abandonado qualquer esperança quando viu, com "lágrimas" nos olhos, que o céu se abrira de repente — por tempo suficiente para que ele tivesse um lampejo de Vênus seguindo na direção do Sol. Com uma noção perfeita de tempo, as nuvens se fecharam outra vez, alguns minutos depois que Planman anotou os horários de entrada interna e externa. Logo em seguida, ele ouviu uma tempestade desabando e presumiu que jamais veria Vênus outra vez. Ele saiu do observatório, mas, felizmente, retornou às duas horas da manhã, como se tivesse sido levado por uma mão providencial, e observou que a grossa cortina de nuvens se abrira novamente, mostrando o Sol que espreitava no céu cinzento — no exato momento em que Vênus se retirava. Assim sendo, dentre todas as estações do norte, a observação de Planman foi a única eficaz.

Embora ninguém esperasse grandes revelações das observações da Europa central, onde a maior parte do trânsito ocorreria nas horas de escuridão, os primeiros relatórios foram decepcionantes. Agora, os cientistas só podiam esperar pelos cômputos de Índia, Califórnia, Mares do Sul e pelos relatos remanescentes do Círculo Ártico. Tendo em vista que todos os astrônomos da Europa tinham pelejado para extrair dados acurados, as expectativas em relação às informações fornecidas pelas expedições mais distantes eram baixas. Era muito provável que os astrônomos do outro lado do mundo tivessem encontrado os mesmos problemas, se não piores.

Apesar da imprecisão dos primeiros resultados, realmente impressionantes foram a rapidez e a eficiência da comunicação entre as comunidades científicas. A academia de Paris tomou conhecimento das observações de Estocolmo e Londres no final de junho, enquanto os relatórios de Planman em Kajana chegaram à França no começo de agosto. A carta de Wargentin sobre as observações de Upsala e Estocolmo foi lida na academia de São Petersburgo menos de seis semanas após o trânsito. Levando em conta a travessia dos oceanos e a longa duração das viagens terrestres, era extraordinário o fato de que Maskelyne fosse capaz de agradecer aos colonos norte-americanos por suas observações na Pensilvânia, em 2 de agosto, apenas dois meses depois do trânsito, e que Planman estivesse lendo o que seus colegas russos experimentaram, no mês de setembro. Em outubro, um jornal alemão publicou as observações russas e, em novembro, os primeiros resultados da América do Norte foram publicados no periódico da Royal Society. No final do ano, os membros da Royal Society foram informados por Lalande que um missionário francês, na Martinica, e Pingré, no Haiti, haviam tido êxito na observação do começo do trânsito.*

Em novembro de 1769, chegaram mais relatórios do norte. Jeremiah Dixon, em Hammerfest, e William Bayley, no Cabo Norte, tiveram de lutar contra a névoa e as nuvens. William Wales, que saíra da baía de Hudson o mais rápido possível após o trânsito, teve um pouco mais de sucesso. Os vários meses de temperatura congelante tinham valido a pena, como ele pretendia dizer aos companheiros da Royal Society, porque lhe fora permitido anotar os horários de entrada e de saída. Ansioso pelos resultados de Vardo, a locação mais importante do norte, Lalande pediu informações de Maximilian Hell antes que o jesuíta tivesse voltado para casa, mas não recebeu nenhuma notícia. Irritado com a aparente recusa de Hell, Lalande acreditou que o astrônomo tivesse falhado em seu propósito de ver o trânsito — e esse rumor continuou a circular, alimentado pelo crescente sentimento

---

* Pingré chegou ao Haiti no dia 23 de maio de 1769, apenas dez dias antes do trânsito. (Pingré, *Histoire & Mémoires*, 1770, p. 503)

antijesuítico da Europa. A verdadeira razão do seu silêncio foi a necessidade de cumprir a primeira obrigação com o rei da Dinamarca, que financiara a expedição. Christian VII fez questão de que Hell apresentasse os seus resultados primeiro na Academia de Ciências de Copenhague — o que ele fez, no dia 24 de novembro de 1769. Só depois foi dada permissão para que os dados da observação de Vardo fossem publicados e circulassem, com uma tiragem de 120 cópias.*

Os cientistas das sociedades letradas tiveram de esperar um ano inteiro para receber os resultados seguintes. Em dezembro de 1770, o engenheiro de Chappe chegou finalmente a Paris, com as anotações das exitosas observações da Califórnia e a notícia da morte do astrônomo. Agora, só faltavam os dados de Pondicherry e dos Mares do Sul — todavia, sem que os cientistas da Europa soubessem, Le Gentil não conseguira ver coisa nenhuma e a tripulação do *Endeavour*, naquele momento, enfrentava a morte em Jacarta.**

Cook deixara o Taiti algumas semanas após o trânsito, para embarcar na segunda etapa da missão. Eles fizeram a circum-navegação da Nova Zelândia e navegaram ao longo da costa da Austrália, onde Cook denominou o local de sua primeira parada em terra de baía Botânica — um tributo às inúmeras espécies novas de plantas que descobriram ali. Os botânicos encontraram árvores de eucalipto muito altas e de tronco descascado, além de estranhos arbustos que exibiam flores parecidas com imensos cones feitos de pétalas peludas. As florestas ecoavam sons assustadores de animais e pássaros, que nenhum homem branco tinha visto ou escutado anteriormente — uma terra que prometia abundância e fertilidade. Enquanto Joseph Banks e seu botânico colhiam as plantas com frenesi (eram tantas que mal podiam prensá-las com rapidez suficiente), Cook fazia o levantamento

---

* Depois de sua morte, Hell foi acusado de fraudar seus dados pelo astrônomo Carl Ludwig Littrow, que alegou uma demora proposital na publicação do outro. A prova disso, como insistiu Littrow em 1835, foi que os horários de entrada e saída de Vênus no manuscrito de Hell estavam escritos com uma tinta diferente. A realidade é que Littrow era daltônico e estava errado em relação a Hell. As observações de Vardo foram umas das melhores de todas as expedições. (Sarton, 1944, p. 104; Woolf, 1959, p. 178ss)

** A única informação que tinha a Royal Society sobre o paradeiro do *Endeavour* era de dois anos — das cartas enviadas por Cook do Rio de Janeiro, em dezembro de 1768.

topográfico da linha costeira e Charles Green fornecia as observações astronômicas destinadas a determinar as suas posições exatas.

Conserto do *Endeavour*, após o desastroso acidente na Grande Barreira de Recifes.

No verão, enquanto o engenheiro de Chappe viajava de volta à Europa, o *Endeavour* navegava dentro da Grande Barreira de Recifes — um labirinto de quase 2.500 quilômetros formado por recifes e ilhas de corais — o trecho de faixa litorânea mais traiçoeiro do mundo. Em poucos dias, o *Endeavour* encalhou. "O medo da morte agora nos confronta", escreveu Banks em seu diário. Com um imenso buraco no casco, eles mal conseguiram chegar ao litoral; contudo, após os consertos de emergência no navio danificado, Cook, determinado, partiu novamente para manobrá-lo em meio ao labirinto submerso de espigões afiados como lâminas, bancos de areia e correntes voláteis.

Ao longo dessas arriscadas semanas de navegação, o astrônomo Charles Green permaneceu aferrado aos seus instrumentos, mesmo quando o *Endeavour* era lançado contra as paredes de coral "erguendo-se a prumo em relação ao insondável oceano". Com calma, Green continuava suas observações, ainda que o *Endeavour* estivesse a ponto de se partir "em pedaços", como Cook temia. Por fim, eles acabaram emergindo surrados, mas intactos, e chegaram a Jacarta dois meses depois — o casco do *Endeavour* fora reduzido, pelos recifes e pelos germes tropicais, a um oitavo de uma polegada. No entanto, quando pensavam que tinham escapado, a morte começou a perseguir a tripulação: com os seus canais de água parada, Jacarta estava infestada pela malária e era, naquela época, o porto mais mortífero do mundo. Dois meses e meio depois, no final de dezembro de 1770, no momento de sua partida, Cook havia perdido mais homens do que durante toda a etapa anterior da viagem.

Após um terremoto, muitos canais de Jacarta ficaram estagnados, tornando-se terreno fértil para o surgimento de doenças.

Os astrônomos não escapariam ilesos da praga terrível. No dia 29 de janeiro de 1771, Charles Green morreu a bordo do *Endeavour* e foi sepultado no oceano Índico. Depois do observador russo em Kildin, de Chappe e do observador espanhol Salvador de Medina na Califórnia, Green era o quarto astrônomo do trânsito a morrer na busca pela descoberta do tamanho do sistema solar. Green estivera doente desde a estada em Jacarta, mas, em vez de descansar, ficou tão alucinado que dificultou ainda mais as coisas. Como reportaram os jornais tempos depois, "num momento de loucura, ele se levantou à noite e colocou as pernas para fora das portinholas, e essa foi a ocasião da sua morte". Até mesmo Cook, que sempre defendera Green, admitiu que o astrônomo causara a própria morte ao "não se preocupar com a recuperação" e, ao contrário, "em grande parte, ter promovido os desvarios".

Cinco meses e meio depois, em julho de 1771, quase exatamente três anos após sua partida, o *Endeavour* retornou à Grã-Bretanha com as anotações das observações do trânsito e baús cheios de plantas prensadas e desenhos de paisagens exóticas. Eles contaram histórias sobre suas observações astronômicas e aventuras amorosas no Taiti, sobre os perigos da viagem e a terra fértil da Austrália.

Enquanto Cook recebia as boas-vindas como herói e os astrônomos matutavam sobre as anotações do trânsito, Le Gentil ainda estava a caminho da França. Após o trânsito em Pondicherry, ele recebera uma carta do seu advogado da Normandia, informando que seus herdeiros espalhavam rumores sobre a sua morte para que pudessem dividir a sua propriedade. Le Gentil tentou partir de imediato, mas antes que pudesse voltar para casa, teria de passar primeiro em Maurício, onde havia deixado guardadas imensas coleções de história natural. Após aguardar durante meses por uma passagem e sofrer diversos ataques quase mortais de disenteria, ele saiu de Pondicherry no dia 1º de março de 1770. Seis semanas depois, desembarcou em Maurício — alguns dias antes que Cook avistasse a Austrália pela primeira vez —, mas estava fraco em razão de sua longa enfermidade. Sete longos meses passariam até que Le Gentil se sentisse forte o bastante para continuar. Assim que melhorou, foi acossado novamente: dessa vez, por um furacão que forçou o navio a regressar a Maurício. Naquele momento, perdeu completamente a esperança de voltar à França. A visão de Maurício, ele lamentou, "tinha se tornado insuportável".

No dia 30 de março de 1771, quase dois anos após o trânsito e ainda em Maurício, Le Gentil embarcou num navio a caminho da Europa. Ele levou a bordo os seus instrumentos, anotações e oito caixas cheias de objetos de história natural. Estava desesperado para voltar para casa. No entanto, ao dobrar o Cabo da Boa Esperança, Le

Gentil teve certeza de que a sua jornada tinha chegado ao fim. O mar estava mais revolto do que "eu jamais vira antes", ele disse — uma afirmação a se considerar com atenção, pois vinha de um homem que enfrentara uma cadeia interminável de tempestades violentas. Sem nenhum resquício de energia ou esperança, o desalentado Le Gentil esticou o casaco entre os baús, no compartimento de cargas, deitou-se, fechou os olhos e esperou morrer.

Para sua surpresa, o navio aguentou e, no dia 1º de agosto, Le Gentil avistou Cádiz a distância. Dessa vez, preferiu pegar a rota por terra, pois finalmente admitiu que "estava cansado do mar". Le Gentil foi o último dos astrônomos do trânsito a pisar novamente em solo europeu. Mais de dez anos depois que partira em busca de Vênus, ele retornava a Paris para descobrir que seus herdeiros o haviam declarado morto e que a academia o havia retirado da folha de pagamentos.

Epílogo
Uma nova aurora

Uma vez que James Cook regressara em segurança à Grã-Bretanha trazendo os resultados do trânsito no Taiti, os astrônomos tiveram a mais importante contrapartida das observações do norte. Somente o meticuloso Nevil Maskelyne achou alguma coisa para reclamar. Olhando as observações de Charles Green, Maskelyne escreveu que elas "diferem umas das outras mais do que deveriam". Cook defendeu Green e comentou que o astrônomo morrera antes que pudesse editar suas anotações. Afirmando que os papéis apresentados à Royal Society eram os rascunhos de Green, perguntou a Maskelyne se ele "tornaria públicas todas as suas observações, boas ou ruins, ou se ele nunca tinha feito uma observação ruim em toda a sua vida".[*] Outros ficaram mais satisfeitos e animados com a possibilidade de finalmente calcular a distância entre a Terra e o Sol. Embora inúmeras observações ao redor do globo tivessem fracassado, as dos Mares do Sul eram suficientemente boas para se tornarem úteis.

Mais uma vez, os astrônomos das sociedades letradas da Grã-Bretanha, França, Suécia, Rússia e Estados Unidos voltaram aos seus cálculos — todo mundo querendo ser o primeiro a apresentar um número preciso para a paralaxe solar. Lalande e Pingré calculavam em Paris, Maximilian Hell em Viena, Anders Planman em Åbo, os membros da Sociedade Americana de Filosofia na Filadélfia e o sueco Anders Lexell na Rússia, em nome da Academia Imperial de Ciências de São Petersburgo. Todos correndo para publicar seus resultados nos periódicos científicos.

Cinco meses após o regresso do *Endeavour*, em dezembro de 1771, os membros da Royal Society se reuniram para ouvir os resultados britânicos. Pegando os horários de Maximilian Hell em Vardo, de Stepan

---

[*] Cook ainda argumentou que as observações tinham sido difíceis porque o quadrante fora roubado pelos taitianos e ficara desmontado até pouco antes do trânsito.

Rumovsky em Kola, de William Wales na baía de Hudson e de Chappe d'Auteroche na Califórnia, assim como as observações taitianas, Thomas Hornsby calculou que a paralaxe solar era de 8"78, um número bem próximo ao valor conhecido de hoje, de 8"79.[*] A distância entre a Terra e o Sol, segundo o cômputo de Hornsby, era de 150.838.824,15 km — 1.287.475,2 km distante do cálculo atual de 149.604.618,24 km. A "incerteza" que envolvera em mistério as observações de 1761 fora "totalmente eliminada", afirmaram os britânicos. As sociedades letradas "podiam se congratular" pelo sucesso da mensuração do tamanho do sistema solar — ou, pelo menos, como eles admitiram, "da determinação mais precisa possibilitada pela natureza do objeto".

Uma página do relatório que foi lido para os membros da Royal Society, contendo os resultados finais — trata-se de uma lista dos horários em que se basearam os cálculos da paralaxe solar.

---

[*] Thomas Hornsby calculou a paralaxe solar fazendo uma seleção arbitrária de horários — por exemplo, ele ignorou a hora de ingresso de Green e tirou a média dos horários de egressão de Cook e Green —, mas seus resultados chegaram bem perto do valor atual.

O otimismo britânico foi um pouco exagerado. Mais uma vez, os astrônomos de diferentes países chegaram a valores distintos da paralaxe. Ao incluir ou excluir certos horários e dados, os cálculos variavam de 8"43 a 8"80. Embora não tão precisa quanto os astrônomos esperavam, apesar de tudo, foi uma grande melhora em relação aos cômputos de 1761. Nos últimos dois séculos, os astrônomos tinham, pouco a pouco, reduzido a paralaxe. Kepler a tinha estimado em menos de 59" (o que se traduzia numa distância menor do que 22.530.816km), Halley havia previsto que ela não seria maior do que 12"½, e os resultados de 1761 a tinham colocado entre 8"28 e 10"60 (124.080.422,4km a 158.842.252,8km). Uma distância exata ainda não tinha sido acordada, contudo, após 1769, as margens se estreitaram substancialmente outra vez. Enquanto as variações da paralaxe solar, em 1761, equivaliam a mais de 32.186.880km, agora, os astrônomos tinham sido capazes de reduzir a diferença para somente 6.437.376km. Após o trânsito de 1769, eles passaram a ter uma ideia muito mais precisa da real distância entre a Terra e o Sol.

As realizações dos projetos do trânsito modificaram o mundo da ciência. Não só aperfeiçoaram o entendimento humano do sistema solar, como geraram subprodutos e benefícios numerosos e de vários tipos com as suas expedições. Os mapas, por exemplo, se tornaram mais precisos — das novas cartas de navegação de Le Gentil para a região de Madagascar e do levantamento topográfico de Fredrik Mallet no Golfo de Bótnia à nova cartografia da Rússia.* Chappe tinha sido pioneiro na publicação de um livro que incluiu mais do que apenas as suas primeiras observações do trânsito — *Viagem à Sibéria*. Le Gentil — depois de ter resolvido os problemas com os seus herdeiros voluntariosos e batalhado para recuperar seu emprego na academia francesa — escreveu *Viagem nos mares da Índia (1760-1771)*, no qual descreveu sua odisseia e fez um relato sobre o clima, as doenças, a vida marinha, os costumes, os padrões dos ventos no oceano Índico e a astrono-

---

* Na primavera de 1770, a academia de São Petersburgo encomendou um novo mapa do império baseado nos cálculos longitudinais que tinham sido desenvolvidos durante as expedições do trânsito. (15-27 de abril de 1770, Protocolos, v. 2, p. 740)

mia brâmane. O jesuíta Maximilian Hell também tinha planos para uma publicação em três volumes que, além da astronomia, anunciou, cobriria uma variedade de assuntos que incluíam a meteorologia, as luzes do norte e os rebanhos de renas. As próprias observações de Hell seriam complementadas pelas informações sobre a flora do norte, fornecidas pelo botânico que o acompanhara. Ao mesmo tempo, Hell ainda planejava incluir a descoberta reveladora de seu assistente János Sajnovics acerca da íntima relação existente entre os idiomas húngaro e sami (que é considerada, até hoje, como a base para o estudo das línguas uralianas).*

Catarina, a Grande também foi ambiciosa. Junto com os astrônomos, ela despachou equipes de naturalistas, assim como taxonomistas, pintores e caçadores, transformando as expedições astronômicas em jornadas mais abrangentes de descobertas científicas. O naturalista alemão Peter Simon Pallas, por exemplo, participou da expedição a Orenburg, no rio Ural, por duas razões explícitas: para a "vantagem do império" e o "aprimoramento das ciências". Após a observação do trânsito, ele continuou a cruzar o território da Rússia por mais cinco anos — durante esse tempo, também se encontrou com vários outros astrônomos do trânsito, inclusive Georg Moritz Lowitz, que agora andava ocupado com levantamentos para a construção de possíveis canais que permitissem a abertura da Rússia central para o comércio. Lowitz seria o quinto astrônomo a morrer em nome da ciência — depois de Chappe, Medina, Green e do russo que fora para Kildin. No verão de 1774, a insurreição dos cossacos forçou a academia de São Petersburgo a chamar de volta todas as equipes científicas, mas Lowitz decidiu permanecer e concluir o trabalho. Ele foi capturado, brutalmente torturado e assassinado em agosto daquele ano.

Quando Pallas retornou a São Petersburgo, em julho de 1774 (depois de sabiamente seguir o conselho da academia), trouxe consigo uma enorme coleção de história natural, relatórios etnográficos e uma riqueza de informações sobre agricultura, manufatura, mi-

---

* Hell trabalhou de fato no livro, mas não conseguiu publicá-lo, provavelmente porque o projeto era muito ambicioso, mas também porque o Papa Clemente XIV extinguiu a Ordem dos Jesuítas, em 1773, deixando Hell sem nenhuma equipe para ajudá-lo. O livro de Sajnovics se chamou *Demonstratio idioma Ungarorum et Lapponum idem esse* (1770).

neração, metais, salinas e silvicultura. Diversas partes do território russo que nunca tinham sido estudadas cientificamente até então foram reveladas e apresentaram novas oportunidades econômicas, assim como os relatos detalhados de sua população local e de plantas e animais nativos. Junto com as observações do trânsito, a expedição modificou a percepção da Rússia na Europa e representa a mais importante exploração realizada no país até os dias de hoje. Catarina alcançara os objetivos inicialmente propostos: cumprir a obrigação para com as observações do trânsito e criar a base para a pesquisa científica abrangente em seu domínio.

O *Endeavour* regressou à Europa com 30 mil amostras de plantas desidratadas — cerca de 3.600 espécies —, das quais o impressionante número de 1.400 era totalmente novo para os botânicos da Grã-Bretanha. Esse fato era um testemunho das promessas econômicas contidas naqueles países distantes. A natureza tinha sido transformada num "imenso livro de informações", do qual as nações poderiam tirar vantagens, afirmou Joseph Banks. Inspirado pela viagem no *Endeavour* e pelo conhecimento que adquiriu acerca do clima, da flora e do solo da Austrália, Banks acabou se tornando o maior promotor da colonização do país. Ele se encarregou pessoalmente de selecionar sementes úteis e oferecer conselhos agrícolas, quando a primeira frota partiu rumo à baía Botânica, em 1787.

Banks se tornou presidente da Royal Society em 1778 (e se manteve no posto por quatro décadas). Conselheiro do governo em matérias de empreendimento colonial, ele transformou a Grã-Bretanha num centro de estudos científicos e de exploração econômica da flora mundial. Tendo experimentado a cooperação global entre as comunidades científicas durante os anos do trânsito, ele veio a ser o seu maior defensor. Mesmo quando a França declarou guerra à Grã-Bretanha em 1793, continuou a ajudar os cientistas franceses sempre que podia, providenciando passaportes, compartilhando espécimes ou dando acesso à sua vasta biblioteca. "A ciência de duas nações pode estar em paz", ele afirmou, "quando os seus políticos estão em guerra" — e foi essa paz das ciências que teve significação vital para o avanço do conhecimento.

A partir do momento em que os astrônomos do trânsito regressavam com baús cheios de plantas prensadas, sementes, minérios e animais empalhados, e também com relatórios sobre o solo e levantamentos sobre a geografia, o clima e os costumes, nascia a ideia da expedição científica moderna. Banks pode ter reivindicado, quando partiu no *Endeavour*, ser o primeiro homem de educação científica a embarcar numa viagem de descobertas, no entanto, depois dos trânsitos de Vênus, esse tipo de expedição acabou se transformando na norma. Dali em diante, as grandes explorações sempre passaram a incluir equipes científicas, ou pelo menos alguns membros que tivessem adquirido treinamento científico — de Meriwether Lewis e William Clark, que receberam instruções científicas detalhadas antes de embarcarem na inédita jornada terrestre por todo o continente norte-americano, em 1803, a Charles Darwin no *Beagle*, durante a década de 1830. Até mesmo o exército de Napoleão Bonaparte no Egito foi acompanhado de um conjunto de quase duzentos acadêmicos, que incluíam químicos, matemáticos, linguistas e botânicos.

Os projetos do trânsito revelaram a importância da comunicação internacional e da colaboração. Nunca antes, cientistas e pensadores reuniram-se nessa escala global — nem mesmo a guerra, os interesses nacionais ou as condições adversas foram capazes de detê-los. A intensidade do seu comprometimento não tinha paralelo, e os laços internacionais que estimularam se perpetuaram por muito tempo após os trânsitos.

Até as descobertas que os países poderiam ter utilizado uns contra os outros eram agora compartilhadas. Em 1775, quando a Académie des Sciences de Paris e o governo francês criaram um prêmio para um novo processo de obtenção de salitre, candidaturas estrangeiras foram permitidas — esse gesto foi surpreendente porque o salitre era necessário para a fabricação da pólvora. A academia francesa fez ampla publicidade do prêmio e enviou informações aos velhos colegas do trânsito da Royal Society, da Academia Real de Ciências sueca e da Academia Imperial de São Petersburgo.

Os interesses da ciência tinham ultrapassado as fronteiras nacionais. Hoje, nós consideramos normal essa cooperação internacional, chegando mesmo a falar de projetos globais como se fossem fenômenos exclusivos dos séculos XX e XXI, mas as bases dessa colaboração organizada foram lançadas na década de 1760. Pela primeira vez, governos financiaram projetos científicos de grande escala, elaborando um modelo para as futuras gerações. A cooperação pacífica que perpassou tantos países, sociedades e indivíduos envolvidos nas observações do trânsito mostrou como eram importantes a troca e a colaboração para o progresso do conhecimento. As sementes da aldeia global, na qual vivemos hoje, foram plantadas na década dos trânsitos, quando astrônomos intrépidos de toda a Europa se juntaram para atender ao chamado de Edmond Halley.

Nos dias 5 e 6 de junho de 2012 (dependendo da localização), o pequenino círculo negro de Vênus vai atravessar novamente a face do Sol. Esse será o último trânsito até dezembro de 2117 e nós, portanto, seremos as últimas pessoas, por mais de um século, a ver o fenômeno que uma vez inspirou cientistas de todo o mundo a trabalharem juntos. Quando olharmos para cima e virmos um planeta quase tão grande quanto o nosso, apequenado pela perspectiva contra a imensidão do Sol, estaremos apoiados sobre os ombros de centenas de homens corajosos que assistiram exatamente ao mesmo espetáculo, há quase 250 anos.

Lista de Observadores de 1761

Nacionalidade / Nação organizadora	Observadores (de acordo com os nomes de registro)	Local da observação (nomes históricos e atuais dos lugares)
?	Braun	São Petersburgo, Rússia
Austríacos	Maximilian Hell, Joseph Edler von Herbert, Joseph Xavier Liesganig, Karl Scherffer, Antonio Steinkeller, Müller, César-François Cassini de Thury, Caroli Mastalier, Lysogorski, Ignaz Rain e arquiduque Joseph	Viena, Áustria
Austríaco	Ferenc Weiss	Tyrnau, Áustria (atual Trnava, Eslováquia)
Austríaco	Felix Freiherr von Ehrmann zum Schlug	Wetzlas, Pölla, Áustria
Britânico	William Magee	Calcutá (atual Kolkata), Índia
Britânico	Heberden	Londres, Inglaterra
Britânico	John Canton	Londres, Inglaterra
Britânico	Samuel Dunn	Londres, Inglaterra
Britânico	James Porter	Constantinopla (atual Istambul), Turquia
Britânico	Mr. Martin	Pondicherry (atual Puducherry), Índia
Britânico	Mr. Ferguson	Pondicherry (atual Puducherry), Índia
Britânico	Robert Barker	Pondicherry (atual Puducherry), Índia
Britânico	Alexander Simpson	Basque Roads, baía de Biscay
Britânico	Joseph Harris	Brecknockshire, País de Gales
Britânico	Goodwin	Oxford, Inglaterra

Britânico	Webster	Huntingdonshire, Inglaterra
Britânico	John Rotheram	Newcastle, Inglaterra
Britânico	Dunthorn	Inglaterra
Britânico	Anônimo	Tranquebar (atual Tharangambadi), Índia
Britânico	Harding	Bombaim (atual Mumbai), Índia
Britânico	Benjamin Martin	Londres, Inglaterra
Britânicos	Nevil Maskelyne e Robert Waddington	Santa Helena
Britânico	William Chapple	Castelo de Powderham, Inglaterra
Britânicos	Charles Mason e Jeremiah Dixon	Cabo da Boa Esperança, África do Sul
Britânicos	John Ellicot e John Dolland	Londres, Inglaterra
Britânico	Richard Haydon	Liskeard, Cornualha, Inglaterra
Britânico	Earl Ferrers	Stanton, Leicestershire, Inglaterra
Britânico	Bartholomew Plaisted	Islamabad, Índia (atual Paquistão)
Britânicos	William Hirst, George Pigott e Mr. Call	Madras (atual Chennai), Índia
Britânicos	Nathaniel Bliss, Charles Green e John Bird	Greenwich, Inglaterra
Britânicos	Thomas Hornsby, John Bartlett e Thomas Phelps	Castelo de Shiburn, Oxfordshire, Inglaterra
Britânicos	Isaac Fletcher, George Bell e Elihu Robinson	Mosser, West Cumberland, Inglaterra
Britânicos	John Winthrop e dois assistentes	St. John's Terra-Nova e Labrador, Canadá
Britânicos	James Short, príncipe William, príncipe Harry, príncipe Frederick, John Blair, John Bevis, duque de York e lady Augusta	Londres, Inglaterra
Britânico	John Knott	Chittagong, Índia (atual Bangladesh)
Dinamarquês	Christian Horrebow	Copenhague, Dinamarca
Dinamarqueses	Bugge e Hascow	Trondheim, Noruega
Holandês	Johannes Lulofs	Leiden, Países Baixos
Holandês	Geradus Kuypers	Dordrecht, Países Baixos
Holandês	Wytse Foppes Dongjuma	Camminghaburg, Leeuwarden, Países Baixos

Holandês	Martinus Martens	Amsterdã, Países Baixos
Holandês	Dirk Klinkenberg	Catshuis, Haia, Países Baixos
Holandeses	Gerrit de Hahn, Pieter Jan Soele e Johan Maurits Mohr	Batávia (atual Jacarta), Indonésia
Holandês	Jan de Munck	Middelburg, Países Baixos
Franceses	Alexandre-Gui Pingré e Denis Thuillier	Rodrigues
Francês	Duchoiselle	Grand Mount, perto de Madras (atual Chennai), Índia
Francês	de Seligny	Maurício
Francês	Béraud	Lion, França
Francês	Cardeal de Luynes	Sens, França
Francês	Jeaurat de Barros	Paris, França
Francês	Prolange	Vincennes, França
Francês	Abade Outhier	Bayeux, França
Franceses	Jean-Baptiste Chappe d'Auteroche e dois assistentes	Tobolsk, Rússia
Franceses	Pierre-Charles Le Monnier, rei Luís XV e Charles Marie de la Condamine	Castelo de Saint-Hubert, França
Franceses	De Manse, Clauzade, Jean Bouillet, Jean-Henri-Nicolas Bouillet, Joseph-Bruno de Bausset de Roquefort e o Bispo	Béziers, França
Franceses	Charles Messier e A.H. Baudouin	Paris, França
Franceses	de Merville, Clouet	Paris, França
Franceses	Jean Bouin e Jarnard Bouin &Vincent Dulague	Rouen, França
Franceses	Barthelemy Tandon, Jean-Baptiste Romieu e Etienne-Hyacinthe de Rotte	Montpellier, França
Franceses	Abade Nicolas de la Caille, Jean-Sylvian Bailly e Turgot de Brucourt	Conflans-sous-Carrière, França
Francês	Forneu	La Meule, França
Francês	Gautier	Vire, França
Francês	Dange	Lorient, França
Francês	Dollier ou Dollières	Pequim (atual Beijing), China
Francês	Jérôme de Lalande	Paris, França
Francês	Guillaume Le Gentil	oceano Índico, navio

Francês/italianos	Jean-Dominique Maraldi, Zannoni e Belléri	Paris, França
Francês/português	Joseph-Nicolas Delisle e José Joaquim Soares de Barros e Vasconcelos	Paris, França
Franceses/suecos	Benedict Ferner, Jean-Paul Grandjean de Fouchy, Noël, Baër e Passement	Castelo de la Muette, França
Alemão	Schöttl	Laibach, Alemanha (atual Liubliana, Eslovênia)
Alemão	Gottfried Heinsius	Leipzig, Alemanha
Alemães	Georgio Kratz e dois observadores	Ingolstadt, Alemanha
Alemão	R.P. Hauser	Dillingen, Alemanha
Alemão	Tobias Mayer	Göttingen, Alemanha
Alemão	Georg Friedrich Kordenbusch	Nuremberg, Alemanha
Alemão	Anônimo	Regensburg, Alemanha
Alemão	Christian Rieger	Madri, Espanha
Alemão	Lampert Heinrich Röhl	Greifswald, Alemanha
Alemães	Franz Huberti e outro observador	Würzburg, Alemanha
Alemão	Johann Georg Palitzsch	Prohlis, próximo a Dresden, Alemanha
Alemão	Friedrich Wilhelm Eichholz	Halberstadt, Alemanha
Alemão	Anônimo	Wittenberg, Alemanha
Alemão	Professor Haubold	Dresden, Alemanha
Alemão	Buck	Königsberg, Alemanha (atual Kaliningrad, Rússia)
Alemão	Prosper Goldhofer	Polling, Alemanha
Alemão	Jean Henri Samuel Formey	Berlim, Alemanha
Alemães	Grafenhahn e Pöhlmann	Bayreuth, Alemanha
Alemães	Christian Mayer e Eleitor Palatino Karl Theodor	Schwetzingen, Alemanha
Alemães	Professor Polack e outro observador	Frankfurt an der Oder, Alemanha
Alemães	Georg Christoph Silberschlag, Marktgraf Heinrich e Heinrich Wilhelm Bachmann	Kloster Berge, próximo a Magdeburg, Alemanha
Alemães	Georg Friedrich Brander, Peter von Osterwald, Johann Georg von Lori, Johann Georg Dominicus von Linbrunn e Ildephons Kennedy	Palácio de Nymphenburg, Munique, Alemanha
Alemão	Anônimo	Meissen, Alemanha

Alemães	Eugen Dobler e Bertholdi	Kremsmünster, Áustria
Alemão	Itanow	Danzig, Alemanha (atual Gdansk, Polônia)
Italiano	Giovanni Battista Audiffredi	Roma, Itália
Italiano	Leonardo Ximenes	Florença, Itália
Italiano	Agostino Salluzzo	Roma, Itália
Italiano	Niccolo Maria Carcani	Nápoles, Itália
Italiano	Giuseppe Maria Asclepi	Roma, Itália
Italiano	Giovanni Poleni	Pádua, Itália
Italiano	Giovanni Magrini	Ímola, Itália
Italiano	Daniel Avelloni	Veneza, Itália
Italiano	Jacopo Belgrado	Parma, Itália
Italianos	Tommaso Narducci e Sacchetti	Lucca, Itália
Italianos	Spagnius, François Jacquier e Thomas Le Seur	Roma, Itália
Italianos	Giovanni Battista Beccaria, Canonica e Revelli	Turim, Itália
Italianos	Eustachio Zanotti, Petronio Matteucci, Marini, Frisius, Casali e Sebastiano Canterzani	Bolonha, Itália
Malta	Anônimo	Valetta, Malta
Polonês	Stefan Luskina	Varsóvia, Polônia
Português	Teodoro de Almeida	Porto, Portugal
Português	Miguel Antônio Ciera	Lisboa, Portugal
Russos	Nikita Popov, Ochtenski e Tartarinov	Irkutsk, Rússia
Russo	Mikhail Lomonosov	São Petersburgo, Rússia
Russos	Stepan Rumovsky e assistente	Selenginsk, Rússia
Russo	Theodor Soimonoff	Sibéria, Rússia
Russos	Andrey D. Krasilnikov e Nikolay Kurganov	São Petersburgo, Rússia
Espanhol	Antonius Eximenus	Madri, Espanha
Espanhol	Benevent	Madri, Espanha
Espanhol	de Ronas	Manila, Filipinas
Suecos	Anders Wikström e outro observador	Kalmar, Suécia
Suecos	Nils Schenmark e Johan Henrik Burmester	Lund, Suécia
Suecos	Anders Planman, Frosterus, Lagus e o irmão mais novo de Planman	Cajaneborg (atual Kajana), Finlândia
Suecos	Johan Justander e Wallenius	Åbo (também chamada de Turku), Finlândia

Suecos	Nils Gissler, Ström e outro observador	Hernosand, Suécia
Suecos	Bergström e Zegollström	Kariskrona, Suécia
Suecos	Anders Hellant, Lagerbohm e Häggmann	Tornio (também chamada de Tornio), Finlândia
Suecos	Brehmer, Landberg e Dehn	Landskrona, Suécia
Suecos	Mårten Strömer, Fredrik Mallet, Daniel Melander e Torbern Olof Bergman	Upsala, Suécia
Suecos	Pehr Wilhelm Wargentin, Johan Carl Wilcke, Samuel Klingenstierna, Jacob Gadolin, Rainha Louisa Ulrika, Príncipe Herdeiro Gustav, Johan Gabriel von Seth, Pehr Lehnberg e Carl Lehnberg	Estocolmo, Suécia

Lista de Observadores de 1769

Nacionalidade / Nação organizadora	Observadores (de acordo com os nomes de registro)	Local da observação (nomes históricos e atuais dos lugares)
Norte-americanos	James Browne, Stephen Hopkins e Benjamin West	Providence, Rhode Island, Estados Unidos
Norte-americano	John Page	Estados Unidos
Norte-americanos	David Rittenhouse, William Smith, John Lukens e John Sellers	Norriton, Pensilvânia, Estados Unidos
Norte-americano	John Winthrop	Cambridge, Massachusetts, Estados Unidos
Norte-americanos	Owen Biddle, Joel Bailey e Richard Thomas	Cabo Henlopen, Lewes, Delaware Estados Unidos
Norte-americano	William Poole	Wilmington, Delaware, Estados Unidos
Norte-americano	William Alexander	Baskenridge, Nova Jersey, Estados Unidos
Norte-americanos	Samuel Williams e Tristram Dalton	Newbury, Massachusetts, Estados Unidos
Norte-americanos	John Ewing, Joseph Shippen, Hugh Williamson, Charles Thomson, Thomas Prior e James Pearson	Filadélfia, Pensilvânia, Estados Unidos
Norte-americano	John Leeds	Talbot County, Maryland, Estados Unidos
Norte-americano	Manasseh Cutler	Massachusetts, Estados Unidos

Norte-americanos	Ezra Stiles, William Vernon, Henry Marchant, Benjamin King, Henry Thurston, Punderson Austin, Christopher Townsend, William Ellery e Caleb Gardner	Newport, Rhode Island, Estados Unidos
Britânico	Anônimo	Mussoorie, Montanhas do Himalaia, Índia
Britânico	Charles Mason	Cavan, Irlanda
Britânicos	William Wales e James Dymond	Forte Príncipe de Gales (atual Churchill), baía de Hudson, Canadá
Britânico	Alexander Rose	Phesabad (atual Faizabad), Índia
Britânico	William Bayley	Cabo Norte, Noruega
Britânicos	Nevil Maskelyne, William Hirst, John Horsley, Samuel Dunn, Peter Dollond, Edward Nairne e Malachy Hitchins	Greenwich, Inglaterra
Britânico	James Horsfall	Londres, Inglaterra
Britânico	John Canton	Londres, Inglaterra
Britânico	Alexander Aubert	Londres, Inglaterra
Britânicos	Daniel Harris, James Townley e doutor Bostock	Castelo de Windsor, Inglaterra
Britânicos	Lorde e Lady Macclesfield, John Bartlett e Thomas Phelps	Castelo de Shiburn, Oxfordshire, Inglaterra
Britânico	Ludlam	Norton, próximo a Leicester, Inglaterra
Britânico	Lucas	Oxford, Inglaterra
Britânico	Clare	Oxford, Inglaterra
Britânico	Sykes	Oxford, Inglaterra
Britânico	Shuckburgh	Oxford, Inglaterra
Britânico	Thomas Hornsby	Oxford, Inglaterra
Britânicos	Cyril Jackson e John Horsley	Oxford, Inglaterra
Britânicos	John Bevis e Joshua Kirby	Kew, Inglaterra
Britânicos	James Lind, James Hoy e lorde Alemoor	Hawkhill, Escócia
Britânico	Francis Wollaston	East Dereham, Inglaterra

Britânico	John Smeaton	Austrope Lodge, próximo a Leeds, Inglaterra
Britânico	Brice	Kirknewton, Escócia
Britânicos	Alexander Wilson, dr. Williamson, dr. Reid, dr. Irvine e P. Wilson	Glasgow, Escócia
Britânico	Robinson	Hinckley, Inglaterra
Britânico	G.G.	Leyburn, Inglaterra
Britânico	John Bradley	Lizard Point, Cornualha, Inglaterra
Britânicos	Tenente Alexander Jardine e dois outros observadores	Gibraltar, Espanha/ Inglaterra
Britânico	Thomas Wright	Île aux Coudres, próximo a Quebec, Canadá
Britânico	Gilbert White	Selborne, Inglaterra
Britânico	Jeremiah Dixon	Hammerfest, Noruega
Britânicos	Rei George III, rainha Charlotte, Stephen C.T. Demainbray, Stephen Rigaud, Justin Vulliamy e Ben Vulliamy	Richmond, Inglaterra
Britânico	Mr. Call	Madras (atual Chennai), Índia
Britânico	Companhia das Índias Orientais	Sumatra, Indonésia
Britânico	Capitão Williams	Copenhague, Dinamarca
Britânicos	Six, Ridoubt e outro observador	Canterbury, Inglaterra
Britânico	Lionel Charlton	Whitby, Inglaterra
Britânico	Musgrave	Plymouth, Inglaterra
Britânico	Capitão Saunders	Próximo a Arcanjo, Rússia, navio
Britânico	William Richardson	A 32 quilômetros de São Petersburgo, Rússia
Britânico	Benjamin Martin	Londres, Inglaterra
Britânico/francês	Samuel Holland e Mr. St. Germain	Quebec, Canadá
Britânico/russo	Williamson e Nikitin	Oxford, Inglaterra

Britânicos/suecos	James Cook, Charles Green, Daniel Solander, John Gore, Jonathan Monkhouse, William Monkhouse, Herman Spöring, Zachary Hicks, Charles Clerk, Richard Pickersgill e Patrick Saunders	Ilha do Rei George ou Otaheite (atual Taiti, Polinésia Francesa)
Dinamarquês	Anônimo	Copenhague, Dinamarca
Dinamarquês	Anônimo	Friedrichsberg, Dinamarca (atual Alemanha)
Dinamarquês	Anônimo	Tromsdalen, Noruega
Dinamarqueses	Peder Horrebow e Ole Nicolai Bützow	Donnes, Noruega
Dinamarqueses/austríacos	Maximilian Hell, János Sajnovics e Jens Finne Borchgrevink	Wardhus ou Wardoe (atual Vardo), Noruega
Dinamarquês/alemão	Christian Gottlieb Kratzentstein	Trondheim, Noruega
Holandês	Johan Maurits Mohr	Batávia (atual Jacarta), Indonésia
Francês	Tourneau	Laon, França
Francês	Príncipe de Croï	Calais, França
Francês	Desilrabelle	Marselha, França
Francês	de Mantial	Nancy, França
Francês	Guillaume Le Gentil	Pondicherry (atual Puducherry), Índia
Franceses	Jean-Baptiste Chappe d'Auteroche, Pauly e Dubois	San José del Cabo, Baixa Califórnia, México
Franceses	Alexandre-Gui Pingré, Claret de Fleurieu, de la Fillière e Destourès	Cabo François, Saint Domingue ou Santo Domingo (atual Haiti)
Francês	Louis Cipolla	Pequim (Beijing), China
Francês	Collas	Pequim (Beijing), China
Franceses	Charles Messier, Boudouin, Turgot de Crucourt e Zannoni	Paris, França
Franceses	César-François Cassini de Thury, Duque de Chaulnes, Achille-Pierre Dionis de Séjour e Jean-Dominique Maraldi	Paris, França

Franceses	Gabriel de Bory, Jean-Paul Grandjean de Fouchy, Jean Sylvain Bailly, Noël e o Abade Bourriot	Castelo de la Muette, França
Franceses	Pierre-Charles Le Monnier e Joseph-Bernard de Chabert	Castelo de St. Hubert, França
Francês	de Saron	Saron, França
Francês	Jean-Baptiste d'Après de Mannevillette	Castelo de Kergars, França
Francês	Edmé-Sébastian Jeaurat	Paris, França
Francês	Antoine Darquir de Pellepoix	Toulouse, França
Francês	François Garipuy	Toulouse, França
Franceses	Bouin e Vincent Dulague	Rouen, França
Francês	Diquemar	Le Havre, França
Franceses	Abade Faugère e de la Rogue	Bordeaux, França
Francês	Christophe	Martinica
Franceses	Jérôme Lalande e o Abade Marie	Paris, França
Franceses	Fortin, Blondeau e Pierre Le Roy, de Verdun	Brest, França
Franceses/britânicos	Louis Degloss, J. Lang e H. Stoker	Dinapore (atual Danapur), Índia
Franceses/britânicos	Nathan Pigott, Pigott Jr. e Rochefort	Caen, França
Alemães	Lampert Heinrich Röhl e Andreas Mayer	Greifswald, Alemanha
Alemão	Wenceslaus Johann Gustav Karsten	Bützow, Alemanha
Alemães	Eleitor Palatino Karl Theodor e príncipe Franz Xavier da Saxônia	Schwetzingen, Alemanha
Alemães	Gotthelf Kästner, Ljungberg e Lichtenberg	Göttingen, Alemanha
Alemão	John Godefrey Kochler	Leipzig, Alemanha
Alemão	Johan Elert Bode	Hamburgo, Alemanha
Alemão	Jean Henri Samuel Formey	Berlim, Alemanha
Alemão	Ackermann	Kiel, Alemanha
Alemão/Russo	Christoph Euler e assistente	Orsk, Rússia
Alemão/Russo	Wolfgang Ludwig Krafft e assistente	Orenburg, Rússia
Alemão/Russo	Georg Moritz Lowitz e Pjotr Inochodcev	Guryev, Rússia (atual Atyrau, Cazaquistão)

Alemão/Russos	Catarina, a Grande, Franz Aepinus e 18 cortesãos	Oranienburg, Rússia
Alemães/Russo	Christian Mayer, Anders Johan Lexell, Stahl, Johann Albrecht Euler e Andrey D. Krasilnikov	São Petersburgo, Rússia
Alemão/Sueco?	Brashe e dois outros observadores	Lübeck, Alemanha
Italiano	Sebastiano Canterzani	Bolonha, Itália
Russo	Islenieff	Yakutsk, Rússia
Russos	Stepan Rumovsky e Brolodin (ou Borodulin)	Kola, Rússia
Russo	Ochtenski	Kildin, Rússia
Espanhol	de Queiros	?
Espanhol	Vicente Tolfino	Cádiz, Espanha
Espanhois	Vicente de Doz e Salvador de Medina	San José del Cabo, Baixa Califórnia, México
Espanhois	José Ingnacio Bartolache, José Antonio Alzate e Antonio de Léon y Gama	Cidade do México, México
Espanhol/Italiano	Don Estevan y Melo e um observador italiano	Manila, Filipinas
Sueco	Johan Törnsten	Frösön, Suécia
Suecos	Anders Planman e Uhlwyk	Cajaneborg (atual Kajana ou Kajaani), Finlândia
Suecos	Johan Gadolin e Johan Justander	Vanhalinna, próximo a Abo (também denominada Turku), Finlândia
Suecos	Pehr Wilhelm Wargentin, Benedict Ferner, Johan Carl Wilcke e Strussenfelt	Estocolmo, Suécia
Suecos	Nils Schenmark e Olof Nenzelius	Lund, Suécia
Sueco	Fredrik Mallet	Pello, Finlândia
Sueco	Anders Hellant	Tornio (também denominada Tornio), Finlândia
Suecos	Nils Gissler e Ström	Hernosand, Suécia
Suecos	Erik Prosperin, Daniel Melander, Salenius, Márten Strömer e Torbern Olof Bergman	Upsala, Suécia

Sueco	Johan Henrik Lidén	Leiden, Países Baixos
Suíço	Johann Bernoulli	Colombes, França
Suíço/Russo	Jacques André Mallet	Ponoy, Rússia
Suíço/Russo	Jean-Louis Pictet	Umba, Rússia

Bibliografia selecionada, fontes e abreviaturas

Abreviaturas, Arquivos e Fontes

APS	American Philosophical Society (Sociedade Americana de Filosofia), Filadélfia
Diário de Banks	Diário de Joseph Banks no Endeavour, 1768-1771, on-line
BF on-line	Papéis de Benjamin Franklin on-line
BL	British Library (Biblioteca Britânica)
CMRS	Council Meetings (Reuniões do Conselho), Royal Society, Londres
Diário de Cook	Diário de James Cook acerca das ocorrências extraordinárias a bordo do navio real *Endeavour*, 1768-1771 on-line
DLC	Library of Congress (Biblioteca do Congresso), Washington DC
Histoire & Mémoires	História da Academia Real de Ciências (...) Com as memórias de Matemática e Física, Academia Real de Ciências, Paris
JBRS	Journal Books (Periódicos), Royal Society, Londres
KVA	Kungliga Vetenskapsakademien, Estocolmo (Academia Real de Ciências)
KVA Abhandlungen	Der Königl. Schwedischen Akademie der Wissenschaften Abhandlungen aus der Naturlehre, Haushaltskunst und Mechanik (edição alemã do KVA)
KVA Protocols	Protocolos das reuniões do KVA, Centro de História das Ciências, Estocolmo
Phil Trans	Philosophical Transactions (Transações Filosóficas), Royal Society, Londres

Protocols (Protocolos)	Veselovsky, Konstantin Stepanovich (org.), *Protokoly zasedaniy konferentsii Imperatorskoy Akademii nauk s 1725 po 1803 goda*, São Petersburgo, Academia Imperial de Ciências, 1897-1911 (Protocolos das reuniões da Academia Imperial de Ciências, São Petersburgo)
PV Académie	Procès-Verbaux on-line, Académie des Sciences, Paris
RGO	Royal Greenwich Observatory archives (arquivos do Observatório Real de Greenwich), Cambridge University Library (Biblioteca da Universidade de Cambridge) Cambridge
RS	Royal Society, Londres
RS L&P	Letters and Papers (Cartas e Papéis), Royal Society, Londres
RS MM	Miscellaneous Manuscripts (Manuscritos Variados), Royal Society, Londres

Fontes on-line e arquivos de Internet

Quase todos os artigos e relatórios que foram publicados na época dos trânsitos de 1761 e 1769 estão listados na bibliografia on-line de Rob van Gent (em geral, com um link direto para o texto original).

http://transitofvenus.nl/wp/past-transits/bibliography-1761-1769/

Diário de Joseph Banks no *Endeavour*, 1768-1771
http://southseas.nla.gov.au/index_voyaging.html

Diário de James Cook acerca das ocorrências extraordinárias a bordo do navio real Endeavour, 1768-1771
http://southseas.nla.gov.au/index_voyaging.html

História da Academia Real de Ciências (...) Com as memórias de Matemática e Física, Académie des Sciences, Paris
http://gallica.bnf.fr/ark:/12148/cb32786820s/date.r=.langEN
Procès-Verbaux, Académie des Sciences, Paris

http://gallica.bnf.fr/Search?adva=1&adv=1&tri=title_sort&t_re
lation=%22Notice+d%27ensemble+%3A+http%2F%2Fcatalogue.
bnf.fr%2Fark%3A%2F12148%2Fcb375720275%22&g=Procès-Verba
ux++l%27Acadèmie+Royale+des+Sciences&lang=en

Der Königl. Schwedischen Akademie der Wissenschaften Abhandlungen aus der Naturlehre, Haushaltskunst und Mechanik
http://gdz.sub.uni-goettingen.de/dms/load/toc/?PPN=PPN324352840

Philosophical Transactions, Royal Society, Londres
http://rstl.royalsocietypublishing.org/content/by/year

Göttingische Anzeigen von Gelhrten Sachen, Göttingen
http://gdz.sub.uni-goettingen.de/dms/load/toc/?PPN=PPN556861817

Papéis de Benjamin Franklin
http://franklinpapers.org/franklin/

Roode van Steven, Horários do Trânsito (inestimável calculador que dá os horários precisos do trânsito de 1639 a 2117)
http://transitofvenus.nl/wp/where-when/local-transit-times/

Jornais e Periódicos

Jornais e periódicos citados estão referidos nas notas de fim. Para uma avaliação das observações do trânsito, os seguintes serão úteis:

Grã-Bretanha:
Philosophical Transactions, Royal Society, Londres

França:
Histoire de l'Académie Royale des Sciences (...) avec les mémoires de mathématique & de phisique, Académie des Sciences, Paris

Alemanha:
Göttingische Anzeigen von Gelehrten Sachen, Göttingen
Das Neuste aus der Anmuthigen Gelehrsamkeit, Leipzig

Suécia:
Kungl. Svenska Vetenskapsakademiens Handlingar, Estocolmo
Ou a edição alemã: *Der Königl. Schwdischen Akademie der Wissenschaften Abhandlungen aus der Naturlehre, Haushaltskunst und Mechanik*, Estocolmo

Rússia:
Novi Commentarii, Academia Imperial de Ciências, São Petersburgo

Itália:
Novelle Letterarie, Florença

Livros

ACERBI, Joseph. *Travels Through Sweden, Finland, and Lapland, to the North Cape, in the Years 1798 and 1799*. Londres: publicado para J. Mawman, 1802.

ALDER, Ken. *The Measure of All Things*. Londres: Little Brown, 2002.

Anônimo. "Du passage de Vénus sur le Soleil, qui s'observera em 1769". In: *Histoire & Mémoires*, 1757.

Anônimo. "Éloge de M. de l'Isle". In: *Histoire & Mémoires*, 1768.

Anônimo. "Sur la conjonction écliptique de Vénus et du Soleil, du 6 Juin 1761". In: *Histoire & Mémoires*, 1761.

Anônimo. "Sur la conjonction écliptique de Vénus et du Soleil, du 3 Juin 1769". In: *Histoire & Mémoires*, 1769.

Anônimo. "Sur le passage de Vénus sur le Soleil, du 3 Juin 1769". In: *Histoire & Mémoires*, 1770.

ARMITAGE, Angus. "Chappe d'Auteroch. A Pathfinder for Astronomy". In: *Annals of Science*, 1954, v. 10.

_____. *Edmond Halley*. Londres, Nelson, 1966.

_____. "The Pilgrimage of Pingré". In: *Annals of Science*, 1953, v. 9.

ASPAAS, Per Pippin. "Maximilian Hell's Invitation to Norway". In: *Communications in Asteroseismology*, 2008, v. 149.

AUBERT, Alexander. "Transit of Venus Over the Sun, Observed June 3, 1769". In: *Phil Trans*, 1769, v. 59.

AUGHTON, Peter. *Endeavour. Captain Cook's First Great Voyage*. Londres: Phoenix, 2003.

BACMEISTER, H.L.C. *Russische Bibliothek*. São Petersburgo, Riga e Leipzig: Johann Friedrich Hartnoch, 1772, v. 1.

BAYLEY, William. "Astronomical Observations Made at the North Cape, for the Royal Society". In: *Phil Trans*, 1769, v. 59.

BEAGLEHOLE, J.C. (org.). *The Endeavour Journal of Joseph Banks, 1768-1771*. Sidney: Angus and Robertson, 1962.

_____. *The Journals of Captain James Cook on his Voyages of Discovery*. Woodbridge e Sulfolk: Boydell Press, 1999.

BERNOUILLI, Jean. *Lettres astronomiques, ou l'on donne une idée de l'état actuel de l'astronomie pratique dans plusieurs villes de l'Europe*. Berlim: 1771.

BEVIS, John. "Observations of the Last Transit of Venus, and of the Eclipse of the Sun the Next Day, Made at the House of Joshua Kirby, Esquire, at Kew". In: *Phil Trans*, 1769, v. 59.

BIDDLE, Owen; BAILEY, Joel; THOMAS, Richard. "An Account of the Transit of Venus over the Sun, June 3, 1769, as Observed near Cape Henlopen, on Delaware". In: *Transactions APS*, 1769-71, v. 1.

BIDDLE, Owen. "Observations of the Transit of Venus Over the Sun, June 3, 1769; Made by Mr. Owen Biddle and Mr. Joel Bailey, at Lewestown, in Pennsylvania. Communicated by Benjamin Franklin". In: *Phil Trans*, 1769, v. 59.

BLACK, Jeremy. *George III. America's Last King*. New Haven e Londres: Yale University Press, 2006.

BLISS, Nathaniel. "Observations on the Transit of Venus over the Sun, on the 6th of June 1761". In: *Phil Trans*, 1761-62, v. 59.

BODE, Johann Elert. *Deutliche Abhandlung nebst einer Allgemeinen Charte von dem bevorstehenden merkwürdigen Durchgang der Venus durch die Sonnenscheibe*. Hamburgo: 1769.

BRADLEY, James. *Miscellaneous Works and Correspondence*. Oxford: Oxford University Press, 1832.

BRADLEY, John. "Some Account of the Transit of Venus and Eclipse of the Sun, as Observed at the Lizard Point, June 3, 1769". In: *Transactions APS*, 1769-71, v. 1.

BRASCH, Frederick. "John Winthrop (1714-1779). America's First Astronomer, and the Science of his Period". In: *Publications of the Astronomical Society of the Pacific*, 1916, v. 28.

CANDAUX, Jean-Daniel (org.). *Deux astronomes genevois dans la Russie de Catherine II: journaux de voyage en Laponie russe de Jean-Louis Pictet et Jacques-André Mallet pour observer le passage de Vénus devant le disque solaire, 1768-1769*. Ferney-Voltaire: Centro Internacional de Estudos do Século XVIII, 2005.

CANTON, John. "A Letter to the Astronomer Royal, from John Canton, M.A.F.R.S. Containing His Observations of the Transit of Venus, June 3, 1769, and of the Eclipse of the Sun the Next Morning". In: *Phil Trans*, 1769, v. 59.

_____. "Observations on the Transit of Venus, June the 6th, 1761, Made in Spital-Square". In: *Phil Trans*, 1761-62, v. 52.

CARLID, Göte; NORDSTRÖM, Johan (org.). *Torbern Bergman's Foreign Correspondence*. Estocolmo: Almqvist & Wiksell, 1965.

CARTER, Harold. *Sir Joseph Banks (1743-1820)*. Londres: Museu Britânico, 1988.

_____. "The Royal Society and the Voyage of HMS 'Endeavour' 1768-1771". In: *Notes and Records of the Royal Society of London*, 1995, v. 49.

CASSINI, Jean-Dominique. *Éloge de M. Le Gentil*. Paris: de D. Colas, 1810.

CATARINA II. *The Antidote: or an Enquiry into the Merits of a Book, entitled A Journey into Siberia*. Londres: 1772.

CHABERT, Joseph-Bernard de. "Mémoire sur l'avantage de la position de quelques isles de la mer de Sud, pour l'observation de l'entrée de Vénus devant le Soleil, qui doit arriver le 6 Juin 1761". In: *Histoire & Mémoires*, 1757a.

_____. "Mémoire sur la nécessité, les avantages, les objets & les moyens d'exécution du Voyage que l'Académie propose de faire entreprendre à M. Pingré dans la partie occidentale & méridionale de l'Afrique, à l'occasion du passage de Vénus devant le Soleil, qui arrivera le 6 Juin 1761". In: *Histoire & Mémoires*, 1757b.

CHAMBERS, Neil. *The Letters of Sir Joseph Banks. A Selection, 1768-1820*. Londres: Imperial College Press, 2000.

CHAPLIN, Joyce E. *The Scientific American: Benjamin Franklin and the Pursuit of Genius*. Nova York: Basic Books, 2006.

CHAPPE D'AUTEROCHE, Jean-Baptiste. *A Journey into Siberia*. Londres: T. Jefferys, 1770.

_____. *A Voyage to California to Observe the Transit of Venus*. Londres: Edward and Charles Dilly, 1778.

_____. "Extract of a Letter, Dated Paris, Dec. 17, 1770, to Mr. Magalhaens, from M. Bourriot; Containing a Short Account of the Late Abbé Chappe's Observation of the Transit of Venus, in California". In: *Phil Trans*, 1770, v. 60.

_____. *Mémoire du passage de Vénus sur le Soleil: Contenant aussi quelques autres Observations sur l'Astronomie, et la Déclinaison de la Boussole, faites à Tobolsk en Sibérie l'Année 1761*. São Petersburgo: Academia Imperial de Ciências, 1762.

_____. *Voyage en Sibérie, fait par ordre du roi em 1761*. Paris, Debure, 1768.

CHIPOLLA, Louis. "Astronomical Observations by the Missionaires at Pekin". In: *Phil Trans*, 1774, v. 64.

COHEN, I. Bernard. *Science and the Founding Fathers: Science in the Political Thought of Thomas Jefferson, Benjamin Franklin, John Adams, and James Madison*. Nova York e Londres: W.W. Norton, 1995.

COOK, Alan. *Edmond Halley: Charting the Heavens and the Seas*. Oxford: Clarendon, 1998.

COOK, James. "Observations Made, by Appointment of the Royal Society, at King George's Island in the South Sea; By Mr. Charles Green, Formerly Assistant to the Royal Observatory at Greenwich, and Lieut. James Cook, of His Majesty's Ship the Endeavour". In: *Phil Trans*, 1771, v. 61.

COPE, Thomas D.; ROBINSON, H. W. "Charles Mason, Jeremiah Dixon and the Royal Society". In: *Notes and Records of the Royal Society of London*. 1951, v. 9.

COPE, Thomas D. "Some Contacts of Benjamin Franklin with Mason and Dixon and Their Work". In: *Proceedings APS*, 1951, v. 95.

_____. "The First Scientific Expedition of Charles Mason and Jeremiah Dixon." In: *Pennsylvania History*, 1945, v. 7.

COXE, William. *Travels into Poland, Russia, Sweden, and Denmark.* Londres: T. Caldell, 1784.

CROARKEN, Mary. "Astronomical Laourers: Maskelyne's Assistants at the Royal Observartory, Greenwich, 1765-1811". In: *Notes and Records of the Royal Society of London*, 2003, v. 57.

CROSBY, B. *Authentic Memoirs of the Life and Reign of Catherine II.* Londres: 1797.

CROSS, A.G. (org.). *An English Lady at the Court of Catherine the Great. The Journal of Baroness Elizabeth Dimsdale, 1781*. Northampton: Crest Publications, 1989.

CRUMP, Thomas. *A Brief History of Science, as Seen Through the Development of Scientific Instruments.* Londres: Constable & Robinson, 2001.

DELAMBRE, Jean-Baptiste-Joseph. "Notice sur la vie et les ouvrages de M. Messier". In: *Histoire & Mémoires*, 1817.

DELISLE, Joseph-Nicolas. *La Description et l'usage de la mappemonde dressée pour le passage de Vénus sur le disque du Soleil qui est attendu le 6 juin 1761.* Paris: 1760.

_____. *Mémoire présenté au Roi le 27 avril 1760 pour server d'explication à la Mappemonde présentée em même temps à as Majesté au sujet du passage de Vénus sur le Soleil, que l'on attend le 6 juin 1761.* Paris: 1760.

DIXON, Jeremiah. "Observations Made on the Island of Hammerfost, for the Royal Society". In: *Phil Trans*, 1769, v. 59.

DIXON, Simon. *Catherine the Great.* Londres: Profile, 2010.

DONNERT, Erich (org.). *Europa in der Frühen Neuzeit. Festschrift für Günther Mühlpfordt.* Colônia: Böhlau Verlag, 2002.

DUNN, Samuel. "A Determination of the Exact Moments of Time When the Planet Venus Was at External and Internal Contact with the Sun's Limb, in the Transits of June 6th, 1761, and June 3, 1769". In: *Phil Trans*, 1770, v. 60.

_____. "Some Observations of the Planet Venus, on the Disk of the Sun, June 6, 1761". In: *Phil Trans*, 1761-62, v. 52.

DUYKER, Edward; TINGBRAND, Per (orgs.). *Daniel Solander. Collected Correspondence, 1753-1782*. Oslo, Copenhague e Estocolmo: Scandinavian University Press, 1995.

AMERICAN PHILOSOPHICAL SOCIETY. "Early Proceedings of the American Philosophical Society for the Promotion of Useful Knowledge, Compiled by One of the Secretaries, from the Manuscript Minutes of Its Meetings from 1744-1838". In: *Proceedings APS*, 1885, v. 22.

EAST INDIA COMPANY. "Observations Made at Dinapoor, June 4, 1769, on the Planet Venus, When Passing Over the Sun's Disk, June 4, 1769, with Three Different Quadrants, and a Two Foot Reflecting Telescope". In: *Phil Trans* 1770, v. 60.

ENCKE, Johann Franz. *Der Venusdurchgang von 1769 als Fortsetzung der Abhandlung über die Entfernung der Sonne von der Erde*. Gotha: Beckierschen Buchhandlung, 1824.

_____. *Die Entfernung der Sonne von der Erde aus dem Venusdurchgange von 1761*. Gotha: Beckerschen Buchhandlung, 1824.

ENGSTRAND, Iris. W.H. *Spanish Scientists in the New World: The Eighteenth-century Expeditions*. Seattle: University of Washington Press, 1981.

EULER, Christoph. *Auszug aus den Beobachtungen welche zu Orsk bey Gelegenheit des Durchgangs der Venus vorbey der Sonnenscheibe angestellt worden sind*. São Petersburgo: Academia Imperial de Ciências, 1769.

EWING, John. "An Account of the Transit of Venus over the Sun, June 3, 1769, and of the Transit of Mercury Nov. 9th, Both as Observed in the State-House Square". Filadélfia. In: *Transactions APS*, 1769-71, v. 1.

FERGUSON, James. "A Delineation of the Transit of Venus Expected in the Year 1769". In: *Phil Trans*, 1763, v. 53.

_____. *A Plain Method of Determining the Parallax of Venus by her Transit over the Sun*. Londres: 1761.

_____. *Astronomy Explained upon Sir Isaac Newton's Principles*. Londres: A. Millar, 1764.

FERNER, Benedict. "An Account of the Observations on the Same Transit Made in and Near Paris". In: *Phil Trans*, 1761-62, v. 52.

_____. "Extract of a Letter to the Reverend Nevil Maskelyne, Astronomer Royal, from Mr. Benedict Ferner, 9 June 1769". In: *Phil Trans*, 1769, v. 59, p. 404.

FORBES, Eric Gray. "Tobias Mayer (1723-62): A Case of Forgotten Genius". In: *The British Journal for the History of Science*, 1970, v. 5.

FOUNCHY, Jean-Paul Grandjean de. "Éloge de M. L'Abbé Chappe". In: *Histoire & Mémoires*, 1769.

FRÄNGSMYR, Tore (org.). *Science in Sweden: The Royal Swedish Academy of Sciences, 1739-1989*. Canton: Massachusetts Science History Publications, 1989.

GADOLIN, Jacob. "Beobachtungen beym Eintritte der Venus in die Sonne, den 3 Jun 1769 zu Åbo angestellt und eingegeben". In: *Der Königl. Schwedischen Akademie der Wissenschaften Abhandlungen aus der Naturlehre, Hausahaltskunst und Mechanik*, 1769.

GASCOIGNE, John. *Joseph Banks and the English Enlightenment: Useful Knowledge and Polite Culture*. Cambridge: Cambridge University Press, 1994.

GILLISPIE, Charles Coulston (org.). *Dictionary of Scientific Biography*. Nova York: Scribner, 1970-1980.

GISSLER, Nils. "Eintritt der Venus in die Sonne, den 3ten Jun. 1769 zu Hernosand". In: *Der Königl. Schwedischen Akademie der Wissenschaften Abhandlungen aus der Naturlehre, Haushaltskunst und Mechanik*, 1769.

GORBATOV, Inna. *Catherine the Great and the French philosophers of the Entlightenment: Montesquieu, Voltaire, Rousseau, Diderot and Grim*. Bethesda: Academica Press, 2006.

GREENE, Jack P. *The Intelectual Construction of America: Exceptionalism and Identity from 1492 to 1800*. Chapel Hill e Londres: University of North Carolina Press, 1993.

HANH, Roger. *The Anatomy of Scientific Institution: the Paris Academy of Sciences, 1666-1803*. Berkeley: University of California Press, 1971.

HALLEY, Edmond. "Halley's Dissertation on the method of finding the Sun's parallax and distance from Earth, by the Transit of Venus over the Sun's disk, June the 6th, 1761, originally published in Latin in 1716 in the Philosophical Transactions, translated to English", Ferguson, James. In: *Astronomy Explained upon Sir Isaac Newton's Principles*. Londres: A. Millarm, 1764.

_____. "Methodus Singularis Quâ Solis Parallaxis Sive Distantia à Terra, ope Veneris intra Solem Conspiciendoe, Tuto Determinari Poterit", In: *Phil Trans*, 1714-16, v. 29.

_____. "The Art of Living Under Water: Or, a Discourse concerning the Means of Furnishing Air at the Bottom of the Sea, in Any Ordinary Dephts", In: *Phil Trans*, 1714-16, v. 29.

HAMEL, Jürgen; MÜLLER, Isolde; POSCH, Thomas. *Die Geschichte der Universitätssternwarte Wien; Dargestellt anhand ihrer historischen Instrumente un eines Manuskripts von Johann Steinmayr*. Frankfurt am Main: Harri Deutsch Verlag, 2010.

HANSEN, Truls Lynne; ASPAAS, Per Pippin. "Maximilian Hell's Geomagnetic Observations of 1769 in Norway". In: *Tromso Geophysical Observatory Reports*, n° 2, University of Tromso, 2005.

HARRIS, Daniel. "Observations of the Transit of Venus Over the Sun, Made at the Round Tower in Windsor Castle, June 3, 1769". In: *Phil Trans*, 1769, v. 59.

HAYDON, Richard. "An Account of the Same Transit", In: *Phil Trans*, 1761-62, v. 52.

HELL, Maximilian. *Observatio Transitus Veneris Ante Discum Solis die 5ta Junii 1761*. Viena: 1761.

_____. *Observatio Transitus Veneris Ante Discum Solis die 3 junii anno 1769*. Giese e Copenhague: 1770.

HELLANT, Anders. "Venus in der Sonne zu Torne, den 6 Junii 1761". In: *Der Königl. Schwedischen Akademie der Wissenschaften Abhandlungen aus der Naturlehre, Haushaltskunst und Mechanik*, 1761.

HERDENDORF, Charles E. "Captain James Cook and the Transits of Mercury and Venus". In: *The Journal of Pacific History*, 1986, v. 21.

HEYMAN, Harald J. *Fredrik Mallet och Johan Henrik Lidén. En brevväxling fràn àren 1769-70*. Upsala: Lychnos, 1938.

HINDLE, Brooke. *David Rittenhouse*. Princeton e Nova Jersey: Princeton University Press, 1964.

_____. *The Pursuit of Science in Revolutionary America 1735-1789*. Chapel Hill: University of North Carolina Press, 1956.

HIRST, William. "Account of Several Phaenomena Observed during the Ingress of Venus into the Solar Disc". In: *Phil Trans*, 1769, v. 59.

_____. "An Account of an Observation of the Transit of Venus over the Sun, on the 6th of June 1761, at Madrass". In: *Phil Trans*, 1761-62, v. 52, p. 397.

HOLLAND, Samuel. "Astronomical Observations Made by Samuel Holland, Esquire, Suveyor-General of Lands for the Northern District of North-America; and Others of His Party". In: *Phil Trans*, 1769, v. 59.

HOME, R.W. "Science as a Career in Eighteenth-Century Russia: The Case of F.U.T. Aepinus". In: *The Slavonic and East European Review*, 1973, v. 51.

HORNSBY, Thomas. "A Discourse on the Parallax of the Sun". In: *Phil Trans*, 1763, v. 53.

_____. "An Account of the Observations of the Transit of Venus and of the Eclipse of the Sun, Made at Shiburn Castle and at Oxford". In: *Phil Trans*, 1769, v. 59.

_____. "On the Transit of Venus in 1769". In: *Phil Trans*, 1765, v. 55.

_____. "The Quantity of the Sun's Parallax, as Deduced from the Observations of the Transit of Venus, on June 3, 1769". In: *Phil Trans*, 1771, v. 61.

HORSFALL, James. "Observations of the Late Transit of Venus". In: *Phil Trans*, 1769, v. 59.

HORSLEY, Samuel. "Venus Observed upon the Sun at Oxford, June 3, 1769". In: *Phil Trans*, 1769, v. 59.

HOWSE, Derek. *Francis Place and the Early History of Greenwich Observatory*. Nova York: Science History Publications, 1975.

_____. *Nevil Maskelyne: the Seaman's Astronomer*. Cambridge e Nova York: Cambridge University Press, 1989.

HULSHOFF POL, E. "Een Zweed te Leiden in 1769. Uit het reisdagboek van J. H. Lidén". In: *Jaarboekje voor Geschiedenis en Oudheidkunde van Leiden en Omstreken*, 1958.

HUNTINGTON, W. Chapin. "Michael Lomonosov and Benjamin Franklin: Two Self-Made men of the Eighteenth Century". In: *Russian Review*, 1959, v. 18.

JAMES, Lawrence. *The Rise and Fall of the British Empire*. Londres: Abacus, 2001.

JARDINE, Alexander. "Observations on the Transit of Venus, and Other Astronomical Observations, Made at Gibraltar". In: *Phil Trans*, 1769, v. 59.

JARDINE, Lisa. *Ingenious Pursuits, Building the Scientific Revolution*. Londres: Little Brown, 1999

JEFFERSON, Thomas. *Notes on the State of Virginia* (organizado por William Peden). Nova York e Londres: W.W. Norton, 1982.

JONES, Colin. *Paris: Biography of a City*. Londres: Penguin, 2006.

JUSKEVIC, A. P; WINTER, E. (org.). *Die Berliner und die Petersburger Akademie der Wissenschaften im Briefwechsel Leonhard Eulers*. Berlim: Akademie-Verlag, 1759-1976.

KANT, Immanuel. *Allgemeine Naturgeschichte und Theorie des Himmels*. Königsberg e Leipzig: Johann Friederich Petersen, 1755.

KÄSTNER, I. (org.). *Wissenschaftskommunikation in Europa im 18 und 19 Jahrhundert*. Aachen: Shaker Verlag, 2009.

KAYE, I. "James Cook and the Royal Society". In: *Notes and Records of the Royal Society of London*, 1969, v. 24.

KINDERSLEY, Jemima. *Letters from the Island of Tenefiffe, Brazil, the Cape of Good Hope, and the East-Indies*. Londres: 1777.

KORDENBUSCH, Georg Friedrich. *Die Bestimmung der denkwürdigen Durchgänge der Venus durch die Sonne, der Jahre 1761 den 6 Junii und 1769 den 3 Junii*. Nuremberg: 1769.

KRAFFT, Wolfgang Ludwig. *Auszug aus den Beobachtungen welche zu Orenburg bey Gelegenheit des Durgangs der Venus vorbey der Sonnenscheibe angestellt worden sind*. São Petersburgo: Academia Imperial de Ciências, 1769.

LALANDE, Jérôme de. "Explication d'une carte du passage de Vénus sur le disque du Soleil pour le 3 juin 1769". In: *Histoire & Mémoires*, 1764.

_____. "Extract of a Letter from M. De la Lande, of the Royal Academy of Sciences at Paris, to the Rev. Mr. Nevil Maskelyne, F.R.S. Dated Paris, Nov. 18, 1762". In: *Phil Trans*, 1761-62, v. 52.

_____. *Figure du passage de Vénus sur le disque du Soleil qu'on observera le 3 juin 1769*. Paris: Jean Lattré, 1760.

_____. "Mémoire sur les passages de Vénus devant le disque du Soleil, en 1761 et 1769". In: *Histoire & Mémoires*, 1757.

_____. "Observation du passage de Vénus sur le disque du Soleil, faite à Paris au Palais du Luxembourg le 6 Juin 1761". In: *Histoire & Mémoires*, 1761.

_____. "Observation du passage de Vénus sur le Soleil, faite à paris le 3 Juin 1769, dans l'Observatoire du Collège Mazarin". In: *Histoire & Mémoires*, 1769.

_____. "Observations of the Transit of Venus on June 3, 1769, and the Eclipse of the Sun on the Following Day, Made at Paris, and Other Places". In: *Phil Trans*, 1769, v. 59.

_____. "Remarques sur les Observations du passage de Vénus, faites à Copenhague & à Drontheim en Norwège, par ordre du roi de Danemarck". In: *Histoire & Mémoires*, 1761.

_____. "Remarques sur le passage de Vénus, qui s'observera em 1769". In: *Histoire & Mémoires*, 1768.

LE GENTIL, Guillaume. *Le Gentils Reisen in den indischen Meeren in den Jahren 1761 bis 1769 und Chappe d'Auteroche Reise nach Mexico und Californien im Jahre 1769 aus dem Französischen, nebst Karl Millers Nachricht von Sumatra und Franziscus Masons Beschreibung der Insel St. Miguel aus dem Englischen*, traduzido por J. P. Ebeling. Hamburgo: Carl Ernst Bohn, 1781.

_____. "Mémoire [...] au sujet de l'observation qu'il va faire, par ordre du Roi, dans les Indes Orientales, du prochain passage de Vénus pardevant le Soleil". In: *Le Journal des Sçavans*, 1760.

_____. *Voyage dans les mers de l'Inde*. Paris: Académie des Sciences, 1779 e 1781.

LE MONNIER, Pierre Charles. "Observation du passage de Vénus sur le disque du Soleil, faite au château de Saint-Hubert en présence du Roi". In: *Histoire & Mémoires*, 1761.

LEEDS, John. "Observation of the Transit of Venus, on June 3, 1769". In: *Phil Trans*, 1769, v. 59.

LENTIN, A. (org.). *Voltaire and Catherine the Great. Selected Correspondence.* Cambridge: Oriental Research Partners, 1974.

LEVITT, Marcus C. "An Antidote to Nervous Juice: Catherine the Great's Debate with Chappe d'Auteroche over Russian Culture". In: *Eighteenth Century Studies*, 1998, v. 32.

LEWIS, W.S (org.). *Horace Walpole's Correspondence*. New Haven e Londres, Yale University Press, 1937-1961.

LEXELL, Anders. *Disquisitio de investiganda vera quantitate parallaxeos solis ex transitu veneris ante discum solis.* São Petersburgo: Academia Imperial de Ciências, 1772.

LINCOLN, Margarette (org.). *Science and Exploration in the Pacific.* Londres: National Maritime Museum, 1998.

LIND, James. "An Account of the Late Transit of Venus, Observed at Hawkhill, Near Edingurgh". In: *Phil Trans*, 1769, v. 59.

LINDROTH, Sten (org.). *Swedish Men of Science, 1650-1950.* Estocolmo: Swedish Institute, 1952.

_____. *Kungliga Svenska Vetenskapsakademiens Historia.* Estocolmo: Almqvist & Wiksell, 1967.

LIPSKI, Alexander. "The Foundation of the Russian Academy of Sciences". In: *Isis*, 1953, v. 44.

LITTROW, Carl Ludwig (org.). *P. Hell's Reise nach Wardoe bei Lappland und seine Beobachtung des Venus-Durchganges im Jahre 1769.* Viena: Carl Gerold Verlag, 1835.

LONGFORD, Paul. *A Polite and Commercial People, England 1717-1783.* Oxford e Nova York: Oxford University Press, 1992.

LOWITZ, Georg Moritz. *Auszug aus den Beobachtungen welche zu Gurief bey Gelegenheit des Durchgangs der Venus vorbey der Sonnenscheibe angestellt worden sind.* São Petersburgo: Academia Imperial de Ciências, 1770.

LUDLAM, Mr. "Observations Made at Leicester on the Transit of Venus Over the Sun, June 3, 1769". In: *Phil Trans*, 1769, v. 59.

MACLEOD, Roy (org.) *Nature and Empire: Science and the Colonial Enterprise.* Chicago: University of Chicago Press, 2000.

MADARIAGA, Isabel de. *Catherine the Great: A Short History.* New Haven e Londres: Yale University Press, 1990.

MAGEE, William. "Minutes of the Observation of the Transit of Venus over the Sun, the 6th of June 1761, Taken at Calcutta in Bengal". In: *Phil Trans*, 1761-62, v. 52.

MALLET, Fredrik. "De Veneris Transitu, per discum Solis, A. 1761, d. 6 Junii". In: *Phil Trans*, 1766, v. 56.

_____. "Nachricht was man bey der Venus Durchgange durch die Sonne den 3. Und 4. Jun. 1769 zu Pello hat beobachten können". In: *Der Königl. Schwedischen Akademie der Wissenschaften Abhandlungen aus der Naturlehre, Haushaltskunst und Mechanik*, 1769.

_____. "Extract of a Letter from Mr. Mallet, of Geneva, to Dr. Bevis, F.R.S." In: *Phil Trans*, 1770, v. 60.

MAOR, Eli. *Venus in Transit*. Princeton e Nova Jersey: Princeton University Press, 2004.

MARALDI, M. "Observation de la sortie de Vénus du disque du Soleil, faite à l'Observatoire Royal le 6 Juin 1761, au matin". In: *Histoire & Mémoires*, 1761.

MARE, Margaret e QUARRELL, W. H. (trad. e org.). *Lichtenberg's Visits to England as Described in his Letters and Diaries*. Oxford: Clarendon Press, 1938.

MARTIN, Benjamin. *Institutions of Astronomical Calculations: Containing a Survey of the Solar System ... With a Description of Two New Pieces of Mechanism, etc.* Londres: o Autor, 1773.

_____. *The Young Gentleman and Lady's Philosophy, in a Continued Survey of the Works of Nature and Art*. Londres: W. Owen & o Autor, 1759.

_____. *Venus in the Sun*. Londres: 1761.

MASKELYNE, Nevil. "A Letter from Rev. Nevil Maskelyne, B.D.F.R.S. Astronomer Royal, to Rev. William Smith, D.D. Provost of the College of Philadelphia, Giving Some Account of the Hudson-Bay and Other Northern Observations of the Transit of Venus, June 3, 1769". In: *Transactions APS*, 1769-71, v. 1.

_____. "A Letter from the Rev. Nevil Maskelyne, M.A.F.R.S. to William Watson, M.D.F.R.S.". In: *Phil Trans*, 1761-62, v. 52.

_____. "An Account of the Observations Made on the Transit of Venus, June 6, 1761, in the Island of St Helena". In: *Phil Trans*, 1761-62, v. 52.

_____. *Instructions Relative to the Observation of the Ensuing Transit of the Planet Venus over the Sun's Disk on the 3d of June 1769*. Londres: Richardson, 1768.

_____. "Observations of the Transit of Venus Over the Sun, and the Eclipse of the Sun, on June 3, 1769; Made at the Royal Observatory". In: *Phil Trans*, 1768, v. 58.

MASON, Charles; DIXON, Jeremiah. "Observations Made at the Cape of Good Hope". In: *Phil Trans*, 1761-62, v. 52.

MASON, Charles. "Astronomical Observations Made at Cavan, Near Strabane, in the County of Donegal, Ireland, by Appointment of the Royal Society". In: *Phil Trans*, 1770, v. 60.

MASON, Hughlett. "The Journal of Charles Mason and Jeremiah Dixon, 1763-1768". In: *Memoirs of the APS*, 1969, v. 76.

MASSERANO, Príncipe. "A Short Account of the Observations of the Late Transit of Venus, Made in California, by Order of His Catholic Majesty; Communicated by His Excellency Prince Masserano, Ambassador from the Spanish Court". In: *Phil Trans*, 1770, v. 60.

MAYER, Andreas. "Observatio Ingresssus Veneris in Solem 3 die Junii, 1769, habita Gryphiswaldiae". In: *Phil Trans*, 1769, v. 59.

MAYER, Christian. *Ad augustissimam Russirum omnium imperatricem Catharinam II. Alexiewnam expositio de transitu Veneris ante discum Solis d. 23 Maii, 1769*. São Petersburgo: Academia Imperial de Ciências, 1769.

_____. "An Account of the Transit of Venus'. In: *Phil Trans*, 1764, v. 54.

_____. "Expositio utriusque observationes et Veneris et Eclipsis Solaris". In: *Novi Commentarii Academi Scientiarum Imperialis Petropolitan*, 1768, v. 13 e 1769, v. 14.

MCCLELLAN, James E. *Science Reorganized. Scientific Societies in the Eighteenth Century*. Nova York: Columbia University Press, 1985.

MCCLELLAN, James E.; REGOURD, François. "The Colonial Machine: French Science and Colonization in the Ancien Regime". In: *Nature and Empire: Science and the Colonial Enterprise*, by Roy MacLeod (org.). Chicago: Unviersity of Chicago Press, 2000.

MCLYNN, Frank. *Captain Cook*. New Haven e Londres: Yale University Press, 2011.

MEADOWS, A.J. "The Discovery of an Atmosphere on Venus". In: *Annals of Science*, 1966, v. 22.

MELANDER, Daniel. "Erklärung der Erscheinungen die sich bey der Venus Durchgange durch die Sonne Zeigen". In: *Der Königl. Schwedishen Akademie der Wissenschaften Abhandlungen aus der Naturlehre, Haushaltskunst und Mechanik*, 1769.

MENSHUKTIN, Boris Nikolaevich. *Russia's Lomonosov: Chemist, Courtier, Physicist, Poet*. Oxford: Oxford University Press, 1952.

MILBURN, John R. *Benjamin Martin: Author, Instrument-maker, and Country Showman*. Leyden: Noordhoff International Publications, 1976.

MILLER, David Philip; REILL, Peter Hanns (orgs.). *Visions of Empire: Voyages, Botany, and Representations of Nature*. Cambridge: Cambridge University Press, 1991.

MOHR, Johan Maurits. "Transitus Veneris & Mercurii in Eorum Exitu è Disco Solis 4to Mensis Junii & 10mo Novembris, 1769, Observatus. Communicated by Capt. James Cook". In: *Phil Trans*, 1771, v. 61.

MOROSOW, A.A. *Michail Wassiljewitsch Lomonosow*. Berlim: Rütten & Loening, 1954.

MORRIS, Margaret. "Man Without A Face: Charles Green". In: *Cook's Log*. 1980, v. 3 e 1981, v. 4.

MOUTCHNIK, Alexander. *Forschung und Lehre in der zweiten Hälfte des 18. Jahrhunderts: der Naturwissenschaftler und Unviersitätsprofessor Christian Mayer SJ (1719-1783)*. Augsburg: E. Rauner, 2006.

MUNCK, Thomas. *The Enlightenment. A Comparative Social History 1721-1794*. Londres: Hodder, 2000.

MUYDEN, Madame van (trad. e org.). *A Foreign View of England in the Reigns of George I & George II. The Letters of Monsieur César de Saussure to his Family*. Londres: John Murray, 1902.

MYLIUS, Christlob. "Christlob's Mylius Tagebuch seiner Reise von Berlin nach England". In BERNOULLI, Johann, *Archiv zur neuern Geschichte, Geographie, Natur — und Menschenkenntnis*, v. 7. Leipzig: Georg Emanuel Beer, 1787.

NETTEL, Reginald (trad. e org.). *Carl Philip Moritz. Journeys of a German in England in 1782*. Londres: Jonathan Cape, 1965.

NEVSKAIA, Nina Ivanovna. *Joseph-Nicolas Delisle (1688-1768)*. Paris: 1973.

Newcomb, Simon. "Discussion of Observations of the Transit of Venus in 1761 and 1769". In: *Astronomical Papers prepared for the use of the American Ephemeris and Nautical Almanac*, 1890, v. 2.

NORDENMARK, N.V.E. *Fredrik Mallet och Daniel Melanderhjelm tvá Uppsala-Astronomer*. Upasala: Almqvist & Wiksells, 1946.

_____. *Pehr Wilhelm Wargentin: Kungl. Vetenskapsakademiens Sekreterare och Astronom, 1749-1783*. Upsala: Almqvist & Wiksells, 1939.

NUNIS, Doyce B. *The 1769 Transit of Venus: The Baja California Observations of Jean-Baptiste Chappe d'Auteroche, Vicente de Doz, and Joaquín Velázquez Cárdenas de León*. Los Angeles: Natural History Museum of Los Angeles County, 1982.

PARKINSON, Sidney. *A Journal of a Voyage to the South Seas, in His Majesty's ship, the Endeavour*. Londres: 1784.

PAULY, Philip P. *Fruits and Plains: The Horticultural Transformation of America*. Cambridge: Harvard University Press, 2007.

PEKARSKY, P. *Istoriya Imperartorskoy Akademii nuak v Peterburge*. São Petersburgo: 1870-3.

PEYNSON, Lewis; SHEETS-PEYNSON, Susan. *Servants of Nature. The History of Scientific Institutions, Enterprises and Sensibilities*. Londres: HarperCollins, 1999.

PFREPPER, Regine; PFREPPER, Gerd. "Georg Moritz Lowitz (1722-1774) und Johann Tobias Lowitz (1757-1804) — zwei Wissenschaftler zwischen Göttingen und St Petersburg". In: MITTLER, Elmar; GLITSCH, Silke (org.). *300 Jahre St Petersburg. Russland und die "Göttingische Seele"*. Göttingen: Niedersächsische Staats – und Universitätsbibliothek, 2004.

_____. "Georg Moritz Lowitz (1722-1774). Astronom und Geograph im Auftrag der St Petersburger Akademie der Wissenschaften". In: KÄSTNER, I. (org.). *Wissenshaftskommunikation in Europa im 18. und 19. Jahrhundert*. Aachen: Shaker Verlag, 2009.

PIGATTO, Louisa. "The 1761 Transit of Venus Dispute between Audiffredi and Pingré". In: KURTZ, D.W. (org.). *Transit of Venus: New Views of the Solar System and Galaxy*. Proceedings IAU Colloquium, 2004, n° 196.

PIGOTT, Nathan. "On the Late Transit of Venus". In: *Phil Trans*, 1770, v. 60.

PINGRÉ, Alexandre-Gui. "A Letter from M. Pingré, of the Royal Academy of Sciences at Paris, to the Rev. Mr. Maskelyne, Astronomer Royal, FRS". In: *Phil Trans*, 1770, v. 60.

_____. "A Supplement to Mons. Pingré's Memoir on the Parallax of the Sun". In: *Phil Trans*, 1764a, v. 54.

_____. "Mémoire sur le choix et l'état des lieux où le passage de Vénus, du 3 Juin 1769, pourra être observé avec le plus d'avantage et principalement sur la position géographique des isles de la mer du Sud". In: *Histoire & Mémoires*, 1767.

_____. "Mémoire sur l'observation du passage de Vénus sur le disque du Soleil, faite à Séleninsk en Sibérie". In: *Histoire & Mémoires*, 1764b.

_____. "Nouvelle recherche sur la détermination de la parallaxe du Soleil par le passage de Vénus du 6 Juin 1761". In: *Histoire & Mémoires*, 1765.

_____. "Observation du passage de Vénus, sur le disque du Soleil, faite au Cap François, isle de Saint-Domingue, le 3 Juin 1769". In: *Histoire & Mémoires*, 1769.

_____. "Observation du passage de Vénus, sur le disque du Soleil, le 6 Juin 1761, faite à Rodrigue dans la Mer des Indes". In: *Histoire & Mémoires*, 1761a.

_____. "Observation of the Transit of Venus over the Sun, June 6, 1761, at the Island of Rodrigues". In: *Phil Trans*, 1761-62, v. 52.

_____. "Observations astronomiques pour la détermination de la parallaxe du Soleil, faites en l'isle Rodrigue". In: *Histoire & Mémoires*, 1761b.

_____. "Précis d'un Voyage en Amérique". In: *Histoire & Mémoires*, 1770.

_____. *Voyage a Rodrigue. Le Transit de Vénus de 1761, la Mission Astronomique de L'Abbé Pingré dans l'Océan Indien* (Sophie Hoarau, Marie-Paul Janiç e Jean-Michel Racault, orgs.). Saint Denis: Université de la Réunion, 2004.

PLANMAN, Anders. "A Determination of the Solar Parallax Attempted, by a Peculiar Method, from the Observations of the Last Transit of Venus". In: *Phil Trans*, 1768, v. 58.

_____. "An Account of the Observations Made upon the Transit of Venus over the Sun, 6th June 1761, at Cajaneburg in Sweden, by Mons. Planman". In: *Phil Trans*, 1761-62, v. 52.

_____. "Die Parallaxe der Sonne". In: *Der Königl. Schwedischen Akademie der Wissenschaften Abhandlungen aus der Naturlehre, Haushaltskunst und Mechanik*, 1763.

_____. "Geographische Lage von Cajaneborg". In: *Der Königl. Schwedischen Akademie der Wissenschaften Abhandlungen aus der Naturlehre, Haushaltskunst und Mechanik*, 1762.

_____. "Geographische Lage von Cajaneborg". In: *Der Königl. Schwedischen Akademie der Wissenschaften Abhandlungen aus der Naturlehre, Haushaltskunst und Mechanik*, 1768.

_____. "Venus in der Sonne, den 3. Jun. 1769 beobachtet zu Cajaneborg" In: *Der Königl. Schwedischen Akademie der Wissenschaften Abhandlungen aus der Naturlehre, Haushaltskunst und Mechanik*, 1769.

PORTER, James. "Observations on the Same Transit of Venus Made at Constantinople". In: *Phil Trans*, 1761-62, v. 52.

PORTER, Roy. *English Society in the Eighteenth Century*. Londres: Penguin, 1990.

_____. *Enlightenment. Britain and the Creation of the Modern World*. Londres: Penguin, 2001.

_____. *The Cambridge History of Science*. Cambridge: Cambridge University Press, 2003, v. 4.

PROCTOR, Richard A. *Transits of Venus. A Popular Account of Past and Coming Transits*. Londres e Longmans: Green and Co., 1882.

PROSPERIN, Erik. "Auszug aus den Beobachtungen des Eintritts der Venus in die Sonne den 3ten Jun. 1769, welche auf der Sternwarte zu Upsala gehalten worden". In: *Der Königl. Schwedischen Akademie der Wissenschaften Abhandlungen aus der Naturlehre, Haushaltskunst und Mechanik*, 1769.

PUTNAM, Peter (org.). *Seven Britons in Imperial Russia 1698-1812*. Princeton e Nova Jersey: Princeton University Press, 1952.

RATCLIFF, Jessica. *The Transit of Venus Enterprise in Victorian Britain*. Londres: Pickering & Chatto, 2008.

RICHARDSON, Brian W. *Longitude and Empire: How Captain Cook's Voyages Changed the World*. Vancouver: University of British Columbia Press, 2005.

RITTENHOUSE, David. "Calculations of the Transit of Venus over the Sun as It Is to Happen June 3d 1769, in lat 40°. N. Long. 5h West from Greenwich". In: *Transactions APS*, 1769-71, v. 1.

ROBINSON, H.W. "A Note on Charles Mason's Ancestry and His Family". In: *Proceedings APS*, 1949, v. 93.

_____. "Jeremiah Dixon (1733-1779): A Biographical Note". In: *Proceedings APS*, 1950, v. 94.

RÖHL, Lampert Heinrich. *Merkwürdigkeiten von den Durchgängen der Venus durch die Sonne*. Greifswald: A.F. Röse, 1768.

RONAN, Colin A. *Edmond Halley: Genius in Eclipse*. Londres: Macdonald & Co., 1970.

ROSE, Alexander. "Extract of Two Letters from the Late Capt. Alexander Rose, of the 52d Regiment, to Dr. Murdoch, FRS". In: *Phil Trans*, 1770, v. 60.

ROUNDING, Virginia. *Catherine the Great. Love, Sex and Power.* Londres: Arrow Books, 2007.

RUFUS, Carl W. "David Rittenhouse, Pioneer American Astronomer". In: *The Scientific Monthly*, 1928, v. 26.

RUSH, Benjamin. *Eulogium Intended to Perpetuate the Memory of David Rittenhouse.* Filadélfia: J. Omrod, 1796.

SARTON, George. "Vindication of Father Hell". In: *Isis*, 1944, v. 35, n° 2.

SAWYER HOGG, Helen. "Out of Old Books". In: *Journal of the Royal Astronomical Society of Canada*, 1951, v. 45.

SCHENMARK, Nils. "Beobachtungen des Eintritts der Venus in die Sonne, den 3. Jun. und der Sonnenfinsterniß den 4. Jun. dieses Jahrs, angestellt zu Lund". In: *Der Königl. Schwedischen Akademie der Wissenschaften Abhandlungen aus der Naturlehre, Haushaltskunst und Mechanik*, 1769.

SCHULZE, Ludmilla. "The Russification of the St Petersburg Academy of Sciences and Arts in the Eighteenth Century". In: *The British Journal for the History of Science*, 1985, v. 18.

SCOTT, Robert Henry. "The History of the Kew Observatory". In: *Proceedings of the Royal Society of London*, 1885, v. 39.

SHEEHAN, William; WESTFALL, John. *The Transits of Venus.* Amherst: Prometheus Books, 2004.

SHORT, James. "An Account of the Transit of Venus over the Sun, on Saturday Morning, 6 June 1761, at Savile-House". In: *Phil Trans*, 1761-62, v. 52.

_____. "Second Paper Concerning the Parallax of the Sun. Determined from the Observations of the Late Transit of Venus". In: *Phil Trans*, 1763, v. 53.

_____. "The Observations of the Internal Contact of Venus with the Sun's Limb, in the Late Transit, Made in Different Places of Europe, Compared with the Time of the Same Contact Observed at the Cape of Good Hope, and the Parallax of the Sun from Thence Determined". In: *Phil Trans*, 1761-62, v. 52.

SMITH, Edwin Burrows. "Jean-Sylvain Bailly: Astronomer, Mystic, Revolutionary 1736-1793". In: *Transactions APS*, New Series, 1954, v. 44.

SMITH, James Edward (org.). *A Selection of the Correspondence of Linnaeus and other Naturalists*. Londres: Longman, 1821.

SMITH, William; EWING, John; BIDDLE, Owen; WILLIAMSON, Hugh; COMBE, Thomas; RITTENHOUSE, David. "Apparent Time of the Contacts of the Limbs of the Sun and Venus, With Other Circumstances of Most Note, in the Different European Observations of the Transit, June 3, 1769". In: *Transactions APS*, 1769-71, v. 1.

SMITH, William; LUKENS, John; RITTENHOUSE, David; SELLERS, John. "Account of the Transit of Venus Over the Sun's Disk, as Observed at Norriton, in the County of Philadelphia, and Province of Pennsylvania, June 3, 1769". In: *Phil Trans*, 1769, v. 59.

_____. "An Account of the Transit of Venus over the Sun, June 3, 1769, as Observed at Norriton, in Pennsylvania". In: *Transactions APS*, 1769-71, v. 1.

SOBOLEVSKII, S.A. *Kamer-fur 'erskie zhurnaly 1695-1774*. Moscou: T. Ris, 1853-1867 (Diários da Corte de Catarina).

SÖRLIN, Sverker. "Ordering the World for Europe: Science as Intelligence and Information as Seens from the Northern Periphery". In: MCLEOD, Roy (org.). *Nature and Empire: Science and the Colonial Enterprise*. Chicago: University of Chicago Press, 2000.

SPRINDLER, Max (org.). *Electoralis Academiae Scientiarum Boicae primordia. Briefe aus der Gründungszeit der Bayerischen Akademie der Wissenschaften*. Munique: C. H. Bck'sche Verlagsbuchhandlung, 1959.

SWIFT, Jonathan. *Gulliver's Travels*. Londres: Jones & Co, 1826.

TEETS, Donald A. "Transits of Venus and the Astronomical Unit". In: *Mathematics Magazine*, 2003, v. 76.

TURNER, G.L.E. "James Short, F.R.S., and His Contribution to the Construction of Reflecting Telescopes". In: *Notes and Records of the Royal Society of London*, 1969, v. 24.

UGLOW, Jenny. *The Lunar Men: The Friends Who Made the Future*. Londres: Faber and Faber, 2002.

VESELOVSKY, Konstantin Stepanovich (org.). *Protokoly zasedaniy konferentsii Imperatorskoy Akademii nauk s 1725 po 1803 goda*. São Petersburgo: Academia Imperial de Ciências, 1897-1911.

VUCINICH, Alexander. *Empire of Knowledge: The Academy of Sciences of the USSR (1917-1970)*. Berkeley: University of California Press, 1984.

WALES, Wendy. "William Wales' First Voyage". In: *Cook's Log*, 2004, v. 27.

WALES, William; DYMOND, Joseph. "Astronomical Observations Made by Order of the Royal Society, at Prince of Wales's Fort, on the North-West Coast of Hudson Bay". In: *Phil Trans*, 1769, v. 59.

_____. "Observations on the State of the Air, Winds, Weather, &c. Made at Prince of Wales's Fort, on the North-West Coast of Hudson's Bay, in the Years of 1768 and 1769". In: *Phil Trans*, 1770, v. 60.

WALES, William. "Journal of a Voyage, Made by Order of the Royal Society, to Churchill River, on the North-West Coast of Hudson's Bay, Of Thirteen Months Residence in That Country; and of the Voyage Back to England, in the Years 1768 and 1769". In: *Phil Trans*, 1770, v. 60.

WARGENTIN, Pehr Wilhelm. "A Letter from Monsieur Wargentin, Secretary to the Royal Academy of Sciences in Sweden, to Mr. John Ellicott, F.R.S. Relating to the Late Transit of Venus". In: *Phil Trans*, 1763, v. 53.

_____. "An Account of the Observations Made on the Same Transit in Sweden". In: *Phil Trans*, 1761-62, v. 52.

_____. "Anmerkungen über den Durchgang der Venus durch die Sonnenscheibe". In: *Der Königl. Schewedischen Akademie der Wissenschaften Abhandlungen aus der Naturlehre, Haushaltskunst und Mechanik*, 1761.

_____. "Beobachtungen der Venus durch die Sonne, den 6 Jun. 1761". In: *Der Königl. Schewedischen Akademie der Wissenschaften Abhandlungen aus der Naturlehre, Haushaltskunst und Mechanik*, 1761.

_____. "Bericht von den Anstalten, die in Schweden sind gemacht worden, den 3 Jun. 1769, zu beobachten, und wie solche gelungen sind; nebst den Stockholmischen Beobachtungen". In: *Der Königl. Schewedischen Akademie der Wissenschaften Abhandlungen aus der Naturlehre, Haushaltskunst und Mechanik*, 1769.

_____. "Von dem Unterschiede der Mittagstreife der Oerter da Venus den 6 Jun. 1761 in der Sonne beobachted worden ist". In: *Der*

Königl. Schewedischen Akademie der Wissenschaften Abhandlungen aus der Naturlehre, Haushaltskunst und Mechanik, 1763.

WATLINGTON, Hereward T. *Family Narrative*. Devonshire e Bermuda: publicação particular, 1980.

WEIGLEY, Russell F. (org.). *Philadelphia. A 300-Year History*. Nova York: W.W. Norton & Company, 1982.

WENDLAND, Folkwart. *Peter Simon Pallas (1741-1811): Materialien einer Biographie*. Berlim e Nova York: Walter de Gruyter, 1992.

WEST, Benjamin. "An Account of the Transit of Venus over the Sun, June 3rd, 1769, as Observed at Providence, New England". In: *Transactions APS*, 1769-71, v. 1.

WESTENRIEDER, Ludwig. *Geschichte der Baierischen Akademie der Wissenschaften*. Munique, Akademischer Bücherverlage, 1784.

WIDMALM, Sven. "A Commerce of Letters: Astronomical Communication in the 18th Century". In: *Science Studies*, 1992, v. 5.

WILLIAMS, Samuel. "An Account of the Transit of Venus over the Sun, June 3, 1769, as Observed at Newbury in Massachusetts". In: *Transactions APS*, 1786, v. 2.

WILSON, Alexander. "Observations of the Transit of Venus Over the Sun". In: *Phil Trans*, 1769, v. 59.

WINTHROP, John. "Observation of the Transit of Venus, June 6, 1761, at St John's Newfound-Land". In: *Phil Trans*, 1764, v. 54.

_____. "Observations of the Transit of Venus Over the Sun, June 3, 1769". In: *Phil Trans*, 1769, v. 59.

_____. *Relation of a Voyage from Boston to Newfoundland, for the Observation of the Transit of Venus, June 6, 1761*. Boston: Edes & Gill, 1761.

_____. *Two Lectures on the Parallax and Distance of the Sun, as Deducible from the Transit of Venus*. Boston: Edes & Gill, 1769.

WOLFF, Larry. *Inventing Eastern Europe: The Map of Civilization on the Mind of the Enlightenment*. Stanford, Califórnia: Stanford University Press, 1994.

WOLLASTON, Francis. "Observations of the Transit of Venus Over the Sun, on June 3, 1769; and the Eclipse of the Sun the Next Morning; Made at East Dereham, in Norfolk". In: *Phil Trans*, 1769, v. 59.

WOOLF, Harry. *The Transits of Venus. A Study of Eighteenth Century Science*. Princeton e Nova Jersey: Princeton University Presss, 1959.

WOOLLEY, Richard. "Captain Cook and the Transit of Venus of 1769", In: *Notes and Records of the Royal Society of London*, 1969, v. 24.

WRIGHT, Thomas. "An Account of an Observation of the Transit of Venus, Made at Isle Coudre Near Quebec". In: *Phil Trans*, 1769, v. 59.

WULF, Andrea. *The Brother Gardeners. Botany, Empire and the Birth of an Obsession*. Londres: William Heinemann, 2008.

ZANOTTI, Eustachio. "De Veneris ac Solis Congressu Observatio, Habita in Astronomica Specula Bononiensis Scientiarum Instituti, Die 5 Junii 1761". In: *Phil Trans*, 1761-62, v. 52.

ZUIDERVAART, Huib J.; VAN GENT, Rob H. "A Bare Outpost of Learned European Culture on the Edge of the Jungles of Java: Johan Maurits Mohr (1716-1775) and the Emergence of Instrumental and Institutional Science in Dutch Colonial Indonesia". In: *Isis*. 2004, v. 95.

Para mais informações

Trânsito de 2012

O próximo e último trânsito de nossas vidas ocorrerá nos dias 5 e 6 de junho de 2012 (dependendo de onde você estiver).

Para quem deseja assistir ao trânsito e está tentando descobrir qual será o melhor lugar para ir, ou se precisa de um calculador do trânsito, de um calculador da paralaxe, de informação sobre a proteção dos olhos, sobre a ciência por trás do trânsito e assim por diante, existem alguns websites excelentes que ainda incluem mapas-múndi modernos.

Por exemplo:

www.transitofvenus.nl

www.transitofvenus.org

O livro de William Sheehan e John Westfall, intitulado *The Transit of Venus* (2004), também inclui quadros úteis sobre "Circunstâncias Locais" e "Mapas de Probabilidade da Luz Solar".

Informação científica:

Para informações mais detalhadas sobre a paralaxe solar e os cálculos dos trânsitos de Vênus:

Teets, Donald A. "Transits of Venus and the Astronomical Unit", *Mathematics Magazine*, 2003, v. 76

Woolf, Harry. *The Transits of Venus. A Study of Eighteenth Century Science.* Princeton e Nova Jersey: Princeton University Press, 1959

Venustransit 2004 (por Heinz Blatter)
http://eclipse.astroinfo.org/transit/venus/project 2004/pub/Blatter.etal.eng.200306.pdf

The Transit of Venus, Workbook (por Steven van Roode)
http://www.transitofvenus.nl/files/TransitOfVenus.pdf

The Transit of Venus & The Quest for the Solar Parallax (por David Sellers)
http://homepage.ntlworld.com/magavelda/ds/venus/ven_ch1A.htm

From Stargazers to Starships (por David P. Stearn)
http://www-istp.gsfc.nasa.gov/stargaze/Svenus1.htm

Créditos das imagens

Seção de ilustrações coloridas

Edmond Halley, gravura com base em R. Phillips, s/d. Reproduzida com permissão de Wellcome Library, Londres.

Joseph-Nicolas Delisle. Reproduzida com permissão de Bibliothèque de l'Observatoire de Paris.

Alexandre-Gui Pingré, busto de Jean-Jacques Caffieri. Cortesia de Bibliothèque Sainte-Geneviève.

Nevil Maskelyne, gravura pontilhada de Edward Scriven, com base em van der Burgh, s/d. Reproduzida com permissão de Wellcome Library, Londres.

Jean-Baptiste Chappe d'Auteroche, gravura de J.B. Tilliard, 1772, com base em J.M. Frédou. Reproduzida com permissão de Wellcome Library, Londres.

Mikhail Lomonosov, reprodução colorida de uma pintura, 1953, com base em Steiner. Reproduzida com permissão de Wellcome Library, Londres.

Pehr Wilhelm Wargentin, em *Svenska Familj-Journalen*, 1879, v. 18.

Catarina, a Grande, gravura de J. Miller, s/d. Reproduzida com permissão de Wellcome Library, Londres.

James Cook, gravura de J.K. Sherwin, 1779, com base em Sir N. Dance-Holland, 1776. Reproduzida com permissão de Wellcome Library, Londres.

Maximilian Hell, retrato de W. Pohl gravado em Viena, em 1771. Reproduzido com permissão de Universitätssternwarte Wien.

Benjamin Franklin, gravura de E. Savage, com base numa pintura de David Martin, 1767. Reproduzida com permissão de Wellcome Library, Londres.

David Rittenhouse, com base em Charles Wilson Peale, c. 1791-1796. Reproduzido com permissão de Independence National Historical Park.

Observatório Real, Paris: o terraço no jardim lateral, com homens experimentando instrumentos astronômicos e científicos, gravura em entalhe, começo do século XVIII, com base em Claude Perrault. Reproduzida com permissão de Wellcome Library, Londres.

Relógio regulador, 1768-69, feito por John Shelton. Reproduzido com permissão de Science Museum/SSPL, Londres.

Telescópio refletor gregoriano, c. 1760, feito por James Short. Reproduzido com permissão de Science Museum/SSPL, Londres.

Quadrante astronômico portátil de trinta centímetros, 1760-1769, feito por John Bird. Reproduzido com permissão de Science Museum/SSPL, Londres.

IMAGENS NO TEXTO

Todos os mapas e ilustrações científicas realizados por John Gilkes.

Prólogo: Edmond Halley, "Methodus singularis quá Solis Parallaxis sive distantia à Terra, ope Veneris intra Solem conspiciendae, tuto determinari poterit". In: *Phil Trans*, 1714-16. Reproduzido com permissão de Wellcome Library, Londres.

Prólogo: Benjamin Martin, *The Young Gentleman and Lady's Philosophy, in a Continued Survey of the Works of Nature and Art*. Londres, W. Owen & o autor, 1759. Reproduzido com permissão de Wellcome Library, Londres.

Capítulo 1: Mapa-múndi, em James Ferguson, *Astronomy Explained upon Sir Isaac Newton's Principles*. Londres, W. Strahan, 1770. Reproduzido com permissão de Wellcome Library, Londres.

Capítulo 1: Royal Society, em Walter Thornbury, *Old and New London*, 1878, v. 1. Reproduzido com permissão de Wellcome Library, Londres.

Capítulo 2: Detalhe do mapa de Vardo de Maximilian Hell, "Insula Wardoehus", em Maximilian Hell, *Ephemerides Astronomicae ad Meridianum Vindobonensem Anni 1791*. Reproduzido com permissão de Universitätssternwarte Wien.

Capítulo 3: O Observatório Real, Greenwich Hill. Gravura, s/d. Reproduzida com permissão de Wellcome Library, Londres.

Capítulo 3: James Town, Santa Helena, gravura de William Daniell, sobre os desenhos de Samuel Davis, em Alexander Beatson, *Tracts Relative to the Island of St Helena, Written During a Residence of Five Years*, Londres, publicado por W. Bulmer and Co., para G. & W. Nicol & J. Booth, 1816.

Capítulo 4: Academia Imperial de Ciências, em A.B. Granville, *St Petersburgh: A Journal of Travels to and from thad Capital. Through Flanders, the Rhenich provinces, Prussia, Russia, Poland, Silesia, Saxony, the Federal States of Germany, and France*, Londres, H. Colburn, 1829.

Capítulo 4: Trenós cobertos, em Jean-Baptiste Chappe d'Auteroche, *Voyage en Sibérie, fait par ordre du roi em 1761*, Paris, 1768. Reproduzido com permissão de Wellcome Library, Londres.

Capítulo 4: Casa de campo russa, em Jean-Baptiste Chappe d'Auteroche, *Voyage en Sibérie, fait par ordre du roi em 1761*, Paris, 1768. Reproduzido com permissão de Wellcome Library, Londres.

Capítulo 5: Um grande telescópio de observatório, com um astrônomo registrando o trânsito de Vênus, gravura de James Basire, século XVIII. Reproduzida com permissão de Wellcome Library, Londres.

Capítulo 5: Benjamin Martin, *The Young Gentleman and Lady's Philosophy, in a Continued Survey of the Works of Nature and Art*, Londres, W. Owen & o Autor, 1759. Reproduzido com permissão de Wellcome Library, Londres.

Capítulo 5: Mapa de Santa Helena, gravura de William Daniel, sobre os desenhos de Samuel Davis, em Alexander Beatson, *Tracts Relative to the Island of St. Helena, Written During a Residence of Five Years*, Londres, publicado por W. Bulmer & Co., para G. & W. Nicol & J. Booth, 1816.

Capítulo 5: Cidade do Cabo, Cabo da Boa Esperança, no Diário de Thomas Graham, c. 1849-50. Reproduzido com permissão de Wellcome Library, Londres.

Capítulo 5: Tobolsk, em Jean-Baptiste Chappe d'Auteroche, *Voyage en Sibérie, fait par ordre du roi em 1761*, Paris, 1768. Reproduzido com permissão de Wellcome Library, Londres.

Capítulo 6: Trânsito de Vênus, em James Ferguson, *Astronomy Explained upon Sir Isaac Newton's Principles*, Londres, W. Strahan, 1770. Reproduzido com permissão de Wellcome Library, Londres.

Capítulo 6: Um grande telescópio refletor, e a projeção do trânsito de Vênus, gravura s/d, provavelmente com base em estampa de Benjamin Martin, *The General Magazine of Arts and Sciences*, 1755-1764. Reproduzido com permissão de Wellcome Library, Londres.

Capítulo 7: Anel luminoso e efeito gota negra, em Torbern Bergman, "An Account of the Observations Made on the Same Transit at Upsal in Sweden". In: *Phil Trans*, 1761-62, v. 52. Reproduzido com permissão de Wellcome Library, Londres.

Capítulo 8: Mapa de Madagascar, em Guillaume Le Gentil, *Voyage dans les mers de l'Inde*, Paris, Académie des Sciences, 1779 e 1781, v. 2. Reproduzido com permissão de Universitätssternwarte Wien.

Capítulo 9: Palácio de Inverno, em São Petersburgo, em A.B. Granville, *St. Petersburgh: A Journal of Travels to and from that Capital. Through Flanders, the Rhenich provinces, Prussia, Russia, Poland, Silesia, Saxony, the Federated States of Germany, and France*, Londres, H. Colburn, 1829.

Capítulo 9: Cavalheiros russos vestidos com peles, em William Coxe, *Travels in Poland, Russia, Sweden, and Denmark. Illustrated with charts and engravings*, Londres, publicado para T. Cadell Jun. e W. Davies, 1802.

Capítulo 10: Uma barraca de observatório portátil, gravura de Robert Bénard, com base em Louis-Jacques Goussier, em D. Diderot e J. le R. D'Alembert, *Encyclopédie, ou dictionnaire raisonné des sciences, des arts, et des métiers*, Paris, 1762-1773. Reproduzido com permissão de Wellcome Library, Londres.

Capítulo 12: Um gigantesco iceberg no mar, tornando minúsculo o navio, entalhe colorido em madeira de Charles Whymper, S. Bentley and Co., Londres, s/d. Reproduzido com permissão de Wellcome Library, Londres.

Capítulo 12: Uma vista a noroeste do forte Príncipe de Gales, na baía de Hudson, América do Norte, gravura de Samuel Hearne, 1777. Reproduzida com permissão de Hudson's Bay Company Archives, Archives of Manitoba.

Capítulo 12: Observatório de David Rittenhouse em Norriton, em Theodore W. Bean (org.), *History of Montgomery County, Pennsylvania*, Filadélfia, Everts & Peck, 1884.

Capítulo 13: Mapa do norte da Noruega, em William Bayley, "Astronomical Observations Made at the North Cape, for the Royal Society". In: *Phil Trans*, 1769, v. 59. Reproduzido com permissão de Wellcome Library, Londres.

Capítulo 13: Mapa de Manila a Pondicherry, em Guillaume Le Gentil, *Voyage dans les mers de l'Inde*, Paris, Académie des Sciences, Paris, 1779 e 1781, v. 1. Reproduzido com permissão de Universitätssternwarte Wien.

Capítulo 13: Pondicherry, em Guillaume Le Gentil, *Voyage dans les mers de l'Inde*, Paris, Académie des Sciences, 1779 e 1781, v. 1. Reproduzido com permissão de Universitätssternwarte Wien.

Capitulo 13: Mapa do diário de Maximilian Hell, de sua viagem a Vardo. Reproduzido com permissão de Universitätssternwarte Wien.

Capítulo 13: Navio de Hell, em Maximilian Hell, *Ephemerides Astronomicae ad Meridianum Vindobonensem Anni 1791*. Reproduzido com permissão de Universitätssternwarte Wien.

Capítulo 13: Obsevatório de Vardo, em Maximilian Hell, *Ephemerides Astronomicae ad Meridianum Vindobonensem Anni 1791*. Reproduzido com permissão de Universitätssternwarte Wien.

Capítulo 13: Baía de Matavai, em John Hawkesworth, *An Account of the Voyages Undertaken by the Order of His Present Majesty for Making Discoveries in the Southern Hemisphere*, Londres, W. Strahan and T. Cadell, 1773, v. 2. Reproduzido com permissão de Wellcome Library, Londres.

Capítulo 13: Forte Vênus, em Sydney Parkinson, *A Journal of a Voyage to the South Seas, in His Majesty's Ship, the Endeavour*, Londres, 1784. Reproduzido com permissão de Wellcome Library, Londres.

Capítulo 13: Cena de dança no Taiti, em John Hawkesworth, *An Account of the Voyages Undertaken by the Order of His Present Majesty for Making Discoveries in the Southern Hemisphere*, Londres, W. Strahan and T. Cadell, 1773, v. 2. Reproduzido com permissão de Wellcome Library, Londres.

Capítulo 14: Mapa do Taiti, em George William Anderson, *A New, Authentic, and Complete Collection of Voyages Round the World, Undertaken and Performed by Royal Authority*, Londres, 1800. Reproduzido com permissão de Wellcome Library, Londres.

Capítulo 14: Anel luminoso por Cook e Green, em James Cook, "Observations Made, by Appointment of the Royal Society, at King George's Island in the South Sea; By Mr. Charles Green, Formerly Assistant at the Royal Observatory at Greenwich, and Lieut. James Cook, of His Majesty's Ship the Endeavour". In: *Phil Trans*, 1771, v. 61. Reproduzido com permissão de Wellcome Library, Londres.

Capítulo 14: Mapa de Vardo, "Insula Wardoehus", em Maximilian Hell, *Ephemerides Astronomicae ad Meridianum Vindobonensem Anni 1791*. Reproduzido com permissão de Universitätssternwarte Wien.

Capítulo 14: "Trânsito Artificial", Benjamin Martin, *Institutions of Astronomical Calculations Containing a Survey of the Solar System*, Londres, 1773. Cortesia de Adler Planetarium & Astronomy Museum, Chicago, Illinois.

Capítulo 14: Assistindo ao trânsito de Vênus, publicação satírica de Sayer & Co., Londres, 1793, AN51859000 © Provedores do Museu Britânico.

Capítulo 15: Anel luminoso e efeito gota negra, em Samuel Dunn, "A Determination of the Exact Moments of Time When the Planet Venus Was at External and Internal Contact with the Sun's Limb, in the Transits of June 6th, 1761, and June 3d, 1769". In: *Phil Trans*, 1770, v. 60. Reproduzido com permissão de Wellcome Library, Londres.

Capítulo 15: Conserto do *Endeavour*, em George William Anderson, *A New, Authentic, and Complete Collection of Voyages Round the World, Undertaken and Performed by Royal Authority*, Londres, 1800. Reproduzido com permissão de Wellcome Library, Londres.

Capítulo 15: Canal Tygers Street, na Batávia, em *A Collection of Voyages and Travels, Some Now First Printed from Original Manuscripts, Others Now First Published in English*, Londres, publicado por encomenda dos senhores Churchill, 1744-1746. Reproduzido com permissão de Wellcome Library, Londres.

Epílogo: Thomas Hornsby, "The Quantity of the Sun's Parallax, as Deduced from the Observations of the Transit of Venus, on June 3, 1769". In: *Phil Trans*, 1771, v. 61.

AGRADECIMENTOS

Recebi uma quantidade incrível de apoio e ajuda de amigos, familiares e estranhos, na mesma proporção. Assim como os preparativos para o trânsito, em 1761 e 1769, a escrita de *Caçadores de Vênus* acabou se tornando um projeto internacional e também uma corrida contra o prazo celestial.

Agradeço sinceramente a Jo Dunkley pelas explicações pacientes sobre os processos do trânsito e da paralaxe solar dadas a uma astrônoma inexperiente (todos os erros são inteiramente meus!). Eu gostaria de agradecer a: Alison Boyle e David Rooney, de Science Museum (Museu da Ciência); David Butterfield por suas traduções do latim; Anders Jansson pela pesquisa sueca em Estocolmo e pelas traduções; Oleksandr Karpendo pela pesquisa russa e pelas traduções; Felix von Reiswitz pela pesquisa francesa e pelas traduções; Steven van Roode do Projeto do Trânsito de Vênus, por seu fantástico "calculador" do trânsito e por sua ajuda, e também a todos os outros colaboradores do blog; Simon Schaffer; Tofigh Heidarzadeh de Huntington Library (Biblioteca Huntington); Regina von Berlepsch de Astrophysikalisches Institut (Instituto de Astrofísica), em Potsdam; Regine Pfrepper; Chris Lintott; Simon Dixon; Connie Wall; Pedro Ferreira; e dr. Jürgen Hamel por seu auxílio gentil, ao enviar livros, artigos, imagens e tecer comentários sobre os capítulos.

Também gostaria de agradecer a Elaine Grublin, de Massachusetts Historical Society (Sociedade de História de Massachusetts), Boston; equipe de American Philosophical Society (Sociedade Americana de Filosofia), Filadélfia; Inga Elmqvist, do Observatório de Estocolmo; Anne Miche de Malleray do Centro de Estudos da Ciência de Estocolmo; Keith Moore, Felicity Henderson e a equipe da biblioteca da Royal Society, Londres; equipe da British Library (Biblioteca Britânica), da Wellcome Library (Biblioteca Wellcome) e da London Library (Biblioteca de Londres); Gloria Clifton do Observatório Real de Greenwich e Rebekah Higgitt do National Maritime Museum (Museu Marítimo Nacional); Alan Perkins e equipe da Cambridge University Library (Biblioteca da Universidade de Cambridge); equipe da Digitale Bibliothek, Staats-und Universitätsbibliothek, Dresden; Isolde Müller de Sternwarte Wien por sua ajuda generosa com as ilustrações; e, é claro, Wellcome Trust e Anna Smith por seu apoio e por sua fabulosa biblioteca de imagens.

Estou em dívida com os seguintes arquivos e bibliotecas, por sua permissão para que citasse os seus manuscritos: Massachusetts Historical Society, Science and Technology Facilities Council e Syndics of Cambridge University Library, American Philosophical Society e Royal Society de Londres.

Sou grata pelo inabalável apoio de Conville & Walsh, mas desta vez especialmente de Jake Smith-Bosanquet e Alexandra McNicoll, pela colaboração internacional que prestaram. E ainda, é claro, o adorável Patrick Walsh, que é o mais firme dos amigos e agentes de todo o sistema solar.

Obrigada a todos de William Heinemann — embora Drummond tenha nos deixado! Obrigada a Jason Arthur, a Laurie Ip Fung Chun por ter estado sempre do outro lado da linha do telefone e a Tom Avery por chegar na última hora e trabalhar com afinco inacreditável. No final, tive sorte. De Knopf, gostaria de agradecer a Edward Kastenmeier por seus comentários e assistência, a Emile Giglierano e a maravilhosa Sara Eagle.

Um enorme muito obrigada a Leo Hollis, que me convenceu de que eu seria capaz de escrever este livro, apesar da proximidade tão iminente do trânsito (e, é claro, leu a proposta); e outro imenso muito obrigada a Constanze von Unruh, que não é apenas uma grande amiga mas também uma editora inteligente... e mais uma vez... muito obrigada! Sou tremendamente agradecida a Rebecca Carter, que me resgatou outra vez quando ninguém mais parecia se importar — você é mesmo a melhor; a Olga e Tim pelas traduções emergenciais do russo; a Lisa O'Sullivan por me abrir o seu caderno de endereços; e a Tom Holland pelos conselhos sobre latim. Muito obrigada a Julia-

-Niharika — não sei por onde começar — obrigada por ser minha melhor amiga, por nossos momentos loucos e deliciosos em HH e por seus comentários brilhantes sobre os capítulos... e por muito mais. Meu coração vai para Christian, que foi atirado num ano maluco de viagens, mudanças e prazos, mas me manteve sã, me alimentou e me forneceu as melhores listas de músicas em cada reviravolta ridícula.

E, como sempre, muito obrigada a minha adorável Linnéa por ser essa filha assim tão fabulosa (e inteligente) — o que eu faria sem você?

Eu não teria conseguido escrever este livro sem os meus pais Herbert e Brigitte Wulf — Herbert, obrigada por ter lido todos os capítulos e por pelejar com (e traduzir) textos suecos do século XVIII, e Brigitte, obrigada por traduzir livros franceses e páginas e mais páginas de diários e panfletos franceses do século XVIII, sobre assuntos "leves" como longitude, navegação, astronomia e paralaxe solar (...) uma façanha, e grande parte dela realizada com um dos braços quebrado. Você deveria responsabilizar meus professores de francês.

Este livro é dedicado a Regan Ralph. Vamos fazer um brinde à amizade internacional. Obrigada por estarem aí!

NOTAS

Prólogo:

p. 19 - Ensaio de Halley: Halley, *Phil. Trans*, 1714-16, v. 29; Halley, 1716 (Ferguson, 1764).

p. 20 - "jovens astrônomos": Halley, 1716 (Ferguson, 1764), p. 14.

p. 21 - Da obra de Kant: *"Welteninseln"*: Kant, 1755.

p. 22 - "objetivo primordial": Winthrop, 1769b, p. 14.

p. 24 - Câmara de mergulho de Halley: Halley, "The Art of Living under Water: Or, a Discourse Concerning the Means of Furnishing Air at the Bottom of the Sea, in Any Ordinary Depths", *Phil. Trans*, 1714-1716, v. 29, p. 10.

p. 24 - Expedições de Halley: Jardine, 1999, p. 24.

p. 24 - "fala, prague ja e bebe": John Flamsteed, citado em Ronan, 1970, p. 185.

p. 24 - Halley convencendo Newton: Jardine, 1999, p. 34ss.

p. 24 - "seu leito de morte": Chappe, 1770, p. 81.

p. 24 - copo de vinho: Armitage, 1966, p. 213

p. 24 - "De fato, eu gostaria": Halley, 1716 (Ferguson, 1764), p. 21.

p. 24 - "Portanto, faço essa recomendação": Ibid.

p. 26 - De Londres a Newcastle: Porter, 2001, p. 41.

p. 26 - Duas mil unidades de medida: Crump, 2001, p. 82.

Capítulo 1:

p. 30 - Delisle na reunião da Académie: 30 de abril de 1760, PV Académie, 1760, p. 257.

p. 30 - "perfeitas para caminhar": Benjamin Franklin a Polly Stevenson, 14 de setembro de 1767, BF on-line.

p. 30 - "todos os tipos": Duquesa de Northumberland, maio de 1770, transcrito em Munck, 2000, p. 40

p. 30 - "Príncipes de Sangue Azul": Ibid.

p. 30 e 31 - "uma Mistura prodigiosa": Benjamin Franklin a Polly Stevenson, 14 de setembro de 1767, BF on-line.

p. 31 - "mais feia, animalesca cidade": Horace Walpole a Thomas Gray, 19 de novembro de 1765, Lewis, 1937-1961, v. 14, p. 143.

p. 31 - "o que o coração": Louis-Sébastian Mercier, citado em Jones, 2006, v. 10, ponto 5.1.

p. 31 - Académie des Sciences: Hahn, 1971, p. 21-22, 87-94.

p. 31 - "membro da academia": Hahn, 1971, p. 35.

p. 31 - O desafio de Halley: Halley, *Phil. Trans*, 1714-16, v. 29, p. 454-464; 30 de abril de 1760, PV Académie, 1760, f. 257.

p. 33 - Informação biográfica de Delisle: Woolf, 1959, p. 23ss; Nevskaia, 1973, p. 291ss.

p. 33 - Encontro de Delisle com Halley: Woolf, 1959, p. 30.

p. 33 - "ganância" de Delisle: Ulrik Scheffer a Wargentin, 23 de setembro de 1754, citado em Lindroth, 1967, p. 397.

p. 33 - "incomodar tudo": La Caille a Wargentin, 1º de dezembro de 1754, citado em Widmalm, 1992, p. 49.

p. 33 - "abismo devorador": Lalande a Wargentin, 4 de março de 1759, citado em Ibid.

p. 34 - Conclusões de Delisle: 21 de novembro de 1759, PV Académie, 1759, f. 770ss.

p. 34 - Cálculos de Halley: Halley, 1716 (Ferguson, 1764), p. 19-20; ver também Woolf, 1959, p. 55.

p. 34 - "resultado muito diferentes": 21 de novembro de 1759, PV Académie 1759, f. 770.

p. 34 - Novos cálculos de Delisle: 21 de novembro de 1759, PV Académie, 1759, f. 770ss; ver também 5 de junho de 1760, JBRS, v. 24, f. 596.

p. 34 - Mapa-múndi de Delisle: Woolf, 1959, p. 57ss.

p. 34 - Delisle treinado como observador: Sheehan e Westfall, 2004, p. 136.

p. 36 - Lista de Delisle para distribuição de seu mapa-múndi: reimpressa em Woolf, 1959, p. 209-211.

p. 36 - Mapa-múndi na França: Woolf, 1959, p. 57-58.

p. 37 - "livros de viagens": David Kinnebrook a David Kinnebrook Jr., 9 de janeiro de 1796, citado em Croarken 2003, p. 289.

p. 37 - "infatigáveis no trabalho duro": John Pond, citado em Croarken, 2003,, p. 286.

p. 37 - Halley e os destinos coloniais: Halley, 1716 (Ferguson, 1764), p. 20.

p. 37 - Carta de Delisle a Haia: Delisle a Bevis, 18 de maio de 1760 e Delisle a Dirk Klinkenberg, 18 de maio de 1760, Zuidervaart e Van Gent, 2004, p. 5.

p. 38 - Pedido de Delisle por cooperação dos holandeses: Woolf, 1959, p. 68.

p. 38 - "utilidade da astronomia": Dirk Klinkenberg a Delisle, 6 de junho de 1760, Woolf, 1959, p. 68.

p. 38 - Método de Delisle: 21 de novembro de 1759, PV Académie, 1759, f771ss; Delisle, 1760a; Woolf , 1959, p. 33ss.

p. 38 - Partida de Le Gentil em Brest: Le Gentil a Lanux, 15 de setembro de 1760, Le Gentil, 1779 e 1781, v. 2, p. 694-717.

p. 38 - "não muito rica": Cassini, 1810 (Tradução inglesa em Sawyer Hogg, 1951, p. 39)

p. 39 - Informação biográfica de Le Gentil: Cassini, 1810 (Tradução inglesa em Sawyer Hogg, 1951, p. 39); Woolf, 1959, p. 50-52, 58-60.

p. 39 - Argumentos teológicos "vãos": Cassini, 1810 (Tradução inglesa em Sawyer Hogg, 1951, p. 39).

p. 39 - Observar o "céu": Ibid.

p. 39 - Le Gentil a Pondicherry: Le Gentil, 1760, p. 132-142.

p. 39 - Permissão a Le Gentil para partir: o secretário da Academia Russa de Ciências recebeu uma carta de seus colegas franceses, no dia 3 de janeiro de 1760, afirmando que Le Gentil viajaria para Pondicherry. As viagens de Le Gentil foram anunciadas em 19 de janeiro de 1760, na reunião da academia francesa. Morosow, 1954, p. 432; Woolf, 1959, p. 58; Le Gentil, 1760, p. 139.

p. 39 - "sempre zelosa": e citação seguinte, Le Gentil, 1760, p. 139.

p. 39 - "grande ímpeto": Anônimo, "Du Passage de Vénus sur le Soleil. Annoncé pour l'année 1761". (Da passagem de Vênus sobre o Sol. Anunciada para o ano de 1761.) *Histoire & Mémoires*, 1757, p. 89; 19 de abril de 1760, PV Académie 1760, f. 239; Woolf, 1959, p. 60; Morosow, 1954, p. 432; 26 de maio/6 de junho de 1760, Protocols, v. 2, p. 451.

p. 39 - Pingré na académie: Anônimo., "Du Passage de Vénus sul le Soleil. Annoncé pour l'année 1761", *Histoire & Mémoires*, 1757, p. 93.

p. 39 - "dignos" e citação seguinte: Ibid.

p. 40 - Reunião da RS (Royal Society) em 5 de junho: 5 de junho de 1760, JBRS, v. 24, f. 593ss.

p. 40 - Ruas e coches de aluguel: de Saussure, 26 de outubro de 1726, Muyden, 1902, p. 166-167.

p. 40 - Liteiras: de Saussure, 26 de outubro de 1726, Muyden, 1902, p. 168; Lichtenberg a Ernst Gottfried Baldinger, 10 de janeiro de 1775, Mare e Quarrell 1938, p. 64.

p. 40 - "inteiramente feitas de vidro": Lichtenberg a Ernst Gottfried Baldinger, 10 de janeiro de 1775, Mare e Quarrell, 1938, p. 63-64.

p. 40 - "uma loja competia com a outra": Carl Philip Moritz, 2 de junho de 1782, Nettel, 1965, p. 33.

p. 40 - Lojas e ruas em Londres: Lichtenberg a Ernst Gottfried Baldinger, 10 de janeiro de 1775, Mare e Quarrell, 1938, p. 63-64.

p. 40 - "a voz rouca da Sentinela": William Franklin a Elizabeth Graeme, 9 de dezembro de 1757, BF on-line.

p. 41 - Descrição da sala de reunião da Royal Society: Cristlob Mylius, 24 de setembro de 1753, Mylius, 1787, p. 74.

p. 41 - "aprimoramento do conhecimento": Jardine, 1999, p. 83.

p. 42 - "Memória apresentada pelo Sr. de Lisle": Delisle a RS, lida em 5 de junho de 1760, JBRS, v. 24, f. 596.

p. 42 - "locais apropriados": 19 de junho de 1760, JBRS, v. 24, f. 84.

p. 42 - O Conselho escolheu por "unanimidade": 26 de junho de 1760, CMRS, v. iv, f. 224.

p. 42 - "a depender das incertezas": 26 de junho de 1760, CMRS, v. iv, f. 224.

p. 42 - Frenesi de atividades: e descrições seguintes 26 de junho de 1760, CMRS, v. iv, f. 223-224.

p. 43 - "que tipo de assistência se poderia": 26 de junho de 1760, CMRS, v.iv, f. 224.

p. 43 - Reunião da RS em 3 de julho: 3 de julho de 1760, CMRS, v. iv, f. 225ss; ver também Memorandum of Conversation between RS and directors of East India Company (Memorando de Conversas entre a Royal Society e os dirigentes da Companhia das Índias Orientais), 2 de julho de 1760, RS MM/10, f. 105.

p. 43 - Informações sobre o clima em Bencoolen: Lennox a Royal Society, 28 de junho de 1760, RS, MM/10, f. 104.

p. 43 - "ao seu alcance": e descrição seguinte, Memorandum of Conversation between RS and directors of East India Company, 2 de julho de 1760, RS MM/10, f. 105.

p. 44 - "o qual (muito provavelmente)": Memorandum of Conversation between RS and directors of East India Company, 2 de julho de 1760, RS MM/10, f. 105.

p. 44 - Instruções aos empregados: Instruções enviadas pelos dirigentes da Companhia das Índias Orientais aos seus vários superintendentes, para observação do Trânsito de Vênus, maio de 1760, RS MM/10, f. 106; e 3 de julho de 1760, CMRS, v. iv, p. 227.

p. 44 - Compra dos instrumentos: 3 de julho de 1760, CMRS, v. iv, p. 237.

p. 44 - Orçamento para as expedições: 3 de julho de 1760, CMRS, v. iv, p. 228.

p. 44 - Dr. Halley de Sua Majestade: RS MM/10, f. 108.

p. 45 - "agora enviando as pessoas certas": Ibid.

p. 45 - "Expectativa generalizada": Lord Macclesfield ao Duque de Newcastle, 5 de julho de 1760, CMRS, v. iv, f. 230.

p. 45 - "ficava graciosamente": 14 de julho de 1760, RS MM/10, f. 108.

p. 45 - Maskelyne indicado: 14 de julho de 1760, CMRS, v. iv, f. 243.

p. 45 - O amor de Maskelyne pela astronomia: "Nevil Maskelyne's Autobiographical Notes" (Notas Autobiográficas de Nevil Maskelyne, em tradução livre), transcritas em Howse, 1989, Apêndice B, p. 215; ver também Howse, 1989, p. 15ss.

p. 45 - Teorias eram "sublimes": Nevil Maskelyne a Charles Mason, 9 de novembro de 1769, RGO 4/184 Carta 13.

p. 45 - Informação biográfica de Maskelyne: Howse, 1989.

Capítulo 2:

p. 47 - "um *navio diferente*": CMRS, v. iv, f. 329.

p. 48 - A viagem de Le Gentil e a descrição seguinte: baseadas em Le Gentil a Lanux, 15 de setembro de 1760, Le Gentil, 1779 e 1781, v. 2, p. 694-717.

p. 48 - "colocar-nos entre": Le Gentil à academia, julho de 1760, lido em 14 de fevereiro de 1761, PV Académie, 1761, f. 34.

p. 48 - Le Gentil e o eclipse lunar: Ibid., f. 35.

p. 48 - "Parecia que a névoa": Ibid.

p. 48 – considerar a morte um "alívio": Le Gentil a Lanux, 15 de setembro de 1760, Le Gentil, 1779 e 1781, v. 2, p. 695.

p. 48 - "melhor no mar": Le Gentil à academia, julho de 1760, lido em 14 de fevereiro de 1761, PV Académie, 1761, f. 35.

p. 49 - "sem se cansar": Ibid.

p. 49 - Chegada de Le Gentil a Maurício: Le Gentil a Lanux, 15 de setembro de 1760, Le Gentil, 1779 e 1781, v. 2, p. 713.

p. 49 - "a mais agradável e mais feliz": "Le Gentil a Académie", julho de 1760, lido em 14 de fevereiro de 1761, PV Académie, 1761, 14 de fevereiro de 1761, f. 34.

p. 49 - "um passageiro": Ibid.

p. 49 e 50 - Os britânicos atacaram os franceses na Índia: Le Gentil a Lanux, 15 de setembro de 1760, Le Gentil, 1779 e 1781, v. 2, p. 713; Le Gentil a Académie, julho de 1760, lido em 14 de fevereiro de 1761, PV Académie, 1761, 14 de fevereiro de 1761, f. 36.

p. 50 - "deslocados para fazer o sítio": Le Gentil a Académie, julho de 1760, lido em 14 de fevereiro de 1761, PV Académie, 1761, 14 de fevereiro de 1761, f. 36.

p. 50 - "postando a sua artilharia": Ibid.

p. 50 - Furacão destruindo a frota: Ibid, f. 37.

p. 50 - "Não sei quando": Ibid. f. 36.

p. 50 - "projetos quiméricos": Le Gentil a Lanux, 6 de fevereiro de 1761, Le Gentil, 1779 e 1781, v. 2, p. 719.

p. 50 - Le Gentil considerando os diferentes locais de observação: Le Gentil (Ebeling) 1781, p. 30-31.

p. 50 - "sempre nublado": Le Gentil a Duc de Chaulnes, 6 de setembro de 1761, lido em 30 de janeiro de 1762, PV Académie, 1762, f. 20

p. 50 - Clima de Rodrigues: Le Gentil a Lanux, 6 de fevereiro de 1761, Le Gentil, 1779 e 1781, v. 2, p. 719-720.

p. 50 - "aqui eu estou sem esperança": Ibid, p. 720.

p. 51 - "A vida é terrivelmente cara": Le Gentil a Académie, julho de 1760, lido em 14 de fevereiro de 1761, PV Académie, 1761, 14 de fevereiro de 1761, f. 36

p. 51 - "crises de disenteria": Le Gentil a Lanux, 6 de fevereiro de 1761, Le Gentil, 1779 e 1781, v. 2, p. 719; Le Gentil (Ebeling), 1781, p. 29.

p. 51 - "mortificação e preocupação": Le Gentil a Lanux, 6 de fevereiro de 1761, Le Gentil, 1779 e 1781, v. 2, p. 719.

p. 51 - Relatório sobre a importância das expedições: lido em 20 de agosto de 1760, Chabert 1757b, p. 43-49; ver também Woolf, 1959, p. 64ss.

p. 51 - O "zelo" da academia: de Chabert, lido em 20 de agosto de 1760, *Histoire & Mémoires*, 1757, p. 43

p. 51 - "daqueles momentos preciosos": Lalande, "Mémoire sur le passages de Vénus devant le disque du Soleil, en 1761 et 1769". In: *Histoire & Mémoires*, 1757, p. 250.

p. 51 - O século anterior os tinha "invejado": Ibid.

p. 51 - O "futuro" recriminaria: Ibid.

p. 51 - Porto português ou holandês: de Chabert, lido em 20 de agosto de 1760, *Histoire & Mémoires*, 1757, p. 44-45

p. 52 - "perigoso para estrangeiros": Ibid, p. 47.

p. 52 - "precisaria ser substituído": Ibid.

p. 52 - "alarmado com todos aqueles perigos": Anônimo, "Du Passage du Vénus sur le Soleil. Annoncé pour l'année 1761". In: *Histoire & Mémoires*, 1757, p. 84.

p. 52 - Pingré e a gota: 10 de janeiro de 1761, Pingré, 2004, p. 44.

p. 52 - Informação biográfica de Pingré: Woolf 1959, p. 97-101; Armitage 1953, p. 48ss.

p. 52 - "sem dúvida, superaria": de Chabert, 20 de agosto de 1760, *Histoire & Mémoires*, 1757, p. 46.

p. 52 - Escreveriam a Holanda e Portugal: Anônimo, "Du Passage de Vénus sur le Soleil. Annoncé pour l'année 1761". In: *Histoire & Mémoires*, 1757, p. 90.

p. 53 - "diversos obstáculos": Ibid.

p. 53 - Apoio da administração local: Ibid, p. 92.

p. 53 - Jantar de despedida de Pingré: Woolf, 1959, p. 101; Pingré, 2004, p. 39.

p. 53 - Pingré e a comida: ver as diversas entradas em seu diário, em Pingré, 2004.

p. 53 - "tremendamente lisonjeira": Pingré, 2004, p. 39.

p. 53 - "os primeiros a se assustar" e citações seguintes: Ibid.

p. 53 - "minha liberdade, minha saúde": Ibid

p. 53 e 54 - Coche até Lorient: Woolf, 1959, p. 101.

p. 54 - Espera de Pingré em Lorient: Pingré, 2004, p. 39ss; ver também Woolf, 1959, p. 101-102.

p. 54 - Trinta e oito canhões: 10 de janeiro de 1761, Pingré, 2004, p. 44.

p. 54 - Partida de Pingré: 9 de janeiro de 1761, Ibid, p. 43.

p. 54 - Pingré e os suprimentos do galeão: 9 de janeiro de 1761, Ibid.

p. 54 - "pagou o seu tributo": 10 de janeiro de 1761, Ibid, p. 44.

p. 55 - "não molestassem": passaporte de Pingré, 25 de novembro de 1760: Apêndice III D, Woolf, 1959, p. 208.

p. 55 - "prosseguisse sem demora": Ibid.

p. 55 - Descrição de 10 de janeiro de 1761 e navios inimigos: 10 de janeiro de 1761, Pingré, 2004, p. 44-45.

p. 55 - "sem dar um único tiro": 10 de janeiro de 1761, Ibid, p. 45.

p. 55 - "grande salão de baile": 15 de janeiro de 1761, Ibid, p. 49.

p. 55 e 56 - Tédio fastidioso: entradas do diário de Pingré para esse período, em Pingré, 2004.

p. 56 - "sozinho do que na companhia": 15 de março de 1761, Pingré, 2004, p. 91.

p. 56 - Vida monótona a bordo: 15 de março de 1761, Ibid.

p. 56 - Preso na Bastilha: 15 de março de 1761, Ibid.

p. 56 - "um navio tão fantástico": 30 de janeiro de 1761, Ibid, p. 61.

p. 56 - Peixes voadores: 27 de janeiro de 1761, Ibid, p. 56.

p. 56 - "pegando fogo": 22 de janeiro de 1761, Ibid, p. 54; [e muitas outras vezes].

p. 56 - Queda de um marinheiro: 2 de fevereiro de 1761, Ibid, p. 62.

p. 56 - "batismo do equador": 14 de fevereiro de 1761, Ibid, p. 74.

p. 56 - *père la laigne*: 14 de fevereiro de 1761, Ibid, p. 74.

p. 56 - Pingré e o céu do sul: Pingré, 24 de fevereiro de 1761, Ibid, p. 81.

p. 56 - "a bebida nos dá": diário MS de Pingré citado em francês, em Woolf, 1959, p. 106.

p. 56 - "não com a garrafa": Ibid.

p. 56 e 57 - Deparando-se com o *Le Lys*: Pingré, 8 de abril de 1761 (e dias seguintes), Pingré, 2004, p. 105-122.

p. 57 - Reduzindo a velocidade: 19 e 20 de abril de 1761, Ibid, p. 117-118.

p. 57 – "totalmente inútil": 12 de abril de 1761, Ibid, p. 110.

p. 57 - Disputas com o *Le Lys*: 10, 12 de abril de 1761, Pingré, 2004, p. 107, 109-110; Pingré a Marion e Marion a Pingré, 13 de abril de 1761, Ibid, p. 112-114.

p. 57 - "mais sagrada das missões": Pingré a Marion, 13 de abril de 1761, Ibid, p. 112.

p. 57 - "toda a Europa": Pingré a Marion, 13 de abril de 1761, Ibid, p. 112.

p. 57 - A caminho de Rodrigues: 1º de maio de 1761, Ibid, p. 122.

p. 57 - Frutas frescas e carne: Pingré a Marion, 12 de abril de 1761, Ibid, p. 109.

p. 57 - "jogá-lo ao mar": Pingré, diário MS citado em francês, em Woolf, 1959, p. 108.

p. 57 - Rodrigues no horizonte: 3 de maio de 1761, Pingré, 2004, p. 124.

p. 57 - Uma última tentativa: Pingré, 2 de maio de 1761, Ibid, p. 122-123.

p. 58 - Passagem de Le Gentil por Pondicherry: Le Gentil a Lanux, 16 de julho de 1761, Le Gentil, 1779 e 1781, v. 2, p. 721; Le Gentil (Ebeling), 1781, p. 31.

p. 58 - Encontrar outra estação de observação: Le Gentil a Lanux, 16 de julho de 1761, Le Gentil, 1779 e 1781, v. 2, p. 721.

p. 58 - Descrição da viagem marítima a partir de Maurício: Le Gentil a Lanux, 16 de julho de 1761, Le Gentil, 1779 e 1781, v. 2, p. 721ss; Le Gentil (Ebeling), 1781, p. 31ss.

p. 59 - Ilha de Socotra: Le Gentil a Lanux, 16 de julho de 1761, Le Gentil 1779 e 1781, v. 2, p. 724; Le Gentil (Ebeling), 1781, p. 32.

p. 59 - "lantejoulas douradas": Le Gentil a Lanux, 16 de julho de 1761, Le Gentil, 1779 e 1781, v. 2, p. 728.

p. 59 - "colunas douradas": Ibid.

p. 59 - A monção sudoeste: Ibid, p. 736.

p. 59 - Le Gentil viu luzes: Ibid, p. 742.

p. 59 - Notícias de Mahé e Pondicherry: Ibid, p. 743

p. 60 - "meu grande vexame": Le Gentil (Ebeling), 1781, p. 33, "zu meinem großen Verdrusse".

p. 60 - Tempestade: Le Gentil a Lanux, 16 de julho de 1761, Le Gentil, 1779 e 1781, v. 2, p. 744.

Capítulo 3:

p. 61 - Quantidade apropriada de bebida: das oitocentas libras alocadas para a viagem, quase duzentas foram destinadas a "bebidas". Cálculo de Santa Helena, 21 de julho de 1760. CMRS, v. iv, f. 246; 5 de agosto de 1760, CMRS, v. iv, f. 251-253; 5 de agosto de 1760, RS MM/10, f. 111-112; ver também Howse 1989, p. 25.

p. 61 - "intimamente ligada à": 21 de julho de 1760, CMRS, v. iv, f. 254.

p. 62 - Mapeamento da Rússia: Vucinich, 1984, p. 22.

p. 62 - O navio de Pingré tinha atravessado de um lado a outro de duas ilhas: 30 de janeiro de 1761, Pingré 2004, p. 61.

p. 63 - Longitude e cálculos de longitude: Richardson, 2005, p. 34-35; Howse, 1989, p. 92-93.

p. 63 - *As Viagens de Gulliver* e a longitude: Swift, 1826, p. 83.

p. 64 - "ordenado que um Navio": Almirantado a Royal Society, 30 de julho de 1760, lido em 5 de agosto de 1760, CMRS, v. iv, f. 250.

p. 64 - Maskelyne e a longitude: Howse, 1989, p. 30, 42.

p. 64 - Exportações britânicas para as colônias: Longford, 1992, p. 168-169.

p. 64 - Os franceses usaram o mesmo argumento: Chabert, *Histoire & Mémoires*, 1757b, p. 44, lido em 20 de agosto de 1760.

p. 64 - Comércio colonial francês: McClellan e Regourd 2000, p. 49.

p. 65 - Partida de Maskelyne: Maskelyne, "Journal of Voyage to St Helena, 1761-1762" (Diário de Viagem a Santa Helena, 1761-1762), RGO 4/150; Nevil Maskelyne a William Watson, 17 de janeiro de 1761, lido na RS em 22 de janeiro de 1761, JBRS, v. 25, f. 18ss.

p. 65 - Pingré e Madeira: 20 de janeiro de 1761, Pingré, 2004, p. 53.

p. 65 - Comboio acompanhando o navio de Maskelyne: Howse, 1989, p. 28-29.

p. 65 - Método lunar de Maskelyne: Howse, 1989, p. 29-30; Notas autobiográficas de Nevil Maskelyne, transcritas em Howse, 1989, Apêndice B, p. 218; Maskelyne, "Diário de Viagem a Santa Helena, 1761-1762", RGO 4/150.

p. 65 - "Movimento do Céu": Jardine, 1999, p. 14.

p. 65 - Tabelas lunares de Mayer: Howse, 1989, p. 30; Notas autobiográficas de Nevil Maskelyne, transcritas em Howse, 1989, Apêndice B, p. 218.

p. 66 - Anotações de observação de Maskelyne: Maskelyne, "Journal of Voyage to St Helena, 1761-1762" (Diário de Viagem a Santa Helena, 1761-1762), RGO 4/150.

p. 66 - Maskelyne e as tabelas lunares de Mayer: Howse 1989, p. 29-30; Notas Autobiográficas de Nevil Maskelyne, transcritas em Howse 1989, Apêndice B, p. 218.

p. 66 - "Minha principal atenção": Maskelyne a Birch, 13 de maio de 1761, citado em Howse 1989, p. 30

p. 66 - "averiguar a sua Longitude": Maskelyne a Birch, 13 de maio de 1761, citado em Ibid.

p. 66 - Suprimentos de bebida de Maskelyne: nota da venda de vinho, 23 de dezembro de 1760, RS MM/10, f. 151.

p. 66 - "uma viagem muito agradável": Maskelyne a Birch, 13 de maio de 1761, citado em Howse, 1989, p. 30.

p. 66 - Santa Helena surgiu: 5 de abril de 1761, Maskelyne, "Journal of Voyage to St Helena, 1761-1762" (Diário de Viagem a Santa Helena, 1761-1762), RGO 4/150.

p. 67 - O clima na chegada: Ibid.

p. 67 - "quase pendentes": Relato de Joseph Banks sobre Santa Helena, Beaglehole, 1962, p. 478.

p. 67 - "ancoramos na baía": 6 de abril de 1761, Maskelyne, "Diário da Viagem a Santa Helena, 1761-1762", RGO 4/150.

p. 67 - Um bom lugar para instalar o observatório: Maskelyne a Birch, 13 de maio de 1761, citado em Howse, 1989, p. 30.

p. 68 - RS indica Mason e Dixon: 11 e 25 de setembro, 10 de outubro de 1760, CMRS, v. iv, ss.253-254, 256; 11 e 19 de setembro, RS MM/10, f. 108.

p. 68 - Informação biográfica de Mason: Cope, 1951, p. 232; Robinson, 1949, p. 134.

p. 68 - Informação biográfica de Dixon: Cope e Robinson, 1951, p. 56; Robinson, 1950, p. 272-274.

p. 68 - "nada seria capaz de superar": Thomas Evans, 1796-98, citado em Croarken, 2003, p. 285.

p. 68 - "beber em excesso": Dixon foi expulso no dia 28 de outubro de 1760, Robinson, 1950, p. 273.

p. 68 - Salários de Mason e Dixon: 11 de setembro de 1760, CMRS, v. iv, f. 253; quanto aos seus contratos 23 de outubro de 1760, CMRS, v. iv, f. 265; salário de Mason no Observatório Real: Croarken 2003, p. 293.

p. 68 - Entrevista com o capitão: 16 de outubro de 1760, CMRS, v. iv, f. 262.

p. 69 - "tudo que estivesse ao seu alcance": 16 de outubro de 1760, RS MM/10, f. 114.

p. 69 - "a expensas da Companhia": Ibid.

p. 69 - Mason e Dixon a Portsmouth: 17 de novembro de 1760, CMRS, v. iv, f. 269; Dixon foi a essa reunião e relatou que deixaria Londres no dia seguinte.

p. 69 - Atraso por causa dos ventos contrários: Mason à Royal Society, 8 e 19 de dezembro de 1760, RS MM/10, f. 124, 126.

p. 69 - Batalha no *HMS Seahorse*: Charles Mason a Morton, 12 de janeiro de 1761, RS MM/10, f. 128; Capitão Smith, 11 de janeiro de 1761, em *Edinburgh Magazine*, março de 1761, p. 161; *Annual Register* 1761, p. 54.

p. 69 - "partindo para cima deles": Capitão Smith, 11 de janeiro de 1761, em *Edinburgh Magazine*, março de 1761, p. 161.

p. 69 - "baleados com pistola": Ibid.

p. 70 - "acredito que tenha sido de modo letal": Charles Mason a Charles Morton, 12 de janeiro de 1761, RS MM/10, f. 128.

p. 70 - Instrumentos de Mason e Dixon: Mason e Dixon, *Phil. Trans*, 1761-1762, p. 394.

p. 70 - Suportes quebrados: Recibo para Retorno dos Instrumentos, 18 de maio de 1762, RS MM/10, f. 146.

p. 70 - Navio "despedaçado": Charles Mason a Charles Morton, 12 de janeiro de 1761, RS MM/10, f. 128; e 21 de janeiro de 1761, CMRS, v. iv, f. 285.

p. 70 - "absolutamente impossível": Charles Mason e Jeremiah Dixon a Charles Morton, 25 de janeiro de 1761, RS MM/10, f. 130.

p. 70 - Cartas de Mason e Dixon: Charles Mason a Richard Bradley, 25 de janeiro de 1761; Mason e Dixon a Charles Morton, 25 de janeiro de 1761; Charles Mason e Jeremiah Dixon a Thomas Birch, 27 de janeiro de 1761, RS MM/10, f. 129-131.

p. 70 - Cartas lidas na RS: 31 de janeiro de 1761, CMRS, v. iv, f. 288-290.

p. 71 - Ver o trânsito em Iskenderun: Charles Mason e Jeremiah Dixon a Charles Morton, 25 de janeiro de 1761, RS MM/10, f. 130

p. 71 - "obedeceriam" às ordens: e citações seguintes, Ibid.

p. 71 - "não via razão para" e citações seguintes: Charles Mason a Richard Bradley, 25 de janeiro de 1761, RS MM/10, f. 129.

p. 71 - "embarcassem": 31 de janeiro de 1761, CMRS, v. iv, f. 290.

p. 71 - Membros da RS "surpresos": e citações seguintes, Royal Society a Charles Mason e Jeremiah Dixon, 31 de janeiro de 1761, RS MM/10, f. 132.

p. 72 - "se recusavam peremptoriamente a seguir viagem": Capitão Smith a Royal Society, 31 de janeiro de 1761, RS MM/10, f. 133.

p. 72 - Morton ao Almirantado: 22 de janeiro e 5 de fevereiro de 1761, JBRS, v. 25, f. 16, 33-34.

p. 72 - "os preparativos que estavam sendo feitos": Benedict Ferner a Thomas Birch, 13 de janeiro de 1761, lido na RS em 29 de janeiro de 1761, JBRS, v. 25, f. 25.

p. 72 - "recusa peremptória": 5 de fevereiro de 1761, Ibid, f. 34.

p. 72 - "com a extrema severidade": Royal Society a Charles Mason e Jeremiah Dixon, 31 de janeiro de 1761, RS MM/10, f. 132.

p. 72 - "Lamentamos muito" e citações seguintes: Charles Mason e Jeremiah Dixon a RS, 3 de fevereiro de 1761, RS MM/10, f. 134.

Capítulo 4:

p. 73 - Academia e Pedro, o Grande: Home, 1973, p. 75; Schulze, 1985, p. 305ss.

p. 73 - Salários para estrangeiros: Schulze, 1985, p. 310.

p. 73 - "descaradamente ridicularizado": Leonard Euler a Mikhail Lomonosov, 11 de janeiro de 1755, Juskevic e Winter, 1959-1976, v. 3, p. 202 "auf eine unverschämte Art verspottet".

p. 73 - "recomendou": 26 de maio/6 de junho de 1760, Protocolos, v. 2, p. 451; a carta da França chegou em janeiro de 1760, Morosow, 1954, p. 432.

p. 74 - Acadêmicos russos escreveram para Delisle: 19 de abril de 1760, PV Académie 1760, em Woolf, 1959, p. 60; Morosow 1954, p. 432; 26 de maio/6 de junho de 1760, Protocolos, v. 2, p. 451.

p. 74 - Chappe convocado: Anônimo, "Du Passage de Vénus sur le Soleil. Annoncé pour l'année 1761", *Histoire & Mémoires*, 1757, p. 89.

p. 74 - Informação biográfica de Chappe: Fouchy, 1769, p. 163ss; Armitage, 1954, p. 278ss; Woolf, 1959, p. 115ss.

p. 74 - Clientes aristocráticos: Fouchy, 1769, p. 163-164.

p. 74 - "Ele gostava da fama": Ibid, p. 172.

p. 74 - Viagem de Chappe a Tobolsk: a menos que tenha outra referência, Chappe, 1770.

p. 75 - Acidentes após a partida: Chappe, 1770, p. 2.

p. 75 - "só por algumas horas": Ibid.

p. 75 - "motivada por uma briga": Ibid, p. 4.

p. 75 - "a aceitar o véu": Ibid, p. 5.

p. 75 - "em apreensão contínua": Ibid, p. 8.

p. 75 - Acidente entre Brno e Nvy Jicin, e descrição seguinte: Ibid.

p. 76 - Personalidade de Chappe: Fouchy 1769, p. 171-172.

p. 76 - "Comecei a temer": Chappe 1770, p. 8.

p. 76 - "até então ele não tinha experimentado": Ibid, p. 9.

p. 76 - "onze graus abaixo de zero", Ibid, p. 15.

p. 76 - Acidentes com a carruagem: Ibid, p. 17-18.

p. 76 - "de alto a baixo": Ibid, p. 18.

p. 76 - Caminhando nas montanhas: Ibid, p. 19.

p. 76 - Nuvens carregadas de neve: Ibid, p. 24.

p. 76 - "não agüentou": Ibid, p. 21.

p. 76 - Estavam detidos mais uma vez: Ibid, p. 22.

p. 76 - Intérprete "de porre": Ibid, p. 23.

p. 77 - "contínuos atrasos": Ibid, p. 20.

p. 77 - Medindo as anáguas: Ibid, p. 9.

p. 77 - "rigorosamente virtuosas": Ibid, p. 10.

p. 77 - "esbelteza das suas": Ibid, p. 11.

p. 77 - "boa forma das empregadas": Ibid, p. 21.

p. 77 - Chegada a São Petersburgo: Ibid, p. 25.

p. 77 - 2.917 quilômetros.

p. 77 - Reunião de Chappe na academia: 9/20 de fevereiro de 1761, Protocolos, v. 2, p. 463.

p. 77 - Discussão entre Aepinus e Lomonosov: Home 1973, p. 81ss; èlarslu 1870-3, v.2, p. 698-733.

p. 78 - Carreira de Aepinus: Home 1973, p. 89.

p. 78 - Temperamento de Lomonosov: Stepan Rumovsky a J.A. Euler, 2 de dezembro de 1764, Ibid, p. 77.

p. 78 - Informação biográfica de Lomonosov: Menshutkin 1952; Vucinich 1984, p. 15ss; Huntington 1959, p. 295ss; Home 1973, p. 76-77.

p. 78 - "nenhum serviço à": Pekarsky 1870-73, v. 2, p. 698.

p. 78 - "não se atreviam a pronunciar": Pushkin citado em Menshutkin 1952, p. 185.

p. 78 - Briga motivada pela embriaguês: Ibid, p. 39.

p. 78 - Peças obscenas: Ibid.

p. 78 - "cãezinhos amestrados" estúpidos: Lomonosov a Leonard Euler, primavera de 1765, Juskevic e Winter 1959-1976, v. 3, p. 202.

p. 78 - Ensaio de Aepinus: Pekarsky 1870-73, v.2, p. 701; Home 1973, p. 80ss.

p. 78 - Crítica de Lomonosov ao ensaio: Pekarsky 1870-73, v. 2, p. 701.

p. 79 - Lomonosov solapando Aepinus: Ibid, p. 700ss.

p. 79 - "falsos rumores por toda a cidade": 19 de dezembro de 1760, Protocolos, v. 2, p. 459.

p. 79 - Reação de Aepinus a Lomonosov: Pekarsky 1870-73, v.2, p. 702; 1/12 e 8/19 de dezembro de 1760, Protocolos, v. 2, p. 458-459.

p. 79 - O esquema era "equivocado" e citações seguintes: 8/19 de dezembro de 1760, Protocolos, v. 2, p. 459-460.

p. 79 - Expedições russas: 13/24 de novembro de 1760, Ibid, p. 458.

p. 79 - "honra" do império: Morosow 1954, p. 432.

p. 79 - Preparações para as expedições: 24/30 de novembro de 1760, Protocolos, v. 2, p. 458; Morosow 1954, p. 432.

p. 80 - A expedição russa parte em meados de janeiro de 1761: Benedict Ferner a Thomas Birch, 13 de janeiro de 1761, lida na RS em 25 de janeiro de 1761, JBRS, v. 25, f. 25; 24/30 de novembro de 1760, Protocolos, v. 2, p. 458; Morosow 1954, p. 432.

p. 80 - Chappe deveria ver o trânsito mais perto de São Petersburgo: Chappe 1770, p. 25-26.

p. 80 - "com tanta vantagem": Ibid, p. 25.

p. 80 - "compreendeu com facilidade": Ibid, p. 26.

p. 80 - "amante e protetor": Ibid.

p. 80 - Partida de São Petersburgo e descrição seguinte: Ibid, p. 26ss.

p. 81 - "consertar os meus relógios": Ibid, p. 26.

p. 81 - Corrida contra o derretimento: Ibid.

p. 81 - "com a maior velocidade": Ibid, p. 25.

p. 81 - "lisa como vidro": Ibid, p. 38.

p. 81 - "rapidez inconcebível": Ibid.

p. 81 - "de pé": Ibid.

p. 81 - Os trenós capotavam com frequência: Ibid, p. 63.

p. 81 - Cavalo caiu dentro do rio: Ibid, p. 31.

p. 81 - "prestes a serem tragados": Ibid, p. 61.

p. 81 - Chappe sobre as mulheres russas: Ibid, p. 65, 72.

p. 82 - Gelo derretendo: Ibid.

p. 82 - "suplantado pelo derretimento": Ibid, p. 71.

p. 82 - Recusaram-se a cruzar o rio: Ibid, p. 73.

p. 83 - "acrescido de um total": Ibid, p. 74.

p. 83 - Quantidades abundantes de *brandy*: Ibid, p. 75.

p. 83 - Apressou os seus bêbados: Ibid, p. 76.

Capítulo 5:

p. 84 - Observatório no Hofgarten: Johann Georg von Lori a Johann Heinrich Samuel Formey, 15 de julho de 1761, Spindler, 1959, p. 429; Westenrieder, 1784, p. 74.

p. 84 - Instrumentos no muro do jardim: Prosper Goldhofer a Johann Georg von Lori, 28 de maio de 1761, Spindler, 1959, p. 408.

p. 84 - Biblioteca em Varsóvia: Stefan Luskina na Biblioteca Pública Zaluski de Varsóvia, *Das Neuste aus der Anmuthigen Gelehrsamkeit*, 1761, v. 1, p. 501.

p. 86 - Informação sobre a Academia de Ciências e a política: Frängsmyr, 1989, p. 2ss; Lindroth, 1952, p. 16-19.

p. 86 - Ciência "útil": Frängsmyr, 1989, p. 2.

p. 86 - "criação do bicho da seda": Ibid, p. 5.

p. 86 - Informação biográfica de Wargentin: Frängsmyr, 1989, p. 7-8, 50-56; Lindroth, 1952, p. 105-110.

p. 86 - Amor de Wargentin pela astronomia: Lindroth, 1952, p. 105-106.

p. 86 - "uma espécie de irmandade": Wargentin, citado em Frängsmyr, 1989, p. 7.

p. 87 - "Antes de mim": Wargentin citado em McClellan, 1985, p. 171.

p. 87 - Troca de periódicos: Ibid.

p. 87 - Wargentin encoraja os astrônomos: Lindroth, 1967, p. 401.

p. 87 - Delisle enviou mapa-múndi: Ibid, p. 403.

p. 87 - Escandinávia como contrapartida importante: Wargentin, KVA Abhandlungen 1761b, p. 142.

p. 87 - Wargentin encomendou instrumentos: 30 de abril de 1760, KVA Protocolos, p. 618.

p. 87 - Expedição à Lapônia organizada: Nordenmark, 1939, p. 175-176; Lindroth, 1967, p. 401; 21 de janeiro de 1761, KVA Protocolos, p. 634.

p. 88 - Expedição de Planman: Anders Planman a Wargentin, 18 de novembro de 1760, MS Wargentin, KVA, Centro de História da Ciência; Lindroth, 1967, p. 401; Nordemark, 1939, p. 175.

p. 88 - Lentes "mais finas": Planman a Wargentin, 18 de novembro de 1760, MS Wargentin, KVA, Centro de História da Ciência "pa det sättet kan man transportera tunnaste glas bak pa bon-wagnar" .

p. 88 - Partida da Planman: Planman deixou Upsala após reunir fundos para a sua expedição, KVA, Verificação nº 116, 12 de janeiro, 4 e 12 de fevereiro; 21 de janeiro de 1761, KVA Protocolos.

p. 88 - Inverno rigoroso: Wargentin, KVA Abhandlungen, 1761, p. 143.

p. 88 - "esplêndidas estalactites": Acerbi, 1802, v. 1, p. 184.

p. 88 - "se erguia de modo perpendicular": Ibid, p. 185.

p. 88 - "um lobo ou urso rolando": Ibid.

p. 88 - Doença de Planman: Planman a Wargentin, 16 de abril de 1761, MS Wargentin, KVA, Centro de História da Ciência.

p. 88 - "silêncio deprimente": Acerbi, 1802, v. 1, p. 228.

p. 88 - Planman caminhando: Planman a Wargentin, 16 de abril de 1761, MS Wargentin, KVA, Centro de História da Ciência.

p. 88 - Jornada de Planman: Ibid.

p. 88 - Chegada de Planman a Kajana: Ibid.

p. 89 - A expedição de Winthrop: Winthrop, 1761, p. 7.

p. 89 - Artigo de Winthrop: 2 de abril de 1761, *Boston News-Letter*, 6 de abril de 1761, *Boston Post Boy*; 10 de abril de 1761, *New Hampshire Gazette*.

p. 89 - "poderia, afinal, ser": Extrato dos Votos da Hon. Câmara de Representantes, Winthrop, 1761, p. 22.

p. 89 - "traria crédito para": Ibid, p. 23.

p. 89 - "considerasse apropriada": Ibid, p. 24.

p. 90 - "levar adiante um comércio ilícito": *Edinburgh Magazine*, abril de 1761, p. 187.

p. 90 - Expedições a Bencoolen e Santa Helena: 13 de outubro de 1760, *Boston Evening Post*.

p. 90 - Instruções de Wargentin para os amadores: 28 de maio de 1761, *Inrikes Tidningar*, 1761, v. 47.

p. 90 - Olhar o trânsito com lentes escuras: Ibid.

p. 90 - Panfleto de Delisle: 2 de maio de 1761, PV Académie, 1761, f. 85.

p. 90 - "diálogo" extravagante: Martin, Benjamin 1759.

p. 90 - "para aqueles que não": Ferguson, 1761, p. 2.

p. 90 - Ferguson e a ocupação dos assentos duas vezes: Millburn, 1976, p. 85.

p. 91 - Anúncios de Martin: 28 de maio e 1, 3 de junho de 1761, *Public Advertiser*.

p. 92 - RS informando a Delisle sobre Mason e Dixon: Woolf, 1959, p. 91.

p. 92 - Capelão da comunidade britânica à RS: 12 de março de 1761, JBRS, v. 25, f. 71-73.

p. 92 - Procura de um empregado da Companhia das Índias Orientais holandesa: Dirk Klinkenberg a Delisle, 29 de novembro de 1760, Zuidervaart e Van Gent, 2004, p. 6.

p. 92 - Chappe informando à academia russa: 9-20 de fevereiro de 1761, Protocolos, v. 2, p. 463.

p. 92 - Notícias de Pingré na Alemanha: Prosper Goldhofer a Johann Georg von Lori, 29 de março de 1761, Spindler, 1959, p. 390.

p. 92 - Informação sobre Chappe em Berlim: 13-24 de março de 1761, Gerhardt Friedrich Müller a Leonard Euler, Juskevic e Winter 1959-1976, v. 1, p. 172.

p. 92 - Informação sobre Chappe em Leipzig: Gottfried Heinsius a Leonard Euler, 4 de abril de 1761, Juskevic e Winter, 1959-1976, v. 3, p. 121.

p. 92 - "de ir à Batávia": Le Gentil à Academia Francesa de Ciências, julho de 1760, lido em 14 de fevereiro de 1761, PV Académie, 1761, f. 37.

p. 92 - Notícia de que Chappe havia partido de São Petersburgo: 20 de maio de 1761, PV Académie, f. 91.

p. 93 - "um tremor generalizado": Chappe, 1770, p. 76.

p. 93 - Severas enchentes de primavera: Ibid, p. 77.

p. 93 - Busca de Maskelyne pelo observatório: Maskelyne a Birch, 13 de maio de 1761, citado em Howse 1989, p. 30-31.

p. 93 - "fatalmente cairia no precipício": Kindersley, 1777, p. 294-295.

p. 93 - "quase que perpetuamente cobertas": Maskelyne a Birch, 13 de maio de 1761, citado em Howse, 1989, p. 31.

p. 93 - Halley em Santa Helena: Cook, 1998, p. 73ss.

p. 93 - "infestada" de nuvens: Notas Autobiográficas de Nevil Maskelyne, transcritas em Howse, 1989, Apêndice B, p. 217.

p. 93 - "abaixo do monte Halley" e citações seguintes: Maskelyne a Birch, 13 de maio de 1761, citado em Howse, 1989, p. 31.

p. 94 - Preparações astronômicas de Maskelyne: Maskelyne: "Journal of a Voyage from England to St Helena" (Diário de uma Viagem da Inglaterra a Santa Helena), RGO 4/150; Maskelyne, "Observations at St Helena" (Observações em Santa Helena), RGO 4/2.

p. 95 - "em razão da demora": 10 de janeiro de 1765, JBRS, v. 26, p. 192.

p. 95 - "extrema importância": Maskelyne a William Watson, 17 de janeiro de 1761, Maskelyne, *Phil. Trans*, 1761-1762a, v. 52, p. 27.

p. 95 - Mason e Dixon no Cabo: Mason e Dixon, *Phil. Trans*, 1761-1762, v. 52, p. 380.

p. 95 - Os franceses tomaram Bencoolen: Charles Mason a RS, 6 de maio de 1761, RS MM/10, f. 135.

p. 95 - Instruções do Astrônomo Real: Bradley, 1832, p. 388.

p. 95 - Carta para a RS: Jeremiah Dixon a Thomas Birch, 6 de maio de 1761, original em BL, cópia em APS.

p. 95 - "parte distante do globo": Joseph Banks's Account of Cape Town, Beaglehole, 1962, p. 449.

p. 96 - Descrição da Cidade do Cabo: Joseph Banks's Account of Cape Town, Beaglehole 1962, p. 456; Kindersley, 1777, p. 56-57.

p. 96 - Louvação ao esmero dos holandeses: Joseph Banks's Account of Cape Town, Beaglehole 1962, p. 449ss; Kindersley 1777, p. 53.

p. 96 - "Nesse ponto, estrangeiros (...) se sentem": Kindersley, 1777, p. 65.

p. 96 - "método comum de viver": Joseph Banks's Account of Cape Town, Beaglehole 1962, p. 457.

p. 96 - Alojamentos de Mason e Dixon: nas suas despesas, Mason e Dixon listam um "Sr. Zeeman" como senhorio. "Expenses for the Royal Society", original em BL, cópia em APS.

p. 96 - Jardim botânico: Joseph Banks's Account of Cape Town, Beaglehole, 1962, p. 458-460; Kindersley, 1777, p. 53.

p. 96 - Alugaram uma carruagem: "Expenses for the Royal Society", original em BL, cópia em APS.

p. 97 - "os holandeses são muito vagarosos" e citação seguinte: Charles Mason à RS, 6 de maio de 1761, RS MM/10, f. 135.

p. 97 - Ajuda para a construção do observatório: Jeremiah Dixon a Thomas Birch, 6 de maio de 1761, original em BL, cópia em APS.

p. 97 - Lona e observatório: lista de doze metros de lona nas despesas de Mason e Dixon, "Expenses for the Royal Society", original em BL, cópia em APS.

p. 97 - "para qualquer lado do céu": Mason e Dixon, *Phil. Trans*, 1761-1762, v. 52, p. 379.

p. 97 - "praticamente o tempo todo": Ibid, p. 382.

p. 98 - Os nativos pensaram que Chappe fosse um mágico: Chappe, 1770, p. 79.

p. 98 - "tentasse destruí-lo": Ibid, p. 80.

p. 98 - Chappe e o eclipse lunar: Ibid, p. 78.

p. 98 - Torre de poltronas de Planman: Anders Planman a Wargentin, 21 de maio de 1761, MS Wargentin, KVA, Centro de História da Ciência.

p. 98 - Mason e Dixon e o eclipse lunar: Mason e Dixon, *Phil. Trans*, 1761-1762, v. 52, p. 380.

p. 98 - Pingré e o eclipse lunar: 19 de maio de 1761, Pingré, 2004, p. 133.

p. 98 - Chegada de Pingré a Maurício: 7 de maio de 1761, Ibid, p. 127-128.

p. 99 - O governador assegurou a Pingré: 7 de maio de 1761, Ibid, p. 128.

p. 99 - Apenas oito dias até Rodrigues: 14 de abril de 1761, Ibid, p. 114.

p. 99 - Viagem de Pingré a Rodrigues: 8-28 de maio de 1761, Ibid, p. 129-138.

p. 99 - "que me encheu de": 26 de maio de 1761, Ibid, p. 137.

p. 99 - "A calma continua": Pingré MS diário, citado em Woolf, 1959, p. 109.

p. 99 - "ilha desejada": 28 de maio de 1761, Pingré 2004, p. 137.

p. 99 - Tartarugas em Rodrigues: Ibid, Apêndice "Voyage à l'île de Rodrigue", p. 367-368.

p. 99 - Residência do governador de Rodrigues: 28 de maio de 1761, Pingré, 2004, p. 185.

p. 99 - "Não tínhamos tempo": Pingré, 2004, Apêndice "Voyage à l'île de Rodrigue", p. 371.

p. 99 - Localização do observatório: Pingré, 2004, Apêndice "Voyage à l'île de Rodrigue", p. 366.

p. 99 - Descrição do observatório temporário: Pingré, *Histoire & Mémoires*, 1761b, p. 414.

p. 100 - "tomados pela ferrugem": Pingré MS diário, citado em Woolf, 1959, p. 110.

p. 100 - Os ratos comeram um dos pêndulos: Pingré 2004, Apêndice "Voyage à l'île de Rodrigue", p. 368.

Capítulo 6:

p. 101 - Visão de Delisle: Nevskaia, 1973, p. 309.

p. 101 - Personalidade inspiradora de Delisle: Ibid, p. 291.

p. 104 - Posição geográfica de Le Gentil: Le Gentil a Lanux, 16 de julho de 1761, Le Gentil 1779 e 1781, v. 2, p. 748.

p. 104 - O dia do trânsito para Le Gentil: descrição baseada em Ibid, p. 746-751.

p. 104 - Para não ficar "ocioso" e citação seguinte: Ibid, p. 747.

p. 105 - Telescópio fixado numa viga de madeira: Ibid.

p. 105 - Dificuldades em manter o foco: Ibid.

p. 105 - Le Gentil enxergou Vênus: Ibid, p. 748.

p. 105 - "borda do Sol": Ibid, p. 749.

p. 105 - Vênus "tinha saído": Ibid.

p. 105 - "distantes" da exatidão: Ibid, p. 750.

p. 106 - Noite anterior de Chappe e descrição seguinte: Chappe, 1770, p. 80-82.

p. 106 - "quietude perfeita": Ibid, p. 80-81.

p. 106 - "estado de prostração" e citações seguintes: Ibid, p. 81.

p. 106 - Chappe acordou os assistentes: Ibid, p. 82.

p. 106 - "agitação pavorosa": Ibid.

p. 106 - Sombra vermelha do Sol: Ibid.

p. 106 - "nova forma de vida" e citações seguintes: Ibid.

p. 107 - "compartilhar a minha felicidade": Ibid.

p. 107 - Barraca para visitantes: Ibid, p. 80.

p. 107 - Duplicou as sentinelas: Ibid.

p. 107 - "Sol mil vezes" e citações seguintes: Ibid.

p. 107 - Chuva em Rodrigues: Pingré, 2004, Apêndice "Voyage à l'île de Rodrigue", p. 369.

p. 108 - Dia do trânsito de Pingré e descrições seguintes: Pingré, 2004, Apêndice "Voyage à l'île de Rodrigue", p. 371ss; Pingré, *Phil. Trans*, 1761-1762, v. 52, p. 371-377.

p. 108 - "Observatório" de Pingré: Pingré, *Histoire & Mémoires*, 1761b, p. 414.

p. 108 - Pingré não conseguiu ver nada: Pingré, *Phil. Trans*, 1761-1762, v. 52, p. 371.

p. 108 - Outros observadores em Rodrigues: junho de 1761, Pingré, 2004, p. 186.

p. 108 - "não podem ser confiáveis": Pingré, *Phil. Trans*, 1761-1762, v. 52, p. 376.

p. 108 - Pingré míope: Ibid, p. 375.

p. 108 - "desalinhavam o instrumento": Ibid, p. 376.

p. 108 - Nuvem na frente do Sol: Pingré, 2004, Apêndice "Voyage à l'île de Rodrigue", p. 371.

p. 108 - Forma "débil": Pingré, *Phil. Trans*, 1761-1762, v. 52, p. 374.

p. 108 - "certamente, havia terminado": Ibid.

p. 108 - "rapidamente, por causa": Ibid, p. 371.

p. 108 - "astrônomos de todos os": Pingré, diário MS, citado em Woolf, p. 111.

p. 109 - Briga entre Aepinus e Lomonosov: Pekarsky 1870-3, v. 2, p. 730ss; Home 1973, p. 88-89; Morosow 1954, p. 433ss.

p. 109 - "conhecimento do tema": Pekarsky, 1870-3, v. 2, p. 732.

p. 109 - Resposta de Aepinus a Lomonosov: Ibid, p. 732-733.

p. 109 - Muito barulho: Ibid, p. 731-732.

p. 109 - Carta de Lomonosov: Ibid, p. 731-733.

p. 109 - Coobservadores durante eventos astronômicos: Ibid, p. 731.

p. 110 - "catecismo na escola": Lomonosov citado em Morosow, 1954, p. 443.

p. 110 - "contar os segundos": Pekarsky, 1870-3, v. 2, p. 732.

p. 110 - "pura loucura": Ibid, p. 733.

p. 110 - Aepinus não observa o trânsito: Morosow, 1954, p. 444.

p. 110 - O dia do trânsito de Lomonosov e descrições seguintes: Meadows, 1966, p. 118-119.

p. 110 - "parecia estar revolvida": Lomonosov citado em Ibid, p. 118.

p. 110 - "olhos exaustos": Lomonosov citado em Menshutkin, 1952, p. 147.

p. 110 - "um pequeno pontinho": Lomonosov citado em Meadows, 1966, p. 118.

p. 111 - "refração dos raios solares": Lomonosov citado em Ibid, p. 119.

p. 111 - Vida em Vênus: Meadows, 1966, p. 120; Menshutkin, 1952, p. 148.

p. 111 - O dia do trânsito de Planman e descrições seguintes: Planman a Wargentin, 11 de junho de 1761, MS Wargentin, KVA, Centro de História da Ciência; Wargentin, KVA, Abhandlungen, 1761, p. 143; sobre a expedição de Planman: Nordenmark, 1939, p. 176; Lindroth, 1967, p. 401.

p. 111 - Observatório de Planman: Lindroth, 1967, p. 401.

p. 111 - Fumaça espessa e fogo, e descrições subsequentes: Planman a Wargentin, 11 de junho de 1761, MS Wargentin, KVA, Centro de História da Ciência; Wargentin KVA Abhandlungen, 1761, p. 143.

p. 111 - Imposto uma "proibição": Planman a Wargentin, 11 de junho de 1761, MS Wargentin, KVA, Centro de História da Ciência "förbud".

p. 112 - "núpcias de Vênus": Ibid.

p. 112 - O dia do trânsito de Wargentin, em Estocolmo, e descrições subsequentes: Wargentin KVA Abhandlungen, 1761, p. 151ss; Lindroth, 1967, p. 402ss; Nordenmark, 1939, p. 176ss; Lindroth, 1967, p. 402.

p. 112 - Outros observadores em Estocolmo: Johan Carl Wilcke, Samuel Klingenstierna, Johan Gabriel von Seth, Pehr Lehnberg, Carl Lehnberg e Jacob Gadolin, Wargentin, KVA Abhandlugen, 1761, p. 152.

p. 112 - Contar os minutos e segundos em voz alta: Ibid.

p. 112 - Estar "borbulhando": Ibid "zu kochen".

p. 112 - Wargentin incerto quanto ao horário: Ibid, p. 153.

p. 113 - Halo brilhante: Ibid.

p. 113 - "a maior presteza": Ibid, p. 154 "großten Fleiβ".

p. 113 - "atirado": Ibid "schoβ".

p. 113 - "anel estreito": Ibid, p. 155 "schmaller Ring".

p. 113 - Variedade de horários: Ibid, p. 156.

p. 113 - "não coincidiram da forma esperada": Wargentin a John Ellicot, 7 de agosto de 1761, Wargentin *Phil. Trans*, 1761-1762, v. 52, p. 215.

p. 113 - O dia do trânsito de Mason e Dixon no Cabo: Mason e Dixon, *Phil. Trans*, 1761-1762, v. 52, p. 383-384.

p. 113 - Seis semanas anteriores no Cabo: Ibid, p. 382.

p. 114 - "uma névoa densa" e descrição seguinte: Ibid, p. 383.

p. 114 - "encoberta por uma nuvem": Ibid, p. 384.

p. 114 - Maskelyne preparou seus instrumentos: Maskelyne, "Observations at St Helena", RGO 4/2.

p. 114 - O relógio parado: 2 de junho de 1761, Ibid.

p. 114 - O dia do trânsito de Maskelyne e descrições seguintes: Maskelyne, *Phil. Trans*, 1761-62b, v. 52, p. 196-201; Notas autobiográficas de Nevil Maskelyne, transcritas em Howse 1989, Apêndice B, p. 216; Howse 1989, p. 33.

p. 115 - "intenso ponto negro": Maskelyne, *Phil. Trans*, 1761-62b, v. 52, p. 197.

p. 115 - "grau de exatidão": Ibid, p. 197.

p. 115 - "a observação mais importante de todas": Ibid, p. 198.

p. 115 - "oportunidade mais favorável": Ibid, p. 199.

p. 115 - "Estou com medo": Ibid, p. 199.

p. 115 – "nós fizemos tudo": Ibid, p. 201.

p. 115 - O dia do trânsito de Winthrop em Terra-Nova e Labrador: Winthrop, *Phil. Trans*, 1764, v. 54, p. 279-283; Winthrop 1761, p. 9ss.

p. 116 - O maior matemático da América do Norte: Brasch, 1916, p. 157.

p. 116 - "fenômeno mais importante" e citação seguinte: Conferências de Winthrop, 1769, citado em Brasch, 1916, p. 166.

p. 116 - "tema das conversas": Winthrop, 1761, p. 7.

p. 116 - Viagem de Winthrop: Ibid, p. 8-9.

p. 116 - "pelo lado do nascente": Ibid, p. 9.

p. 116 - "obrigados a procurar mais longe dali": Ibid.

p. 116 - "a certa distância": Ibid, p. 10.

p. 116 - "enxames de insetos" e citação seguinte: Ibid.

p. 116 - "serena e calma": Ibid, p. 11.

p. 117 - "a visão mais agradável": Ibid.

p. 117 - "um espetáculo assim tão curioso": Ibid.

p. 117 - "Monte Vênus": Ibid, p. 12.

p. 117 - Esperaram por esse "dia solene": Kordenbusch, 1769, p. 46 "feierlichen Tages'.

p. 117 - Kordenbusch ouviu trovões: Ibid, p. 60-61.

p. 117 - "o medo e a esperança": Johann Georg von Lori a Prosper Goldhofer, 6 de junho de 1761, Spindler, 1959, p. 411; Westenrieder, 1784, p. 75 "zwischen Forcht und Hofnung" [sic].

p. 117 - Observações de Tobias Mayer em Göttingen: *Göttingische Anzeigen von Gelehrten Sachen*, 1761-1762, v. 1, p. 57-58.

p. 117 - "devorado pelas nuvens": Prosper Goldhofer a Johann Georg von Lori, 11 de junho de 1761, Spindler, 1959, p. 428 "von den wolkhen verschlungen" [sic].

p. 117 - "nuvens desafortunadas": Mayer, *Phil. Trans*, 1764, v. 54, p. 163.

p. 117 - "Jesus, lá está ele!": Johann Georg von Lori a Prosper Goldhofer, 6 de junho de 1761, Spindler, 1959, p. 411 "Jesus da ist sie!".

p. 117 - Visão "esplêndida": Ibid "prächtigen Auftritt".

p. 118 - "quase perdeu a esperança": Eichholz em Halberstadt, *Das Neuste aus der anmuthigen Gelehrsamkeit*, v. 11, 1761, p. 421 "benahm uns fast die Hoffnung".

p. 118 - Fábula sobre Vênus: "Warum die Vereinigung MIT der Sonne nicht sichtbar gewesen. Eine Fabel", Ibid, p. 417ss.

p. 118 - "um lampejo de Vênus": Johannes Lulofs, 4 de março de 1762, JBRS, v. 52, f. 67.

p. 118 - Astrônomos em Amsterdã: *Das Neuste aus der anmuthigen Gelehrsamkeit*, v. 11, 1761, p. 502.

p. 118 - Astrônomos na Suécia: Wargentin, KVA Abhandlungen, 1761, p. 161ss.

p. 118 - Rumovsky em Selenginsk: Kordenbusch, 1769, p. 57-58; 31 de maio/11 de junho de 1762, Protocolos, v. 2, p. 483-484.

p. 118 - "quase entrassem em desespero": Bliss, *Phil. Trans*, 1761-1762, v. 52, p. 174.

p. 118 - Dia do trânsito em Londres: Short, *Phil. Trans*, 1761-62a, v. 52, p. 182; Bliss, *Phil. Trans*, 1761-62, v. 52, p. 175-176; Canton, *Phil.*

Trans, 1761-62, v. 52, p. 183; Dunn, *Phil. Trans*, 1761-62, v. 52, p. 189-193.

p. 118 - Dia do trânsito de Delisle: 7 de junho de 1761, *Gaceta de Madrid*.

p. 118 - Castelo de Saint-Hubert: Le Monnier, *Histoire & Mémoires*, 1761, p. 72.

p. 118 - Mapa-múndi e proposta de Delisle publicados em *Novelle Letterarie*: este foi padre Niccolo Maria Carcani, *Novelle Letterarie*, 1761, p. 280-285; Pigatto 2004, p. 75.

p. 118 - Observadores italianos: Pigatto 2004, p. 74ss; Spindler 1959, p. 431; Zanotti, *Phil. Trans*, 1761-62, v. 52.

p. 120 - "Madame Vênus": Prosper Goldhofer a Johann Georg von Lori, 29 de março de 1761; Spindler, 1959, p. 389.

p. 120 - Projeções de Vênus: Eichholz em Halberstadt e Polack em Frankfurt, *Das Neuste aus der anmuthigen Gelehrsamkeit*, v. 11, 1761, p. 422, 495.

p. 120 - Apresentação na loja de Martin: Millburn, 1976, p. 123.

p. 121 - "distraíram um número considerável": *Boston Evening Post*, 7 de setembro de 1761; outro oficial cronometrou o trânsito em Pondicherry, mas não se acreditou em sua completa exatidão, 22 de abril de 1762, JBRS, v. 25, p. 110.

p. 121 - Casamento em Bermuda: Watlington, 1980, p. 185.

p. 121 - "a fim de entreter os moradores locais": Hellant, KVA Abhandlungen, 1761m p. 180 "zu vergnügen".

p. 121 - "Quanto mais observadores": *Boston Evening Post*, 27 de julho de 1761.

Capítulo 7:

p. 122 - Le Gentil após o trânsito: Le Gentil a Lanux, 16 de julho de 1761, Le Gentil 1779 e 1781, v. 2, p. 750.

p. 122 - Le Gentil deixou de ver Pingré: Ibid.

p. 122 - Pingré concluiu as observações: Pingré, *Phil. Trans*, 1761-62, v. 52, p. 374-375.

p. 122 - Os britânicos atacam Rodrigues: Pingré ao Almirantado Britânico, 15 de setembro de 1761, reimpresso em Woolf, 1959, p.

204ss; Pingré à Academia de Ciências, 19 de setembro de 1761, lido em 30 de janeiro de 1762, PV Académie, 1762, f. 10ss; 29 de junho de 1761, Pingré 2004, p. 189ss.

p. 122 - "metade das nossas armas": 29 de junho de 1761, Pingré, 2004, p. 190.

p. 122 - "não molestar": Pingré ao Almirantado Britânico, 15 de setembro de 1761, reimpresso em Woolf 1959, p. 205; 29 de junho de 1761, Pingré, 2004, p. 191.

p. 123 - Os ingleses deixaram Rodrigues: 3 de julho de 1761, Pingré, 2004, p. 195.

p. 123 - Casas foram "saqueadas": Pingré ao Almirantado Britânico, 15 de setembro de 1761, reimpresso em Woolf, 1959, p. 206.

p. 123 - Pilhagem dos britânicos em Rodrigues: Pingré ao Almirantado Britânico, 15 de setembro de 1761, reimpresso em Woolf, 1959, p. 206; julho de 1761, Pingré, 2004, p. 193.

p. 123 - Quase trezentos quilos de arroz e farinha: Pingré ao Almirantado Britânico, 15 de setembro de 1761, reimpresso integralmente em Woolf, 1959, p. 208; em seu diário, Pingré escreveu que eles tinham seiscentos quilos de arroz e duzentos quilos de farinha, porque acharam um pouco mais, depois que os britânicos partiram, 1761, Pingré, 2004, p. 190.

p. 123 - "o líquido nojento": Pingré ao Almirantado Britânico, 15 de setembro de 1761, reimpresso em Woolf, 1959, p. 207; Pingré à Academia de Ciências, 19 de setembro de 1761, lido em 30 de janeiro de 1762, PV Académie, 1762, f. 10.

p. 123 - "polidez e humanidade": Pingré ao Almirantado Britânico, 15 de setembro de 1761, reimpresso em Woolf, 1959, p. 207; ver também julho de 1761, Pingré, 2004, p. 196-197.

p. 123 - O capitão levou as observações de Pingré: Pingré à Royal Society, 24 de julho de 1761, lido em 29 de abril de 1762, JBRS, v. 25, f. 113ss.

p. 123 - Brigas pelas mínimas coisas: agosto de 1761, Pingré, 2004, p. 200-201.

p. 124 - Le Gentil decidiu ficar: Le Gentil (Ebeling), 1781, p. 37.

p. 124 - "demandaria vários anos": Ibid "etlichen Jahren ... erforderte".

p. 124 - "compensaria" a decepção: Ibid "entschädigte".
p. 124 - "esperar pelo Trânsito": Ibid "denDurchgang der Venus 1769 zu erwarten".
p. 124 - Observações "o mais úteis possível": Le Gentil a Duc de Chaulnes, 6 de setembro de 1761, lido em 30 de janeiro de 1762, PV Académie 1762, f. 19.
p. 124 - "observação menos sofrível": Ibid, f. 20.
p. 124 - "Ele perdeu mais da metade": Ibid.
p. 124 - "tomar as águas": Planman a Wargentin, 11 de junho de 1761, MS Wargentin, KVA, Centro de História da Ciência "dricka suur-brunn".
p. 125 - "Eu me cansei": Planman a Mallet, 11 de junho de 1761, citado em Lindroth 1967, p. 403 "Nog Har jag fatt dansa mig trött pa Veneris bröllop".
p. 125 - Experimentos sobre a gravidade: Howse, 1989, p. 37.
p. 125 - Mason e Dixon continuaram as observações: Mason e Dixon, *Phil. Trans*, v. 52, 1761-1762, p. 378-394.
p. 125 - Viagens de Dixon e Mason entre o Cabo e Santa Helena: Extrato da Carta Geral de Santa Helena, datado de 25 de janeiro de 1762, RS MM/10, f. 140; Howse, p. 37-38; Mason e Dixon, *Phil. Trans*, 1761-62, v. 52, p. 393.
p. 126 - Relatórios lidos: na RS em 11 de junho de 1761, JBRS, v. 25, f. 121ss; na Académie: 10, 13, 17, 20 e 27 de junho de 1761, PV Académie 1761, f. 108-121; e em São Petersburgo: 11 de junho de 1761, Protocolos, v. 2, p. 468.
p. 126 - Trocas de informações: o embaixador francês reportou os resultados holandeses: Lalande, *Histoire & Mémoires*, 1761b, p. 113-114; o embaixador britânico em Constantinopla: Porter, *Phil. Trans*, 1761-62, v. 52, p. 226; 12 de novembro de 1761, JBRS, v. 25, f. 159; observações italianas à RS: Zanotti, *Phil. Trans*, 1761-62, v. 52, p. 399-414; 12 de novembro de 1761, JBRS, v. 25, f. 149 e 14 de janeiro de 1762, JBRS, v. 26, f. 14; observações germânicas à RS: Mayer, *Phil. Trans*, 1764, v. 54, p. 163-164; observações francesas à RS: 19 de novembro de 1761, JBRS, v. 25, f. 159ss; 29 de abril de 1762, JBRS, v. 26, f. 113ss; Munique, Monastério Bávaro e resultados italianos: Franz Töpsi a Johann Georg von Lori, 23 de julho de 1761, Spindler 1959, p. 432; relatórios

enviados a São Petersburgo: de Frisius e Zanotti, 20/31 de agosto de 1761, Protocolos, v. 2, p. 470; de Asclepi e Ximenes, 1/12 de fevereiro de 1762, Protocolos, v. 2, p. 479; resultados suecos enviados a Paris, São Petersburgo e Londres: 1º de julho de 1761, PV Académie, f. 123, 31 de agosto/11 de setembro de 1761, Protocolos, v. 2, p. 471, 12 de novembro de 1761, JBRS, v. 25, f. 151, Wargentin, *Phil. Trans*, 1761-1762, v. 52, p. 215.

p. 126 - Resultados germânicos publicados: esse foi Georg Christoph Silberschlag; publicado em *Magdeburgischen Zeitung*, no dia 13 de junho de 1761; ver também Donnert, 2002, p. 66.

p. 126 - Resultados italianos publicados: esse foi Giovanni Battista Audiffredi; Pigatto, 2004, p. 77.

p. 126 - Resultados de Turim publicados: Ibid, p. 75.

p. 126 - Resultados de Pádua publicados: Ibid.

p. 126 - Resultados de Lomonosov publicados: Meadows, 1966, p. 117.

p. 126 - Jornais de Boston: *Boston Evening Post*, 7 de setembro de 1761.

p. 127 - Capitão levou os resultados de Pingré para a RS: Pingré à RS, 24 de julho de 1761, lido em 29 de abril de 1762, JBRS, v. 25, f. 113ss; Pingré enviou um segundo relatório de Lisboa, no dia 6 de março de 1762, Pingré, *Phil. Trans*, 1761-1762, v. 52, p. 371ss.

p. 127 - Resgate de Pingré em Rodrigues: 6 de setembro de 1761, Pingré, 2004, p. 201ss.

p. 127 - Retorno de Mason e Dixon: 22 de abril de 1762, JBRS, v. 25, f. 100; Fatura de Mason e Dixon, 7 de abril de 1762, RS MM/10, f. 143.

p. 127 - Linha Mason-Dixon e RS: Cope e Robinson 1951, p. 55ss.

p. 127 - Chappe teve um colapso: Fouchy 1769, p. 167.

p. 127 - "fraqueza avassaladora" e viagem de volta de Chappe: Ibid.

p. 127 - "extremamente cansado": 21 de novembro de 1761, PV Académie 1761, f. 206.

p. 127 - Observações de Chappe chegam a São Petersburgo: 24 de julho-4 de agosto de 1761; 20-31 de agosto de 1761; 24 de agosto-4 de setembro de 1761. No dia 22 de janeiro de 1762, Chappe participou de uma reunião da Academia, em São Petersburgo, na qual leu as suas observações, 11-22 de janeiro de 1762, Protocolos, v. 2, p. 469-471.

p. 128 - A Academia, em Paris, recebeu o documento de Chappe: 5 de maio de 1762, P.V Académie 1762, f. 189.

p. 128 - Comentários como "duvidoso": 12 de novembro de 1761, JBRS, v. 25, f. 154; Wargentin, KVA Abhandlungen, 1761, p. 149.

p. 128 - Assemelhasse a uma "pera": Hirst, *Phil. Trans*, 1761-1762, v. 52, p. 398.

p. 128 -"no formato de uma gota": Wargentin, KVA Abhandlungen, 1761, p. 147 "Gestalt wie ein Wassertropfen".

p. 128 - "ponta de florete": Ibid, p. 150 "eine Degenspitze".

p. 128 - "alternadamente dilatado": Maskelyne, *Phil. Trans*, 1761-1762b, v. 52, p. 197.

p. 128 - "fincar-se no Sol": Mr. Dunthorn, 21 de janeiro de 1762, JBRS, v. 25, f. 21.

p. 128 - "num piscar de olhos": Röhl, 1768, p. 119 "MIT der Geschwindigkeit eines Blickes".

p. 128 - Vinte e dois segundos: Wargentin, KVA Abhandlungen, 1761, p. 146.

p. 129 - Borda do Sol "tremendo": Mr. Dunthorn, 21 de janeiro de 1762, JBRS, v. 25, f. 21.

p. 129 - "exageradamente mal definido": Maskelyne, *Phil. Trans*, 1761-1762b, v. 52, p. 196.

p. 129 - "ondulações veementes" e citação seguinte: Wargentin à RS, 12 de novembro de 1761, JBRS, v. 25, f. 151.

p. 129 - Anel luminoso: Hirst, *Phil. Trans*, 1761-1762, v. 52, p. 397-398; astrônomos em Estocolmo, Wargentin, KVA Abhandlugen, 1761, p. 181; astrônomos em Upsala, Wargentin, KVA Abhandlugen, 1761, p. 145-147; Ferner na França, Ferner, *Phil. Trans*, v. 52, 1761-1762, p. 223; Dunn em Chelsea, Dunn, *Phil. Trans*, v. 52, 1761-1762, p. 192; Röhl em Greifswald, Röhl 1768, p. 118; Silberschlag em Kloster Berge, *Das Neuste aus der Anmuthigen Gelehrsamkeit*, v. 11, 1761, p. 425.

p. 129 - Observações de Silberschlag: Kordenbusch 1769, p. 55-56.

p. 129 - Observações na Lapônia: Hellant, KVA Abhandlungen, 1761, p. 181.

p. 129 - Observações em Paris: Ferner, *Phil. Trans*, 1761-1762, v. 52, p. 223.

p. 129 - Observações em Londres: Dunn, *Phil. Trans*, 1761-1762, v. 52, p. 192.

p. 129 - Conclusões dos astrônomos sobre a atmosfera de Vênus: Wargentin, KVA Abhandlungen, 1761, p. 146; Georg Christoph Silberschlag em *Das Neuste aus der Anmuthigen Gelehrsamkeit*, v. 11, 1761, p. 425; Dunn, *Phil. Trans*, 1761-1762, v. 52, p. 192; Benjamin Wilson a Torben Olof Bergman, 14 de dezembro de 1761, Göte e Nordström 1965, v. 1, p. 419.

p. 130 - Horários errados de Planman: Planman a Wargentin, 14 de junho de 1761, MS Wargentin, KVA, Centro de História da Ciência.

p. 130 - Talvez o telescópio tenha falhado: Planman a Wargentin, 3 de julho de 1761, MS Wargentin, KVA, Centro de História da Ciência.

p. 130 - "um minuto inteiro": Planman a Wargentin, 25 de julho de 1761, MS Wargentin, KVA, Centro de História da Ciência "en hel minut".

p. 130 - "suspeitou" do seu assistente: Ibid "misstänkt".

p. 130 - Assistente anotou números errados: Ibid.

p. 130 - Planman modificou os horários: Ibid.

p. 130 - Wargentin preocupado com os dados suecos oscilantes: Lindroth, 1967, p. 403.

p. 130 - Outros números cambiantes: Mallet a Planman, 9 de julho de 1761, Nordenmark, 1939, p. 179.

p. 130 - "errado nos registros": 13-24 de setembro de 1764, Protocolos, v. 2, p. 525.

p. 130 - "a lentidão dos relógios": Pingré à RS, 14 de fevereiro de 1764, Pingré, *Phil. Trans*, 1764, v. 54, p. 159; Pingré à RS, 24 de julho de 1761, lido em 29 de abril de 1762, JBRS, v. 25, f. 115; Pingré à RS, 3 de março de 1762, Pingré, *Phil. Trans*, 1761-1762, v. 52, p. 371ss.

p. 130 - "consequências absurdas": James Short, 2 de junho de 1763, JBRS, v. 25, f. 94.

p. 131 - Delisle cada vez mais debilitado: Anônimo., "Éloge de M. de l'Isle", *Histoire & Mémoires*, 1768,

p. 182; entrada Delisle, Gillispie 1970-1980.

p. 131 - Seus verdadeiros "herdeiros": Anônimo., "Éloge de M. de l'Isle", *Histoire & Mémoires*, 1768, p. 182.

p. 131 - Informação biográfica de Lalande: Alder, 2002, p. 82ss; entrada Lalande, Gillispie, 1970-1980.

p. 131 - "impermeável aos insultos": entrada Lalande, Gillispie, 1970-1980.

p. 131 - Lalande e o cometa em Paris: entrada Lalande, Gillispie, 1970-1980; Alder, 2002, p. 82.

p. 131 - Paralaxe de Lalande: Lalande à RS, lido em 25 de fevereiro de 1762 e 29 de abril de 1762, JBRS, v. 25, f. 58-59, 116ss.

p. 132 - Paralaxe de Pingré: Pingré, *Phil. Trans*, 1764, v. 54, p. 152.

p. 132 - Paralaxe de Short: Short, *Phil. Trans*, 1761-1762b, v. 52, p. 618.

p. 132 - Planman e a obsessão com a paralaxe: Nordenmark 1939, p. 181ss.

p. 132 - Planman e o valor da paralaxe: Planman, KVA Abhandlungen, 1763, p. 135, 139.

p. 132 - "calculador forte": Wargentin a Planman, 18 de março de 1763, citado em Nordenmark 1939, p. 182 "stark Calculator".

p. 132 - "sem saber": Ibid "jag ar ganska villrädig, hvad jag skal tro".

p. 132 - Paralaxe variando entre 8" e 10": Lalande a Leonard Euler, relatado por Leonard Euler a Müller, 26 de junho de 1762, Juskevic e Winter 1959-1976, v. 1, p. 194.

p. 132 - "Não há motivos": Ibid.

p. 132 - "mas temo que não exista": Benjamin Wilson a Torbern Olof Bergman, 14 de dezembro de 1761, Göte e Nordström 1965, v. 1, p. 419.

p. 132 - Comparando essas observações: Wargentin à RS, 7 de agosto de 1761, Wargentin, *Phil. Trans*, 1761-1762, v. 52, p. 215.

p. 132 - Variação da paralaxe de 8.28" a 10"6: Woolf, 1959, p. 192.

p. 133 - Distâncias da paralaxe: Maor, 2004, p. 92.

p. 133 - Batalha entre Rumovsky e Popov: 5-16 de março de 1764, Protocolos, v. 2, f. 510ss (e entradas nos dois meses seguintes).

p. 133 - "de ouvir seus julgamentos": 8-19 de março de 1764, Ibid, p. 513.

p. 133 - Popov prometeu recalcular: 29 de março-9 de abril de 1764, Ibid, p. 514.

p. 133 - "buscar refúgio": 2-13 de abril de 1764, Ibid, p. 514.

p. 133 - "inútil e prejudicial": 30 de abril-11 de maio de 1764, Ibid, p. 515.

p. 133 - "parecem quase sem serventia": 23 de agosto-3 de setembro de 1764, Ibid, p. 524.

p. 133 - Popov desistiu: 13-24 de setembro de 1764, Ibid, p. 525.

p. 133 - "veracidade dessas observações": 26 de janeiro-6 de fevereiro de 1764, Ibid, p. 510.

p. 133 - "o erro de um minuto": Short, *Phil. Trans*, 1763, v. 53, p. 301.

p. 134 - "incertos e até mesmo alterados": Pingré, *Histoire & Mémoires*, 1765, p. 23; ver também Woolf, 1959, p. 147.

p. 134 - Audiffredi humilhado: Pigatto, 2002, p. 81.

p. 134 - "rixas entre os astrônomos": Audiffredi citado em Ibid, p. 81.

p. 134 - Audiffredi e a paralaxe: Ibid, p. 83.

p. 134 - "Tais considerações, devo dizer": Benjamin Wilson a Torbern Olof Bergman, 14 de dezembro de 1761, Göte e Nordström, 1965, v. 1, p. 419.

p. 134 - "uma decisão definitiva": Pingré, *Phil. Trans*, 1764, v. 54, p. 152, ver também Lalande à RS, lido em 29 de abril de 1762, JBRS, v. 25, f. 118; Benjamin Franklin a John Winthrop, 23 de dezembro de 1762, BF on-line.

p. 134 - "Devemos esperar": Maskelyne à RS, 29 de junho de 1761, lido em 5 de novembro de 1761, JBRS, v. 25, f. 138.

Capítulo 8:

p. 137 - George III e a ciência: Black 2006, p. 181-184.

p. 137 - "amor às ciências": Samuel Johnson sobre George III, citado em Black, 2006, p. 183.

p. 137 - Carlos III e a ciência: Engstrand, 1981, p. 6.

p. 137 - Luís XV observou o primeiro trânsito: Le Monnier, *Histoire & Mémoires*, 1761, p. 72-76.

p. 137 - Rainha Louisa Ulrika no primeiro trânsito: Lindroth, 1967, p. 402.

p. 137 - Christian VII e RS: 1º de setembro de 1768, JBRS, v. 27, f. 117.

p. 137 - Christian VII e a Académie: Hahn, 1971, p. 74.

p. 137 - Catarina e a varíola: Voltaire a Catarina, 26 de fevereiro de 1769; Lentin, 1974, p. 19.

p. 138 - Observatório de George III: Scott, 1885, p. 42.

p. 139 - "O conhecimento dos erros": Hornsby, *Phil. Trans*, 1765, v. 55, p. 327.

p. 139 - Mapa-múndi de Lalande apresentado em março de 1764: Lalande, *Histoire & Mémoires*, 1764, p. 122-124; Woolf, 1959, p. 151.

p. 140 - Prejudicados pelos "vapores": Hornsby, *Phil. Trans*, 1765, v. 55, p. 332.

p. 140 - Trânsito de 1761 em Upsala: Ibid.

p. 140 - "qualquer outro local perto": Ferguson, *Phil. Trans*, 1763, v. 53, p. 30; ver também quanto às previsões Hornsby, *Phil. Trans*, 1765, v. 55.

p. 140 - O melhor lugar para ver o trânsito no Pacífico Sul e seguinte: Hornsby, *Phil. Trans*, 1765, v. 55, p. 332ss.

p. 141 - Tamanho do Oceano Pacífico: McLynn, 2011, p. 72.

p. 141 - "à existência de tais ilhas": Hornsby, *Phil. Trans*, 1765, v. 55, p. 336.

p. 141 - Diferença em relação a Tornio de pelo menos 20 minutos: Ibid, p. 336-338.

p. 141 - México como alternativa: Ibid, p. 339-340.

p. 142 - "há vantagens que nos serão oferecidas": Pingré, 25 de fevereiro de 1767, PV Académie 1767, f. 49; ver também Pingré, *Histoire & Mémoires*, 1767, p. 105-109.

p. 142 - Pingré se voltou para os antigos relatos de viagem: Pingré, *Histoire & Mémoires*, 1767, p. 107.

p. 142 - Sugestão das Ilhas Marquesas: Pingré, 25 de fevereiro de 1767, PV Académie, f. 50; Pingré, *Histoire & Mémoires*, 1767, p. 108.

p. 142 - "de caráter dócil": Pingré, 25 de fevereiro de 1767, PV Académie, f. 50.

p. 142 - "a posteridade demonstraria": Hornsby, *Phil. Trans*, 1765, v. 55, p. 344.

p. 142 - "uma nação comercial": Ibid.

p. 142 - "uma segurança muito maior": Le Gentil (Ebeling) 1781, p. 42 "die für die Schiffarth weit sicherer ist, als all die man vorher davon gehabt hat".

p. 143 - "era hora de pensar": Ibid, p. 44 "ward es Zeit, an den zweyten Durchgang der Venus zu denken".

p. 143 - Planos e cálculos de Le Gentil: Ibid, p. 45.

p. 143 - Le Gentil escreveu à Académie: Le Gentil a Duc de Chaulnes, 10 de janeiro de 1766, lido em 11 de junho de 1766, PV Académie 1766, f. 199.

p. 143 - Navio espanhol aportou em Maurício: Le Gentil (Ebeling), 1781, p. 45-56.

p. 143 - Partida de Le Gentil de Maurício: Ibid, p. 46.

p. 144 - "um ou mais observadores astronômicos": 5 de junho de 1766, CMRS, v. 5, f. 145.

p. 144 - Retorno de Chappe da Rússia: Fouchy, 1769, p. 168.

p. 144 - Vida de Chappe entre os dois trânsitos: Armitage, 1954, p. 287.

p. 144 - Testou relógios de Berthoud: Ibid, p. 286.

p. 144 - Livro de Chappe: *Voyage à Sibérie, fait par ordre du roi en 1761* (1768); em 31 de agosto de 1768, a Académie aprovou a publicação, PV Académie, 1768, f. 202-204.

p. 145 - O trânsito no oeste americano: Hornsby, *Phil. Trans*, 1765, v. 55, p. 339-340.

p. 145 - RS ao embaixador espanhol: Príncipe de Masserano a Charles Morton, 22 de agosto de 1766, lido em 25 de novembro de 1766, CMRS, v. 5, f. 152; ver também Nunis, 1982, p. 44ss.

p. 145 - "alguns cidadãos espanhóis": Príncipe de Masserano a Charles Morton, 22 de agosto de 1766, lido em 25 de novembro de 1766, CMRS, v. 5, f.152; ver também Nunis, 1982, p. 44.

p. 145 - Carlos III expulsou os jesuítas: Nunis, 1982, p. 44.

p. 146 - "observação única": Charles Morton a Príncipe Masserano, 15 de maior de 1767, Ibid, p. 45.

p. 146 - "Não será dada permissão": Conselho das Índias a Príncipe Masserano, 13 de julho de 1767, Ibid, p. 46.

p. 146 - "bons astrônomos e": Conselho das Índias a Príncipe Masserano, 13 de julho de 1767, Ibid.

p. 146 - "Sua Majestade (...) necessárias": Conselho das Índias a Príncipe Masserano, 13 de julho de 1767, Ibid.

p. 146 - "tempestade horrenda": Le Gentil (Ebeling), 1781, p. 50; ver também Le Gentil a Lanux, 1º de setembro de 1766, Le Gentil, 1779 e 1781, v. 2, p. 788 "fürchterlichen Sturmes".

p. 146 - "orações e clemência": Le Gentil a Lanux, 1º de setembro de 1766, Le Gentil, 1779 e 1781, v. 2, p. 788.

p. 146 - Juramento de calcular a longitude: Ibid.

p. 146 - "disposto a passar por qualquer coisa": Ibid, p. 760.

p. 147 - "excessivamente para o leste": Le Gentil (Ebeling) 1781, p. 57 "daβ ich zu weit gegen Osten gienge".

p. 147 - Clima em Manila e Pondicherry: Ibid.

p. 147 - "Fugir dessa terra cruel": Le Gentil a Lanux, 1º de outubro de 1768, Le Gentil, 1779 e 1781, v. 2, p. 792; De *The Aeneid* (3.44): "Heu! fuges crudeles terras, fuge litus avarum".

Capítulo 9:

p. 148 - "extremo cuidado": Catarina, a Grande a Vladimir Orlov, 3-14 de março de 1767, Crosby, 1797, p. 73.

p. 148 - "alguma semelhança com": William Richardson, citado em Wolff 1994, p. 84.

p. 148 - "risco de uma recaída": Ibid, p. 84.

p. 148 - "Rússia asiática": Ibid, p. 23.

p. 148 - "império oriental": Ibid, p. 84.

p. 149 - "Metade da Rússia": William Richardson em 1768, Putnam, 1952, p. 147.

p. 149 - A Rússia depois da Guerra dos Sete Anos: Madariaga, 1990, p. 24.

p. 149 - Catarina entrou em contato com Voltaire: Lentin, 1974, p. 10.

p. 149 - "governava todo o mundo civilizado": Goethe citado em Gorbatov, 2006, p. 72.

p. 149 - "Sem dúvida, foi Voltaire": Catarina citada em Lentin, 1974, p. 13.

p. 149 - Voltaire encantado por ter sido o inspirador: Lentin, 1974, p. 16.

p. 149 - "problemas de família": Voltaire a Madame du Deffand, 18 de maio de 1767, Ibid, p. 14.

p. 149 - Catarina e também Catarina e a biblioteca de Diderot: Ibid, p. 222; Madariaga, 1990, p. 96.

p. 149 - "todos os homens de letras": Voltaire a Catarina, a Grande, novembro de 1765, Lentin, 1974, p. 38.

p. 149 - "A Rússia é uma potência europeia": Ibid, p. 29.

p. 150 - Catarina e a Comissão Legislativa: Dixon 2010, p. 156-157; Madariaga, 1990, p. 28.

p. 150 - Publicação da observação do trânsito em Selenginsk: 26 de agosto-6 de setembro de 1762, Protocolos, v. 2, p. 487.

p. 150 - Aepinus na Corte: Stählin a Leonard Euler, 2-13 de abril de 1765, Juskevic e Winter, 1976, v. 3, p. 232.

p. 150 - Excursão ao longo do Volga: Dixon, 2010, p. 158.

p. 150 - "mais bem-localizados": Catarina, a Grande a Vladimir Orlov, 3-14 de março de 1767, Crosby, 1797, p. 73.

p. 150 - Carta de Catarina lida na Academia: 16-27 de março, Protocolos, v. 2, p. 595.

p. 150 - Interesse inicial da Academia no segundo trânsito: 21 de outubro-1º de novembro e 1-12 de dezembro de 1764, Protocolos, v. 2, p. 528, 530.

p. 151 - Discussões na Academia: 16-27 de março, 19-30 de março, 23 de março-3 de abril de 1767, Protocolos, v. 2, p. 595-596.

p. 151 - Carta da Academia para Catarina e descrição seguinte: Academia para Catarina e Conde Orlov, 26 de março-6 de abril de 1767, Protocolos, v. 2, p. 596-599.

p. 151 - Somente vinte locações determinadas: Bacmeister, 1772, v. 1, p. 51.

p. 151 - Quatro expedições: 26 de março-6 de abril de 1767, Protocolos, v. 2, p. 596.

p. 151 - "com todo o empenho possível": Academia a Catarina e ao Conde Orlov, 26 de março-6 de abril de 1767, Protocolos, v. 2, p. 598.

p. 151 - "o básico da matemática": Ibid, p. 597.

p. 151 - Instrumentos sugeridos: Ibid, p. 598.

p. 151 - Observatórios para as expedições: Ibid.

p. 152 - Academia escreveu cartas sobre as expedições: 20 de abril--1º de maio, 25 de junho-6 de julho de 1767, 13-24 de agosto de 1767, Protocolos, v. 2, p. 600, 607, 610; Stepan Rumovsky a James Short, 23 de outubro de 1767, RS L&P, Decade V, f. 1.

p. 152 - Cartas da Alemanha: 20 de abril-1º de maio de 1767 e 11-22 de maio de 1767 e 10-21 de agosto de 1761, Protocolos, v. 2, p. 600, 603, 609.

p. 152 - Cartas da França: Lalande à Academia russa, 1º de junho de 1767, Moutchnik, 2006, p. 183.

p. 152 -"relatórios posteriores da": Bacmeister 1772, v. 1, p. 46 "weitere Berichte von der Akademie".

p. 152 - "nublado" no norte: Ibid "nebelicht".

p. 152 - Catarina dobrou as estações de observação: Ibid.

p. 152 -"logo disponibilizou": Ibid, p. 47 "so gleich bewilligt".

p. 152 - Catarina ordenou a Aepinus: 2-13 de julho de 1767, Protocolos, v. 2, p. 607-608.

p. 152 - Catarina despachou Orlov para São Petersburgo: Bacmeister 1772, v. 1, p. 48.

p. 152 - Aepinus e madeira: 2-13 de junho de 1768, Protocolos, v. 2, p. 641.

p. 152 - "despachado" para Kola: Bacmeister 1772, v. 1, p. 48.

p. 152 - Pequenas cabines deveriam ser construídas primeiro: Bacmeister 1772, v. 1, p. 53.

p. 153 - "falta de princípios": 22 de outubro-2 de novembro de 1767, Protocolos, v. 2, p. 623 "üble Sitten".

p. 153 - Cientistas estrangeiros na Rússia: 22 de outubro-2 de novembro de 1767, Protocolos, v. 2, p. 623; de Leipzig, Wolfgang Ludwig Krafft: 11-22 de maio de 1767, Protocolos, v. 2, p. 603; de Göttingen, Georg Moritz Lowitz: Lowitz a Leonard Euler, 26 de julho de 1767, Juskevic e Winter 1959-1976, v. 3, p. 211; 10-21 de agosto e 13-24 de agosto e 17-28 de agosto de 1767, Protocolos, v. 2, p. 609-610; Lowitz a Euler, 30 de setembro de 1767, Pfrepper e Pfrepper, 2009, p. 108; da França: Lalande à Academia russa, 1º de junho de 1767, Moutchnik, 2006, p. 183; de Genebra: Jacques André Mallet e seu assistente Jean-Louis Pictet: 5-16 de outubro de 1767, Protocolos, v. 2, p. 619.

p. 153 - Carta de James Short: 8-19 de outubro de 1767, Protocolos, v. 2, p. 621.

p. 153 - "já começavam a duvidar": Stepan Rumovsky a James Short, 23 de outubro de 1767, lido em 14 de janeiro de 1768, RS L&P, Decade v, f. 1.

p. 153 - "nos tiraram de uma situação bastante desagradável": Ibid.

p. 153 - "imprevisibilidade" do clima: Ibid.

p. 153 - Um relatório para Catarina: 19-30 de outubro e 22 de outubro-2 de novembro de 1767, Protocolos, v. 2, p. 621-624.

p. 153 - Cientistas para coletar objetos de história natural: Bacmeister, 1772, v. 1, p. 48; 5-16 de outubro de 1767, Protocolos, v. 2, p. 620.

p. 154 - Astrônomos a serem acompanhados por equipes científicas: 22 de outubro-2 de novembro de 1767, Protocolos, v. 2, p. 623; Bacmeister, 1772, v. 1, p. 89-90.

p. 154 - Equipes das expedições: 22 de outubro-2 de novembro de 1767, Protocolos, v. 2, p. 623.

p. 154 - "toda a Europa": Voltaire a Catarina, 30 de setembro de 1767, Lentin, 1974, p. 20.

p. 154 - "a expensas da imperatriz": 26 de novembro de 1767, *New York Journal*; 4 de dezembro de 1767, *Connecticut Journal*; 2 de janeiro de 1768, *Providence Gazette*.

p. 154 - Equipe russa para Yakutsk: Islenieff partiu em 11-22 de fevereiro de 1768; Bacmeister, 1772, v. 1, p. 49; demora de Lowitz: 29 de fevereiro-11 de março de 1768, Protocolos, v. 2, p. 632; ver também Pfrepper e Pfrepper, 2009, p. 108.

p. 155 - Chegada de Lowitz a São Petersburgo: Pfrepper e Pfrepper, 2004, p. 171.

p. 155 - 10 mil rublos adicionais: Bacmeister, 1772, v. 1, p. 50.

p. 155 - Doença de Short em junho de 1768: Turner, 1969, p. 94.

p. 155 - Telescópio acromático: Moutchnik, 2006, p. 155.

p. 155 - "uma invenção muito feliz": Mayer, *Phil. Trans*, 1764, v. 54, p. 161.

p. 156 - Encomenda russa de instrumentos: Stepan Rumovsky a James Short, 23 de outubro de 1767 (A lista de instrumentos de Short estava no verso da carta), RS L&P, Decade V, f. 1.

p. 156 - Short decidido a terminar a encomenda: Turner, 1969, p. 94, 105.

p. 156 - Atrasos da expedição a Yakutsk: 30 de junho-11 de julho de 1768, Protocolos, v. 2, p. 644. Essa foi uma carta de Islenieff postada em 26 de março-6 de abril de 1768.

p. 156 - Decisão de enviar os cientistas primeiro: Wendland, 1992, v. 1, p. 97; Bacmeister, 1772, v. 1, p. 94.

p. 156 - Chegada dos instrumentos de Short: 6-17 de outubro de 1768, Protocolos, v. 2, p. 653.

p. 156 - Instrumentos da França: 14-25 de julho, 24 de outubro-4 de novembro e 5-16 de dezembro de 1768, Protocolos, v. 2, p. 646, 655, 659.

p. 156 - "praticar": 6-17 de outubro de 1768, Protocolos, v. 2, p. 653 "sich in ihrem Gebrauch üben können".

p. 156 - Destinos e equipes: Georg Moritz Lowitz e seu assistente russo para Guryev; Wolfgang Ludwig Krafft e sua equipe para Orenburgo; Christoph Euler, que era filho de um dos muitos cientistas germânicos da Academia de São Petersburgo, para Orsk. O russo Stepan Rumovsky e sua equipe para Kola, Jacques André Mallet para Ponoy e Jean-Louis Pictet para Umba.

p. 156 - Leitura das instruções: 16-27 de janeiro de 1769, Protocolos, v. 2, p. 663; os astrônomos receberam as instruções por escrito no dia seguinte à visita ao Palácio de Inverno.

p. 157 - Evitassem ficar "contraídos": Bacmeister, 1772, v. 1, p. 56 "in keiner gezwungenen Stellung".

p. 157 - "no mais tardar" e outras instruções: Bacmeister, 1772, v. 1, p. 56 "spätestens".

p. 157 - Audiência com Catarina: Inochodcev a Kästner, 3 de fevereiro de 1769, transcrito em Pfrepper e Pfrepper, 2009, p. 110; Bacmeister, 1772, v. 1, p. 52.

p. 157 - Descrição daquele inverno em São Petersburgo: William Richardson em inverno 1768/69, Putnam, 1952, p. 143.

p. 157 - Lavadeiras no Neva: Wolff, 1994, p. 37.

p. 158 - "velocidade impressionante": William Richardson em inverno 1768/69, Putnam, 1952, p. 145.

p. 158 - Pessoas escorregando em pranchas: Elizabeth Dimsdale em 1781, Cross, 1989, p. 41.

p. 158 - "em trajes asiáticos": Diderot citado em Wolff, 1994, p. 37.

p. 158 - "salpicadas de gelo": William Coxe citado em Wolff, 1994, p. 37.

p. 158 - "era de barbárie": Diderot citado em Wolff, 1994, p. 22.

p. 158 - São Petersburgo como uma combinação entre Ásia e Londres/Paris: Wolff, 1994, p. 37.

p. 159 - Fogueiras para criados: Coxe, 1784, v. 2, p. 76.

p. 159 - "borboletas espalhafatosas": William Richardson em inverno 1768/69, Putnam, 1952, p. 144.

p. 159 - Coleção de arte de Catarina: Rounding, 2007, p. 217.

p. 159 - "cavalheiros estrangeiros": William Coxe, Rounding, 2007, p. 345.

p. 159 - Cerimônia de beija-mão: 18-29 de janeiro de 1769, Diários da Corte de Catarina 1769, Sobolevskii, 1853-1867.

p. 159 - Catarina ainda bonita: Madariaga, 1990, p. 205.

p. 159 - "perscrutadores": William Richardson em agosto de 1768, Putnam, 1952, p. 145; ver também Madariaga, 1990, p. 4.

p. 159 - "conversação brilhante": George Macartney, 1766, citado em Madariaga, 1990, p. 205.

p. 159 - Beijando a mão de Catarina: Inochodcev a Kästner, 3 de fevereiro de 12769, transcrito em Pfrepper e Pfrepper, 2009, p. 110.

Capítulo 10:

p. 160 - "Comitê do Trânsito": 12 de novembro de 1767, CMRS, v. 5, f. 172.

p. 160 - "precisão e excelência": Maskelyne à Royal Society, 14 de maio de 1762, lido em 20 de maio de 1762, JBRS, v. 25, f. 134.

p. 160 - "grande benefício": Maskelyne à Companhia das Índias Orientais, lido em 24 de junho de 1762, JBRS, v. 25, f. 172.

p. 161 - Maskelyne Astrônomo Real: Howse, p. 54-59.

p. 161 - "você deve", "você irá": Maskelyne a Charles Mason, 29 de novembro de 1760, RGO 4/184, Carta 1.

p. 161 - Decisão de enviar expedições britânicas: 17 de novembro de 1767, CMRS, v. 5, f. 176-177.

p. 162 - "exceto se ficarmos sabendo": 17 de novembro de 1767, CMRS, v. 5, f. 176 e Comitê, 19 de novembro de 1767 (transcrito em Beaglehole 1999, v. 1, p. 511).

p. 162 - "que fosse apresentada uma petição ao governo": Ibid, f. 177.

p. 162 - "na época do Natal de 1768": Ibid.

p. 162 - Traje de observação de Maskelyne: Howse, 1989, p. 100-101.

p. 162 - "pequeno homem invisível": Johan Henrik Lidén a Fredrik Mallet, 10 de julho de 1769, Heyman, 1938, p. 281 "en liten osynlig man".

p. 163 - Chappe apresentou a proposta de expedição aos Mares do Sul: 14 de novembro de 1767, PV Académie 1767, sem número de página (mas inserido após a f. 242).

p. 163 - "vários séculos": Ibid.

p. 163 - Relato avançado da RS: 3 de dezembro de 1767, CMRS, v. 5, f. 181-200.

p. 163 - "para saber em que lugares": Ibid, f. 199.

p. 163 - Candidatos às expedições: 18 e 22 de dezembro de 1767, CMRS, v. 5, f. 227ss.

p. 163 - Pediu ajuda à Companhia das Índias Orientais: 3 de dezembro de 1767 e 21 de janeiro de 1768, CMRS, v. 5, f. 200, 265.

p. 164 - Carta da Academia de São Petersburgo: 14 de janeiro de 1768, JBRS, v. 27, f. 6.

p. 164 - Mapa da Linha Mason-Dixon: Mason, 1969, p. 21.

p. 164 - Anúncio de jornal: por exemplo, por Benjamin Martin em *Gazetteer* e *New Daily Advertiser*, 15 de janeiro de 1768.

p. 164 - Instruções de Maskelyne: impressas e apresentadas à RS, 5 de maio de 1768, JBRS, v. 27, f. 87.

p. 164 - "nuvens voadoras": Maskelyne, 1768a, p. 6.

p. 164 - "prestavam atenção ao que se passava no céu": Benjamin Franklin a Jean-Baptiste LeRoy, 14 de março de 1768, BF on-line.

p. 164 - Redigir uma petição ao rei: 14 de janeiro de 1768 e 15 de fevereiro de 1768, CMRS, v. 5, f. 262, 282ss.

p. 164 - Le Gentil partiu de Manila: Le Gentil (Ebeling), 1781, p. 60-61.

p. 164 - "nenhuma nação sobre a Terra": Memorial RS, 15 de fevereiro de 1768, transcrito em Beaglehole, 1999, v. 1, p. 604 e CMRS, v. 5, p. 282ss.

p. 164 - "celebrado com justiça": Ibid.

p. 165 - Observatórios para a Baía de Hudson: 28 de janeiro de 1768, CMRS, v. 5, f. 275.

p. 165 - Observatórios portáteis: 28 de janeiro, 11 de fevereiro, 15 de fevereiro, 10 de março, 21 de abril de 1768, CMRS, v. 5, f. 277-278, 281-282, 289, 295.

p. 166 - Candidato à expedição da Baía de Hudson: 3 de dezembro de 1767, CMRS, v. 5, f. 198.

p. 166 - Informação biográfica de William Wales: Wales, 2004, p. 28.

p. 166 - *Nautical Almanac*: Howse, 1989, p. 85ss.

p. 166 - A Companhia da Baía de Hudson e a expedição: 22 de dezembro de 1767 e 28 de janeiro de 1768, CMRS, v. 5, f. 231, 274ss.

p. 166 - Maskelyne e o observatório portátil: 10 de março de 1768, CMRS, v. 5, f. 289.

p. 166 - Espaço para os observatórios a bordo: 28 de janeiro de 1768, CMRS, v. 5, f. 276.

p. 166 - "Sua Majestade se sentiu": Secretário do Almirantado ao Conselho Naval, 5 de março de 1768, transcrito em Beaglehole, 1999, v. 1, p. 605.

p. 167 - Navios possíveis: cartas entre o Almirantado e o Conselho Naval, 8 de março, 10 de março, 21 de março, 22 de março, 27 de março, 29 de março de 1768, transcrita em Beaglehole, 1999, v. 1, p. 605-606.

p. 167 - "acondicionar a quantidade": Conselho Naval ao Almirantado, 21 de março de 1768, Ibid, p. 605.

p. 167 - Rei George III disponibilizou 4 mil libras: 24 de março de 1768, CMRS, v. 5, p. 290.

p. 167 - Busca pelo *Endeavour*: Conselho Naval ao Secretário do Almirantado, 21 de março e 29 de março de 1768; Secretário do Almirantado ao Conselho Naval, 21 de março de 1768, transcrito em Beaglehole, 1999, v. 1, p. 605-606.

p. 167 - *Endeavour* reparado em Deptford: 29 de março e 18 de maio de 1768, Ibid, p. 606, 608.

p. 167 - James Cook no comando do *Endeavour*: 12 de abril de 1768, Ibid, p. 607.

p. 167 - Informação biográfica de James Cook: McLynn, 2011; Aughton, 2003.

p. 167 - Cook como observador: 5 de maio de 1768, CMRS, v. 5, f. 299.

p. 167 - Charles Green como astrônomo do *Endeavour*: Ibid.

p. 167 - Informação biográfica de Charles Green: Beaglehole, 1999, v. 1, p. CXXXIV; Morris, 1980 e 1981, v. 3, p. 92 e v. 4, p. 102.

p. 168 - "ir rumo ao sul": 18 de dezembro de 1767, CMRS v. 5, f. 227; ver também 18 de dezembro de 1767, Beaglehole, 1999, v. 1, p. 102.

p. 168 - Salário de cem libras: 5 de maio de 1768, CMRS, v. 5, f. 299.

p. 168 - Pagamento único de Cook de cem libras: McLynn, 2011, p. 70.

p. 168 - Maskelyne escreveu instruções: 19 de maio de 1768, CMRS, v. 5, f. 305; as instruções de Maskelyne foram impressas em Kaye, 1969, p. 11-13; observatório de Maskelyne, 12 de maio de 1768, CMRS, v. 5, f. 301.

p. 168 - "sem qualquer perda de tempo": Kaye, 1969, p. 12.

p. 168 - Wales acondicionou o observatório e os instrumentos a bordo: 21 de abril de 1768, 5 de maio de 1768, CMRS, v. 5, f. 295, 301.

p. 168 - Visita noturna de Wales a Greenwich: 29 e 30 de maio de 1768, Wales, 1770, p. 100.

p. 169 - "navega demasiadamente pela proa": Cook ao Conselho Naval, 30 de junho de 1768, Beaglehole, 1999, v. 1, p. 615.

p. 169 - Autorização para bebidas e tripulação: 26 e 27 de maio, 2-3 de junho de 1768, Ibid, p. 610-611.

p. 169 - Samuel Wallis e Taiti: Carter, 1988, p. 64; Beaglehole, 1999, v. 1, p. 513.

p. 169 - Motins e greves em Londres: McLynn, 2011, p. 85.

p. 169 - "cirurgiões necessários": Cook ao Conselho Naval, 6 de julho de 1768, Beaglehole, 1999, v. 1, p. 616.

p. 169 - Cook encomendou armas: Cook ao Secretário do Almirantado, 5 de julho de 1768, Ibid.

p. 169 - "uma máquina para purificar água": 10 de junho de 1768, Mandado do Conselho Naval, Ibid, p. 612.

p. 169 - "sopa portátil": Cook ao Secretário do Almirantado, 23 de junho de 1768, Ibid, p. 614.

p. 169 - Cook encomendou sal: Cook ao Conselho de Provisões, 11 de julho de 1768, Ibid, p. 617.

p. 169 - Métodos para combater o escorbuto: Cook ao Conselho de Doentes e Feridos, 11 de julho de 1768, Ibid, p. 618.

p. 169 - Cook encomendou instrumentos topográficos: Cook ao Secretário do Almirantado, 8 de julho de 1768, Ibid, p. 617.

p. 169 - Cook reclamou do cozinheiro fraco: Cook ao Conselho Naval, 13 de junho de 1768, Ibid, p. 613.

p. 170 - "esse homem tivera": Cook ao Conselho Naval, 16 de junho de 1768, Ibid, p. 614.

p. 170 - O cozinheiro de uma mão só permaneceu no *Endeavour*: Conselho Naval a Cook, 17 de junho de 1768, Ibid.

p. 170 - "pouca utilidade": Cook ao Conselho Naval, 16 de junho de 1768, Ibid.

p. 170 - "máxima paciência": Conde de Morton, 10 de agosto de 1768, Ibid, p. 514.

p. 170 - Objetivo primordial da viagem: Ibid, p. 516.

p. 170 - "um continente": Ibid, p. 516.

p. 170 - Partida do *Endeavour*: 25 de agosto de 1768, Diário de Cook.

p. 170 - Noventa e quatro homens: Aughton, 2003, p. 20.

p. 171 - Provisões do *Endeavour*: Minutas do Conselho de Provisões, 13 de junho de 1768, Beaglehole, 1999, v. 1, p. 613; Aughton, 2003, p. 10.

p. 171 - Green já a bordo: 7 de agosto de 1768, Fragmento Anônimo, Beaglehole, 1999, v. 1, p. 550.

p. 171 - Provisões de Joseph Banks: Joseph Ellis a Carl Linnaeus, 19 de agosto de 1768, Smith, 1821, v. 1, p. 231; ver também Wulf, 2008, p. 175-178; Carter, 1977, p. 71.

p. 171 - "Aquilo quase me apavorou": Joseph Banks a William Philip Perrin, 16 de agosto de 1768, Chambers, 2000, p. 1.

p. 171 - Recibo de 10 mil libras de Banks: Ibid, p. 2; Joseph Ellis a Carl Linnaeus, 19 de agosto de 1768, Smith, 1821, v. 1, p. 231.

p. 171 - "primeiro homem de ciência": Joseph Banks a Edward Hasted, fevereiro de 1782, Coleção Dawson Turner, Museu de História Natural, Londres, v. 2, f. 97.

p. 171 - Mudanças nas cabines: 17 de agosto de 1768, Diário de Banks.

p. 172 - "em excelente estado de saúde": 25 de agosto de 1768, Diário de Banks.

Capítulo 11:

p. 173 - "Acredito que desta vez": Wargentin a Planman, 4 de julho de 1766, citado em Nordenmark, 1939, p. 184 "sä tror jag, at man den gängen fär mindre decisive observationer, än sist".

p. 173 - "o único lugar": Ibid "är enda ort i Europa".

p. 173 - "um prejuízo perpétuo e": Ibid "det vore en evig harm och skam".

p. 173 - Informação biográfica de Wargentin: Frängsmyr, 1989, p. 7-8; Lindroth, 1952, p. 105-110.

p. 174 - "desejo de aumentar": Wargentin citado em McCellan, 1985, p. 171.

p. 174 - Relatórios de Wargentin: 14 de janeiro de 1767, KVA protocolos, p. 801-802.

p. 174 - Discussões na Academia: Ibid, p. 802.

p. 174 - Questão de honra nacional: Ibid.

p. 174 - "ciência, comércio e navegação marítima": Petição ao rei Adolfo Frederico, 14 de janeiro de 1767, reimpresso em Nordenmark 1939, p. 375 "Vetenskaper, Handel och Siö-fart".

p. 174 - "Não há outro lugar": Ibid, p. 374 "och ingen ort, havarken l Europa, Asia eller Africa, ar batter dar til belägen, än Svenska Lappmarken".

p. 175 - O rei concedeu o financiamento: 29 de janeiro de 1767, Nordenmark, 1939, p. 185.

p. 175 - Wargentin sugeriu uma expedição: Ibid, p. 188; Lindroth, 1967, p. 405.

p. 175 - Informação biográfica de Mallet: Nordenmark, 1946.

p. 175 - Mallet profundamente melancólico: Ibid, p. 20.

p. 175 - Mallet enfrentou dificuldades: Ibid, p. 10.

p. 175 - Gosto pela vida metropolitana: Ibid, p. 11ss.

p. 175 - "menos atormentado pela melancolia": Wargentin a Strömer, 22 de maio de 1759, Ibid, p. 17 "som mindre plagas af Miält-siuka än Mallet".

p. 175 - Mallet assistiu ao primeiro trânsito em Upsala: Wargentin, KVA Abhandlungen, 1761, p. 143-151.

p. 175 - "enforcaria": Mallet a Planman, 9 de julho de 1761, Nordenmark, 1939, p. 179.

p. 176 - "nenhum cavalo passasse": Ibid "sä att ingen häst kom fram".

p. 176 - Mallet neurastênico e impaciente: Nordenmark, 1946, p. 20.

p. 176 - "sou incapaz": Mallet a Wargentin, sem data, Ibid, p. 23 "jag är incapable af godt mod".

p. 176 - Planman para Kajana: Nordenmark, 1939, p. 188; Wargentin a Mallet, 13 de abril de 1767, Heyman, 1938, p. 274.

p. 176 - Planman e a paralaxe: Nordenmark, 1939, p. 181ss.

p. 176 - Relatório de Wargentin lido em São Petersburgo: 10-21 de setembro de 1767, Protocolos, v. 2. p. 618.

p. 176 - Rumovsky enviou as novidades suecas para a RS: Stepan Rumovsky a James Short, 23 de outubro de 1767, RS L&P, Decade V, f. 1.

p. 176 - Maskelyne ficou aliviado: Nordenmark 1939, p. 186.

p. 176 - "Uma ou outra dessas estações": Stepan Rumovsky a James Short, 23 de outubro de 1767, RS L&P, Decade V, f. 1.

p. 176 - "fazendo o seu máximo": James Short a Stepan Rumovsky, 21 de janeiro de 1768, RS L&P, Decade V, f. 1.

p. 177 - Mallet recebeu mais da metade dos fundos: 10 de fevereiro de 1768, KVA Protocolos, p. 835.

p. 177 - "determinar os principais": Almirantado a Mallet, 12 de abril de 1768, Nordenmark, 1946, p. 70; 20 de abril de 1768, KVA Protocolos, p. 839; "determinerande af de förnämsta Platsers och Hamnars läge".

p. 177 - Mallet estudou os mapas: Nordenmark, 1946, p. 70.

p. 177 - Três membros para preparar os instrumentos: 20 de abril de 1768, KVA Protocolos, p. 839.

p. 177 - "indescritivelmente satisfeito": Planman a Wargentin, 14 de julho de 1768, MS Wargentin, KVA Centro de História da Ciência "För egen del ar jag obeskrifvel nögd med denna min method".

p. 177 - Partida de Mallet de Upsala: Nordenmark, 1939, p. 188; Lindroth, 1967, p. 406.

p. 177 - Lugar "deplorável": Mallet a Wargentin, 25 de setembro de 1768, Nordenmark, 1946, p. 72.

p. 177 - "coragem e perseverança": Ibid "mod och ständaktighet".

p. 177 - "Eu teria desistido": Ibid "skulle jag uppgiwet".

p. 177 - Carta depressiva para Wargentin: Ibid.

p. 178 - Convite de Christian VII a Hell: Aspaas, 2008, p. 10, 15.

p. 178 - Pleitos de Maskelyne a Wargentin: Maskelyne a Wargentin, 5 de janeiro de 1768, Nordenmark, 1939, p. 186.

p. 178 - Christian VII determinou assistência em Vardo: 1° de junho de 1768, Diário de Sajnovics, Littrow, 1835, p. 100.

p. 178 - "muito lisonjeado": 1° de setembro de 1768, JBRS, v. 27, f. 117.

p. 178 - Christian VII escolheu o padre jesuíta: Hansen e Aspaas, 2005, p. 6.

p. 179 - Informação biográfica de Maximilian Hell: Hamel *et al.* 2010, p. 191ss.

p. 179 - Hell, a ciência e a religião: Ibid, p. 196.

p. 179 - Partida de Hell: 28 de abril de 1768, Diário de Sajnovics, Littrow 1835, p. 87; Hansen e Aspaas, 2005, p. 7.

p. 179 - Equipamento e bagagem de Hell: Aspaas, 2008, p. 10.

p. 179 - Encontros com cientistas: por exemplo, no observatório de Praga e com o astrônomo Heinsius em Leipzig, 2 de maio de 1768 e 13 de maio de 1768, Diário de Sajnovics, Littrow, 1835, p. 87, 89.

p. 180 - Hell ascético: Hamel *et al*, 2010, p. 196.

p. 180 - Comentários de Sajnovics sobre Dresden: 8 de maio de 1768, Diário de Sajnovics, Littrow, 1835, p. 89.

p. 180 - Comentários de Sajnovics sobre Hamburgo: 24 de maio de 1768, Ibid, p. 93-94.

p. 180 - Estradas entre Hamburgo e Lübeck: 25 de maio de 1768, Ibid, p. 96.

p. 180 - Carroça "abominável": Ibid "erbärmlichen Karren".

p. 180 - Mercúrio flutuando sobre suas roupas: 2 de maio de 1768, Ibid, p. 87.

p. 180 - Taverna "miserável": 30 de maio de 1768, Ibid, p. 98 "einem elendem Wirtshause".

p. 180 - "Estou satisfeito (...) observação": 1° de junho de 1768, Ibid, p. 100 "ich freue mich" (...) "dass so ein berühmter Astronom sich entschlossen hat, diese wichtige Beobachtung (...) zu übernehmen".

p. 181 - Os astrônomos de Catarina no Círculo Ártico: os astrônomos suíços Jacques André Mallet e seu assistente Jean-Louis Pictet, além de Stepan Rumovsky com um assistente.

p. 181 - Expedição ao Cabo Norte: 21 de julho de 1768, CMRS, v. 5, f. 328.

Capítulo 12:

p. 182 - Partida de Wales: Wales, 1770, p. 100.

p. 182 - Recusa espanhola a permitir presença francesa nos Mares do Sul: Woolf, 1959, p. 157.

p. 183 - Cartas entre Espanha e França: cartas entre Don Georges Juan e La Condamine, em Woolf, 1959, p. 157, assim como as discussões na Academia de Paris, em 9 e 23 de dezembro de 1767, PV Académie 1767, f. 288-289 e em 9 de janeiro de 1768, 23 de abril de 1768, PV Académie 1768, f. 1, 64.

p. 183 - Preparativos franceses para a Califórnia: 9 de janeiro, 23 de abril, 23 de agosto de 1768, PV Académie 1768, f. 1, 64, 189.

p. 183 - Delisle "atraído" por uma princesa otomana: Delambre, *Histoire & Mémoires*, 1817, p. 87.

p. 183 - "não conseguia separar-se dela": Ibid.

p. 183 - Expedição espanhola: instruções espanholas, 27 de abril de 1768, Nunis, 1982, p. 113-117.

p. 183 - Posições geográficas: Ibid, p. 116.

p. 183 - "jamais se separar": Ibid, p. 114.

p. 183 - Reunião da APS na sede do governo: 21 de junho de 1768, Minutas APS, *Proceedings APS*, 1885, v. 22, p. 15.

p. 184 - "Promover o conhecimento útil": A Proposal for Promoting Useful Knowledge, 14 de maio de 1743, BF on-line.

p. 184 - "cavalheiros muito ociosos": 15 de agosto de 1745, Benjamin Franklin a Cadwallader Colden, BF on-line.

p. 184 - "degeneração da América": Jefferson, 1982; Cohen, 1995, p. 72-79; Pauly, 2007, p. 20-32.

p. 184 - "homem de gênio": Jefferson, 1982, p. 64; Jefferson citou Abbé Raynal.

p. 184 - Relatos das expedições britânicas: 10 de junho de 1768, *Boston Post Boy*.

p. 184 - Relatos das expedições russas: 26 de novembro de 1767, *New York Journal*.

p. 184 - "Muita coisa depende desse fenômeno": 19 de abril de 1768, Minutas APS, *Proceedings APS*, 1885, v. 22, p. 14.

p. 185 - "a primeira labuta": A Proposal for Promoting Useful Knowledge, 14 de maio de 1743, BF on-line.

p. 185 - Filadélfia: Greene, 1993, p. 87; Weigley, 1982, p. 68ss.

p. 185 - Informação biográfica de Rittenhouse: Rufus, 1928, p. 506-513; Rush, 1796.

p. 185 - Esculpindo constelações astronômicas: Rufus, 1928, p. 506; Rush, 1796, p. 8.

p. 185 - Previsões baseadas nos cálculos de Rittenhouse: 21 de junho de 1769, Minutas APS, *Proceedings APS*, 1885, v. 22, p. 15.

p. 185 - "o começo": 19 de abril de 1768, Ibid, p. 13.

p. 185 - "os preparativos necessários": 21 de junho de 1769, Ibid, p. 15.

p. 186 - APS aprendeu os movimentos dos planetas: 22 de março de 1768, Ibid, p. 12.

p. 186 - Mecanismo de simulação de Rittenhouse: Cohen, 1985, p. 80-85.

p. 186 - "chegar mais perto do seu Criador": Jefferson, 1982, p. 64.

p. 186 - BF ar "fanhoso": Benjamin Franklin a Erasmus Darwin, 1º de agosto de 1772, citado em Uglow, 2002, p. 238.

p. 186 - BF e a Corrente do Golfo: Chaplin, 2006, p. 196-199.

p. 186 - "A América já nos mandou": David Hume a Benjamin Franklin, 10 de maio de 1762, BF on-line.

p. 187 - BF membro do Conselho da RS: 8 de dezembro de 1760, CMRS, v. iv, f. 277.

p. 187 - BF informou aos colonos sobre o primeiro trânsito: Benjamin Franklin a William Coleman, 12 de outubro de 1761, BF on-line.

p. 187 - Informações do trânsito a BF: Benjamin Franklin a John Winthrop, 23 de dezembro de 1762, BF on-line.

p. 187 - BF eleito novamente para o Conselho da RS: 8 de dezembro de 1766, CMRS, v. 5, f. 157.

p. 187 - BF e possíveis candidatos: 18 de dezembro de 1767, Ibid, f. 227ss.

p. 187 - BF e a Baía de Hudson: 22 de dezembro de 1767, CMRS, Ibid, f. 230-231.

p. 187 - BF e a petição ao rei: 14 de janeiro de 1768, JBRS, v. 27, f. 6 e 14 de janeiro de 1768, CMRS, v. 5, f. 262.

p. 187 - BF e os observatórios portáteis: 11 de fevereiro de 1768, CMRS, v. 5, f. 281.

p. 187 - BF e as listas de instrumentos: 28 de janeiro de 1768, Ibid, f. 277-278.

p. 187 - Encontro de BF com Cook e Green: 5 de maio de 1768, Ibid, f. 299ss.

p. 187 - Winthrop encomendou instrumentos de Short: Benjamin Franklin a John Winthrop, 2 de julho de 1768, BF on-line.

p. 188 - "grande e urgente demanda": Ibid.

p. 188 - "não devemos supor": Ibid.

p. 188 - "grande honra": Ibid.

p. 188 - "Caso sua saúde": Ibid.

p. 189 - Demora de Wales causada pelo mau tempo: Wales, 1770, p. 101.

p. 189 - "românticos": 19 de julho de 1768, Ibid, p. 105.

p. 189 - "Nossa situação": 21 de julho de 1768, Ibid.

p. 189 - Ancorados no forte Príncipe de Gales: 10 de agosto de 1768, Ibid, p. 116.

p. 190 - "que mereça o nome de árvore": 16 de agosto de 1768, Ibid, p. 119.

p. 190 - Observatórios nos bastiões do forte: 19 e 20 de agosto de 1768, Ibid.

p. 190 - "falar, respirar ou olhar": 10 de agosto de 1768, Ibid, p. 118.

p. 190 - "a preferência por viajar": 18 de dezembro de 1767, CMRS, v. 5, f. 228.

p. 191 - Astrônomo para a Califórnia: Nunis, 1982, p. 47ss.

p. 191 - "único propósito da jornada" e citação seguinte, 27 de abril de 1768, instruções aos astrônomos espanhóis, reimpresso em Nunis, 1982, p. 114.

p. 191 - Publicação do livro de Chappe: 31 de agosto de 1768, PV Académie 1768, f. 202.

p. 191 - O navio de Wales voltou: 31 de agosto de 1768, Wales, 1770, p. 120.

p. 191 - "aprovação por mérito": 31 de agosto de 1768, PV Académie 1768, f. 205.

p. 192 - "falsa representação maliciosa": Catarina II, 1772, p. iii.

p. 192 - Livro de Catarina *Antídoto*: Catarina II, 1772. O livro também foi publicado na França, em 1770. Ver ainda Levitt, 1998, p. 49-63.

p. 192 - "Observo que o senhor tem": Catarina II, 1772, p. 34.
p. 192 - "gênio admirável": Ibid, p. 44.
p. 192 - "Vá!, Senhor Chappe": Ibid, p. 7-8.
p. 192 - tão rápido quanto a "luz": Ibid, p. 14.
p. 192 - "Nenhuma nação (...) Rússia": Ibid, p. 8.
p. 192 - "uma nova nação": Chappe, 1770, p. 335.
p. 192 - Último dia de Delisle: Anônimo., "Éloge de M. de l'Isle", *Histoire & Mémoires*, 1768, p. 182.
p. 193 - Equipe de Chappe para a Califórnia: Chappe, 1778, p. 1-2.
p. 193 - A "interveniência de uma nuvem": Ibid, p. 2.
p. 193 - "para consolo": Ibid, p. 3.
p. 193 - Primeira camada de neve na Baía de Hudson: 8-12 de setembro de 1768, Wales, 1770, p. 120.
p. 193 - APS ofereceu-se para viajar até a Baía de Hudson: 20 de setembro de 1768, Minutas APS, *Proceedings APS*, 1885, v. 22, p. 18.
p. 193 - A Assembleia concordou em comprar um telescópio: 18 de outubro de 1768, Ibid, p. 19.
p. 193 - Concessão posterior de cem libras pela Assembleia: Hindle, 1964, p. 44-47.
p. 193 - Observatório na sede do governo: 17 de fevereiro de 1769, Minutas APS, *Proceedings APS*, 1885, v. 22, p. 31.
p. 194 - "não tinham ideia de como mobiliar": Smith et al., *Transactions APS*, v. 1, 1769-1771, p. 9.
p. 194 - Penn encomendou telescópio em Londres: Ibid, p. 10.
p. 194 - "um excelente relógio": Ibid, p. 11-12.
p. 194 - "um relato único": anúncio do *New-England Almanack*, 12 de setembro de 1768, *Boston Chronicle*.
p. 195 - Jornais na América do Norte: ver também Hindle, 1956, p. 156.
p. 195 - Trânsito por meio de pequenos telescópios: 27 de maio de 1769, *Providence Gazette*.
p. 195 - "extremamente importante": John Winthrop a James Bowdoin, 18 de janeiro de 1769, Papéis de Bowdoin e Temple, Coleções da Sociedade de História de Massachusetts, Sextas Séries, Boston, MHS, 1897, v. ix, p. 116.
p. 195 - "oito companhias": Ibid.

p. 195 - "grande pena perder": Ibid, p. 117.

p. 195 - "sem nenhuma grande despesa": Ibid, p. 118.

p. 195 - "principal objeto": Winthrop, 1769b, p. 14.

p. 195 - Comitê do Trânsito da APS: 3 e 7 de fevereiro de 1769, Minutas APS, *Proceedings APS*, 1885, v. 22, p. 31.

p. 195 - Observatório de Rittenhouse: Smith *et al.*, *Transactions APS*, 1769-1771a, v. 1, p. 13.

p. 196 - "à distância ocidental pelo menos igual": 7 de fevereiro de 1769, Minutas APS, *Proceedings APS*, 1885, v. 22, p. 31.

p. 196 - "a maior parte dos Estados civilizados": Ibid, p. 30.

p. 196 - "reputação do país": Ibid.

p. 196 - "desautorizado" a conceder: James Bowdoin a Thomas Gage, 1º de março de 1769, Papéis de Bowdoin e Temple, Coleções da Sociedade Histórica de Massachusetts, Sextas Séries, Boston, MHS, 1897, v. ix, p. 130.

p. 196 - Mercador abastado: era John Brown. West, *Transactions APS*, 1769-1771, v. 1, p. 97.

p. 196 - Cavalheiro de Newbury: era Tristan Dalton. Williams, *Transactions APS*, 1786, v. 2, p. 246.

p. 196 - Inspetor Geral: era John Leeds, Leeds, *Phil. Trans*, 1769, v. 59, p. 444.

Capítulo 13:

p. 197 - *Entourage* de Lowitz: Pfrepper e Pfrepper, 2009, p. 110.

p. 197 - Neve de mais de um metro de altura: Fredrik Mallet a Johan Henrik Lidén, 9 de setembro de 1769, Heyman, 1939, p. 284.

p. 197 - Frio e sem comida quente: Fredrik Mallet a Johan Henrik Lidén, 8 de março de 1769, Ibid, p. 276.

p. 197 - Mallet se arrependia de ter se tornado astrônomo: Ibid.

p. 197 - "eram feias as mulheres da Lapônia": Fredrik Mallet a Johan Henrik Lidén, 24 de abril de 1769, Ibid, p. 278 "jag ser alla dagar huru fula Lapp-qwinnor äro".

p. 197 - "Não há praticamente nenhum dia": Planman a Wargentin, 4 de abril de 1769, MS Wargentin, KVA, Centro de História da Ciência "ty man är knappt nágon dag mindre nágon natt säker om sitt lif".

p. 197 - "ansioso e preocupado": Ibid "sä orolig och bekymrad".

p. 197 - "mosquete carregado": Planman a Wargentin, 10 de abril de 1769, MS Wargentin, KVA, Centro de História da Ciência "med laddade musquetter".

p. 197 - Pingré deixou Paris: Woolf, 1959, p. 160; Pingré, *Histoire & Mémoires*, 1770, p. 488; Armitage 1953, p. 57.

p. 198 - "camadas de gelo tão grossas": Wales, 1770, p. 124.

p. 198 - *Brandy* congelado: 6 de novembro de 1768, Wales e Dymond, *Phil. Trans*, 1770, v. 60, p. 144.

p. 198 - O frio parava os relógios: Wales e Dymond, *Phil. Trans*, 1769, v. 59, p. 469.

p. 198 - Maskelyne montando nova expedição: 22 de setembro de 1768 e 15 de dezembro de 1768, CMRS, v. 5. f. 332, 343ss.

p. 198 - Maskelyne sugerindo locações mais ao norte: 17 de novembro de 1767, 22 de setembro de 1768, 15 de dezembro de 1768, CMRS, v. 5, f. 176, 332, 342 e 16 de fevereiro de 1769, CMRS, v. vi, f. 14.

p. 198 - "requerimento" ao Almirantado: 15 de dezembro de 1768, CMRS, v. 5, f. 343.

p. 198 - "para transportar os observadores": Ibid.

p. 198 - Retorno de Mason e Dixon: Mason e Dixon saíram da América em meados de setembro de 1768 e tiveram a sua primeira reunião na Royal Society no dia 10 de novembro. 10 de novembro de 1768, CMRS, v. 5, f. 334.

p. 198 - Mason estava relutante: 15 de dezembro de 1768, CMRS, v. 5, f. 344.

p. 198 - William Bayley como substituto: Ibid.

p. 199 - Le Gentil para Manila: Le Gentil (Ebeling), 1781, p. 46.

p. 199 - Le Gentil enviado a Pondicherry: Ibid, p. 56-67.

p. 199 - "obstáculos" em seu caminho: Ibid, p. 58 "Schwierigkeiten in den Weg zu legen".

p. 199 - Governador francês em Pondicherry: Ibid, p. 116.

p. 201 - Le Gentil partiu de Manila: Ibid, p. 60-61.

p. 201 - Lisa como um "lago": Ibid, p. 69.

p. 201 - O mar "rugiu": Ibid, p. 71.

p. 201 - "abandonando" o navio: Sawyer Hogg, 1951, p. 91; Le Gentil (Ebeling), 1781, p. 72.

p. 201 - "Assumi aqui": Ibid.

p. 201 - Apenas algumas tempestades: Le Gentil (Ebeling), 1781, p. 95-96, 108ss.

p. 201 -"uma viagem mais feliz": Ibid, p. 114 "Es läβt sich gar keine glücklichere Reise denken als die unsrige".

p. 201 - Chegada de Le Gentil a Pondicherry: Ibid, p. 115. Le Gentil saiu de Brest no dia 26 de março de 1760 e chegou a Pondicherry no dia 27 de março de 1768.

p. 201 - Procura de uma locação para o observatório: Ibid, p. 116.

p. 201 - Observatório de Le Gentil: Ibid, p. 116-117; e Sawyer Hogg, 1951, p. 128.

p. 201 - Satisfeito em Pondicherry: Sawyer Hogg, 1951, p. 127.

p. 202 - "eu ficava mais próximo": Ibid, p. 128.

p. 202 - Quase 30 mil quilos de pólvora: Le Gentil (Ebeling), 1781, p. 117.

p. 203 - Le Gentil limpando os instrumentos: Sawyer Hogg, 1951, p. 128.

p. 203 - Telescópio acromático de Madras: Le Gentil (Ebeling), 1781, p. 118.

p. 203 -"superavam todas as expectativas": Ibid, p. 117 "so schön, dass sie alle Vorstellung übertreffen".

p. 203 - Observou um eclipse lunar: Ibid, p. 117.

p. 203 - "de oceano em oceano": Le Gentil a Lanux, 1º de outubro de 1768, Le Gentil, 1779 e 1781, v. 2, p. 792.

p. 203 - Encontrar o botânico: 8 de agosto de 1768, Diário de Sajnovics, Littrow, 1835, p. 116.

p. 203 - Irmão do Astrônomo Real da Dinamarca: 2 de julho de 1768, Ibid, p. 103.

p. 203 - Chocolate quente: 3 de julho de 1768, Ibid.

p. 203 - "mais magnífica": 5 de julho de 1768, Ibid, p. 104 "prächtigsten Lachsforellen".

p. 203 - Morangos com creme: Ibid.

p. 203 - "sopa de vinho ruim": 6 de julho de 1768, Ibid "schlechte Weinsuppe".

p. 204 - Montanha perigosa: 4 e 9 de julho de 1768, Ibid, p. 104-106.

p. 205 - Um eixo quebrou: 9 de julho de 1768, Ibid, p. 106.

p. 205 - Estradas desapareceram: 10 de julho de 1768, Ibid.

p. 205 - Compraram novas carroças: 13-18 de julho de 1768, Ibid, p. 108.

p. 205 - "metade da população": 18 de julho de 1768, Ibid "die halbe Bevölkerung der Stadt lief uns eine halbe Stunde weit nach".

p. 205 - Viram montanhas cobertas de neve: 24 de julho de 1768, Ibid, p. 112.

p. 205 - Refeições "ruins": sem data, Ibid, p. 102 "schlecht".

p. 205 - Padres locais mais "hospitaleiros": sem data, Ibid.

p. 205 - Foram para a cama famintos: 24 de julho de 1768, Ibid, p. 112.

p. 205 - Eixos se partiam com frequência: 18, 19 e 26 de julho de 1768, Ibid, p. 109, 113.

p. 205 - Pontes deterioradas: 22 e 24 de julho de 1768, Ibid, p. 110, 112.

p. 205 - Perigo dos profundos precipícios: 26 de julho de 1768, Ibid, p. 112-113.

p. 205 - Chegada a Trondheim: 30 de julho de 1768, Ibid, p. 114.

p. 206 - Baleias perto do navio: 25 de agosto de 1768, Ibid, p. 118.

p. 206 - Ondas contra a cabine: 11 de outubro de 1768, Ibid, p. 125.

p. 206 - Que o mar pudesse "enterrá-los": Ibid.

p. 206 - Marinheiros cada vez mais felizes: Ibid.

p. 206 - Chegada a Vardo: Ibid.

p. 207 - Locação do observatório: 12 de outubro de 1768, Ibid, p. 126.

p. 207 - Materiais de construção do continente: 14 de outubro de 1768, Ibid, p. 127.

p. 207 - Carpinteiros preguiçosos: 13 de novembro de 1768, Ibid, p. 130.

p. 207 - Observatório concluído: 14 de dezembro de 1768, Ibid, p. 132.

p. 207 - Dificuldades com o mau tempo: 20 de novembro e 23 de dezembro de 1768, 2 de fevereiro de 1769, 18 de março de 1769, Ibid, p. 131, 133-135.

p. 207 - Temperatura congelante: outubro e novembro de 1768, Diário de Sajnovics, Littrow, 1835, p. 128.

p. 208 - Hell temeu por seu alojamento: 20 de novembro de 1768, Diário de Sajnovics, Littrow, 1835, p. 131.

p. 208 - A neve tinha alcançado os telhados: 1º de dezembro de 1768, Ibid, p. 132.

p. 208 - "pratos noruegueses secos e impalatáveis": 2 de novembro de 1768, Ibid, p. 129 "da wir seine trockenen, unschmackhaften norwegischen Gerichte kaum mehr ertragen konnten".

p. 208 - Luzes do norte: 20 de novembro de 1768, 5 de dezembro de 1768 e 27 de maio de 1769, Ibid, p. 131, 132, 137.

p. 208 - Caçar pássaros: 1º de dezembro de 1768, Ibid, p. 131.

p. 208 - Caçar focas: 1º de abril de 1769, Ibid, p. 135.

p. 208 - Peixe voador: 27 de setembro de 1768, Diário de Banks.

p. 208 - Green ensinou a Cook e aos oficiais: Aughton, 2003, p. 26.

p. 208 - "infatigável ao fazer": 23 de agosto de 1770, Diário de Cook.

p. 209 - Cerimônia de "mergulho": 25 de outubro de 1768, Diário de Banks.

p. 209 - *Endeavour* no Rio: 13 de novembro-8 de dezembro de 1768, Diário de Cook e Diário de Banks; Aughton, 2003, p. 29ss.

p. 209 - Cook ao vice-rei: 14 de novembro de 1768, Diário de Cook.

p. 209 - Soldados portugueses remando em torno do *Endeavour*: Ibid.

p. 209 - "certamente não acreditou": Ibid.

p. 209 - "uma história inventada": 14 de novembro de 1768, Ibid.

p. 209 - "passagem da Estrela do Norte": 14 de novembro de 1768, Ibid.

p. 209 - Regime de limpeza e reparos: 6 de novembro de 1768 (e entradas seguintes), Ibid.

p. 209 - *Endeavour* "colocado abaixo" e citação seguinte: Daniel Solander a Lord Morton, 1º de dezembro de 1768, Duyker e Tingbrand, 1995, p. 278.

p. 210 - "Sou um cavalheiro": Joseph Banks ao vice-rei do Rio de Janeiro, 17 de novembro de 1768, BL Add 34744, f. 41.

p. 210 - "francês deitado": Joseph Banks a William Philip Perrin, 1º de dezembro de 1768, Chambers, 2000, p. 7.

p. 210 - Cartas de Cook e Banks para o vice-rei: as cartas de Cook são mencionadas em seu diário; quanto às cartas de Banks e às respostas do vice-rei, ver BL Add 34744, f. 41ss.

p. 210 - "praguejava, xingava, desonrava" e citação seguinte: Joseph Banks a William Philip Perrin, 1º de dezembro de 1768, Chambers, 2000, p. 7.

p. 210 - Chocolate quente no Natal: 25 de dezembro de 1768, Diário de Sajnovics, Littrow, 1835, p. 133.

p. 210 - "todas as mãos ficaram indecentemente bêbadas": 25 de dezembro de 1768, Diário de Banks.

p. 210 - As redes foram jogadas: 6 de janeiro de 1769, Ibid.

p. 210 - Expedição de coleta de plantas mal planejada: 16 e 17 de janeiro de 1769, Diário de Banks e Diário de Cook.

p. 211 - Chegada ao Taiti: 13 de abril de 1769, Diário de Cook.

p. 211 - "o retrato mais verdadeiro": 13 de abril de 1769, Diário de Banks.

p. 211 - "para a defesa do observatório": 18 de abril de 1769, Diário de Robert Molyneux, Beaglehole, 1999, v. 1, p. 551.

p. 212 - Descrição do Forte Vênus: desenho do Forte Vênus de Sydney Parkinson, Parkinson, 1784, gravura iv; ver também 30 de abril de 1769, Diário de Banks; 1º de maio de 1769, Diário de Cook; Cook, *Phil. Trans*, 1771, v. 61, p. 397ss.

p. 212 - Fêmeas "robustas": 28 de abril de 1769, Diário de Banks.

p. 212 - "fizessem uso das boas maneiras":14 de abril de 1769, Ibid.

p. 212 - Observatório trazido para o Forte Vênus: 28 de abril de 1769, Diário de Robert Molyneux, Beaglehole, 1999, v. 1, p. 551.

p. 213 - Bayley construiu um observatório no Cabo Norte: Bayley, *Phil. Trans*, 1769, v. 59, p. 262.

p. 213 - Os instrumentos em terra firme: 1º de maio de 1769, Diário de Cook.

p. 213 - Quadrante roubado e recuperação: descrição baseada em 2 de maio de 1769, Diário de Cook, Diário de Banks e Diário de Sydney Parkinson.

p. 213 - "qualquer coisa": 25 de abril de 1769, Diário de Banks.

p. 213 - "prodigiosos": 14 de abril de 1769, Diário de Cook.

p. 213 - "ela logo se tornava": 25 de abril de 1769, Diário de Banks.

p. 213 - "toda a humanidade imaginável": 13 de abril de 1769, Diário de Cook.

p. 213 - "pessoas de princípio": 2 de maio de 1769, Ibid.
p. 214 - Green, Banks e o guarda-marinha e descrição seguinte: 2 de maio de 1769, Diário de Banks e Diário de Cook.
p. 215 - Partida de Chappe: Chappe, 1778, p. 1.
p. 215 - Passagem duas vezes mais demorada: Ibid, p. 3.
p. 215 - Problemas com as autoridades espanholas: Ibid, p. 4ss.
p. 215 - "que por mais de mil vezes": Ibid, p. 4.
p. 215 - "Se tivermos de esperar" e citações seguintes: Ibid, p. 7.
p. 216 - "rapidamente disponibilizar": Ibid, p. 8.
p. 216 - Encontrou Doz e Medina em Cádiz: Ibid, p. 8ss.
p. 216 - "pequena casca de noz": Ibid, p. 9.
p. 216 - "fragilidade da embarcação": Ibid, p. 8.
p. 216 - "o melhor navio": Ibid.
p. 216 - "um sopro de alegria": Ibid, p. 8-9.
p. 216 - Cálculos muito "enfadonhos": Ibid, p. 12.
p. 216 - "cansativas e uniformes": Ibid.
p. 216 - "mil vezes": Ibid, p. 14.
p. 216 - Setenta e sete dias para cruzar o Atlântico: Ibid, p. 12.
p. 216 - "com a maior ansiedade": Ibid, p. 19.
p. 217 - Instrumentos carregados pelas mulas: Ibid, p. 23.
p. 217 - "Bandidos" assassinos: Ibid, p. 46.
p. 217 - As estradas eram "assustadoras": Ibid, p. 30.
p. 217 - Calor "excessivo": Ibid.
p. 217 - "especialmente para um francês": Ibid, p. 24.
p. 217 - "um pescoço pavoroso": Ibid, p. 34.
p. 217 - não eram "figuras muito agradáveis": Ibid, p. 35.
p. 217 - Chappe teve de esperar: Ibid, p. 47.
p. 217 - Chegada de Chappe a San Blas: Ibid, p. 52.
p. 218 - "para fazer uma tenda": Ibid, p. 54.
p. 218 - "começou a se desesperar": Ibid, p. 55.
p. 218 - "mais cruel decepção": Ibid, p. 56.
p. 218 - "Eu pouco me importava se": Ibid, p. 57.
p. 218 - Briga de Chappe com Doz e Medina: Ibid, p. 57ss.
p. 218 - "preferiria perder um pequeno": Ibid, p. 58.
p. 218 - Doz e Medina culpando Chappe: Ibid, p. 59.
p. 219 - "para mantê-lo seco": Ibid, p. 61.

p. 219 - "rugido medonho": Ibid.
p. 219 - "todo o vigor": Ibid.

Capítulo 14:

p. 220 - Bayley no Cabo Norte: Bayley, *Phil. Trans*, 1769, v. 59, p. 262.

p. 220 - Dixon em Hammerfest: Dixon, *Phil. Trans*, 1769, v. 59, p. 253.

p. 220 - Astrônomos na Alemanha: Mayer, Andreas, *Phil. Trans*, 1769, v. 59, p. 284-285; Lalande, *Phil. Trans*, 1769b, v. 59, p. 376; 14-25 de agosto e 9-20 de novembro de 1769, Protocolos, v. 2, p. 69, 713; Moutchnik, 2006, p. 207; *Göttingische Anzeigen von Gelehrten Sachen*, 1769, v. 1, p. 665; 25 de janeiro de 1770, JBRS, v. 27, f. 286.

p. 220 - Observadores holandeses em Leiden: Johan Henrik Lidén a Fredrik Mallet, 10 de julho de 1769, Heyman, 1938, p. 280.

p. 220 - Planman em Kajana: Planman a Wargentin, 10 de abril de 1769, MS Wargentin, KVA, Centro de História da Ciência.

p. 220 - Mallet em Pello: KVA, Verificação 162; Nordenmark, 1946, p. 75.

p. 220 - Krafft em Orenburg: 10-21 de abril de 1769, Protocolos, v. 2, p. 680.

p. 221 - Euler em Orsk: Euler, 1769, p. 8.

p. 221 - Lowitz correndo contra o degelo: 12-23 de abril de 1769, Lowitz, 1770, p. 20-21.

p. 221 - Lowitz deixou o *entourage* para trás: 8-19 de maio de 1769, Ibid, p. 21.

p. 221 - Mayer no observatório: 8-18 de maio de 1769, Protocolos, v. 2, p. 682; Moutchnik, 2006, p. 201.

p. 221 - Jornada de Christian Mayer à Rússia: Moutchnik, 2006, p. 186ss.

p. 221 - Mallet, Pictet e Rumovsky na península de Kola: 27 de abril-8 de maio e 20-31 de maio e 26 de maio-6 de junho de 1769, Protocolos, v. 2, p. 681, 686, 687.

p. 221 - Islenieff em Yakutsk: 4-15 de maio de 1769, Protocolos, v. 2, p. 682.

p. 221 - Observador no México: era Joaquin Velázquez de León, astrônomo autodidata. Nunis, 1982, p. 71ss.

p. 221 - "Inspetor Geral de Terras": Holland, *Phil. Trans*, 1769, v. 59, p. 247-252.

p. 221 - Winthrop em Cambridge, MA: Winthrop, *Phil. Trans*, 1769a, v. 59, p. 351-358.

p. 221 - "após muita demora": Benjamin Franklin a Winthrop, 11 de março de 1769, BF on-line.

p. 221 - Telescópios para a APS: Joseph Shippen a Edward Shippen, 29 de maio de 1769, Papéis de Edward Shippen, DLC.

p. 221 - Chegada de Chappe: Chappe, 1778, p. 64ss.

p. 222 - "epidêmico de cinomose": Ibid, p. 64.

p. 222 - "não se mexeria de San Joseph": Ibid.

p. 222 - "deixava todos um pouco": 31 de maio de 1769, Diário de Banks.

p. 222 - "com receio": 30 de maio de 1769, Diário de Cook.

p. 223 - "bastante ocupados": 30 de maio de 1769, Ibid.

p. 223 - A primeira equipe saiu: 1º de junho de 1769, Diário de Cook e Diário de Banks.

p. 223 - A segunda equipe saiu: 2 de junho de 1769, Diário de Cook.

p. 223 - "todos ansiosos": 2 de junho de 1769, Robert Molyneux, Remarks in Port Royal Bay in King George the thirds Island (Comentários na Baía de Porto Royal, na ilha do rei George III), Beaglehole, 1999, v. 1, p. 559.

p. 223 - "mostrou-se mais favorável": 3 de junho de 1769, Diário de Cook.

p. 223 - "pudesse perturbar a observação": 3 de junho de 1769, Robert Molyneux, Remarks in Port Royal Bay in King George the thirds Island (Comentários na Baía de Porto Royal, na ilha do rei George III), Beaglehole 1999, v. 1, p. 559.

p. 223 - "primeira aparição visível": Cook, *Phil. Trans*, 1771, v. 61, p. 410.

p. 223 - Entrada para Green: Ibid.

p. 223 - Entrada para Solander: Ibid, p. 412.

p. 223 - "névoa tremeluzente": Ibid.

p. 223 - Certa "ondulação": Ibid, p. 410.

p. 223 - "muito difícil de julgar": Ibid, p. 411.

p. 225 - 119° F.

p. 225 - "insuportável": Ibid, p. 411.

p. 225 - Doze segundos de diferença: Ibid, p. 410.

p. 225 - Cronometragem "um pouco duvidosa": Ibid, p. 411.

p. 225 - "ainda tenho bastante tempo" e citações seguintes: Chappe, 1778, p. 62.

p. 226 - Observatório de Chappe: "On the Observations made by Abbé Chappe in California" (Sobre as observações feitas pelo abade Chappe na Califórnia), transcritas e traduzidas por Nunis, 1982, p. 105ss; ver também Chappe, 1778, p. 63.

p. 226 - Os instrumentos "como estavam": Chappe, 1778, p. 63.

p. 226 - "gemidos" dos habitantes infectados: Ibid, p. 65.

p. 226 - "não ligava para nada": Ibid.

p. 226 - "o tempo (...) possível": Ibid, p. 63.

p. 226 - "para que eu pudesse recordar, a cada momento": "Astronomical Observations Made in the Village of San José in California" (Observações astronômicas realizadas no povoado de San José, na Califórnia), transcritas e traduzidas para o inglês por Nunis, 1982, p. 99.

p. 226 - Fixando os instrumentos: "On the Observations made by Abbé Chappe in California" ("Sobre as observações feitas pelo abade Chappe na Califórnia"), Ibid, p. 105.

p. 226 - Relógio protegido da poeira: "Astronomical Observations Made in the Village of San José in California" (Observações astronômicas realizadas no povoado de San José, na Califórnia), Ibid, p. 98.

p. 226 - Tarefas da equipe no dia do trânsito: Nunis, 1982, p. 69.

p. 226 - "separando-se com dificuldade": "On the Observations made by Abbé Chappe in California" (Sobre as observações feitas pelo abade Chappe na Califórnia), Ibid, p. 106.

p. 227 - Horários de Chappe: Nunis, 1982, p. 68.

p. 227 - "Tive a oportunidade": Chappe, 1778, p. 63.

p. 227 - Tempestade de neve em Vardo: 1º de maio de 1769, Diário de Sajnovics, Littrow, 1835, p. 136.

p. 227 - Notícias de Hammerfest e Cabo Norte: 12 de maio de 1769, Ibid, p. 137.

p. 227 - Notícias de Kildin: 14 de maio de 1769, Ibid; para Ochtensky em Kildin, 12-23 de maio de 1769, Protocolos, v. 2, p. 684.

p. 228 - "grande observação": 2 de junho de 1769, Ibid, p. 138.

p. 228 - Dia do trânsito em Vardo: 3 de junho de 1769, Ibid, p. 138-139.

p. 229 - Neblina no Círculo Ártico: Aspaas, 2008, p. 16.

p. 229 - Clima no dia 3 de junho de 1769: 3 de junho de 1769, Diário de Sajnovics, Littrow, 1835, p. 138-139.

p. 229 - "com a especial graça": Ibid, p. 139 "mit Gottes besonderer Gnade".

p. 229 - "Inacreditável! (...) mas ainda assim": Ibid "unglaublicht aber doch wahr!".

p. 230 - *Te Deum laudamus*: Ibid.

p. 230 - "me desejar sorte": Le Gentil (Ebeling), 1781, p. 118.

p. 230 - Noite anterior ao trânsito em Pondicherry: Ibid.

p. 230 - "Com minha alma contente": Sawyer Hogg, 1951, p. 127.

p. 230 - "gemidos" dos bancos de areia: Ibid, p. 131.

p. 230 - "Dali em diante": Ibid.

p. 230 - "uma segunda cortina": Ibid.

p. 231 - "uma leve brancura": Ibid.

p. 231 - O Sol após o trânsito: Le Gentil (Ebeling), 1781, p. 119.

p. 231 - "Tive dificuldade de": Sawyer Hogg, 1951, p. 132.

p. 231 - As nuvens apareceram para trazer "decepção": Le Gentil (Ebeling), 1781, p. 119 "Verdrusse".

p. 231 - "espectador de uma nuvem fatal": Sawyer Hogg, 1951, p. 131.

p. 231 - "pureza da atmosfera": Smith *et al.*, *Transactions APS*, 1769-1771a, v.1, p. 23.

p. 231 - Público em Norriton: Ibid, p. 25.

p. 231 - Rittenhouse desmaiou: Rush, 1796, p. 12-13.

p. 232 - "sem nenhum descanso": 23 de maio-3 de junho de 1769, Diários das Cortes de Catarina 1769, Sobolevskii, 1853-1867, p. 96-97. Catarina observou o trânsito em Bronnaya, perto de sua residência de verão Oranienburg.

p. 232 - O rei George III observou o trânsito: Demainbray, Stephen, "Observations on the Transit of Venus" (Observações sobre o trânsito de Vênus), Coleção do Museu Rei George III, King's College, Londres, K/MUS 1/1 1768-1769.

p. 232 - Observação de Pequim: Cipolla, *Phil. Trans*, 1774, v. 64, p. 31-45.

p. 232 - Mason na Irlanda: Mason, *Phil. Trans*, 1770, v. 60, p. 454-496.

p. 232 - Observação de Madras: Le Gentil (Ebeling), 1781, p. 119.

p. 232 - Observação de Jacarta: Mohr, *Phil. Trans*, 1771, v. 61, p. 433-436; Zuidervaart e Van Gent, 2004, p. 15-16.

p. 232 - Dois amadores treinados por Le Gentil: Le Gentil (Ebeling), 1781, p. 119.

p. 233 - Trânsito projetado na parede: Martin, 1773, p. 28.

p. 233 - "Trânsito Artificial": Ibid, p. 23; ver também Bernoulli, 1771, p. 73-74.

p. 233 - "maioria dos habitantes": 10 de junho de 1769, *Providence Gazette*.

p. 233 - "ficaram totalmente privados": 10 de julho de 1769, *New York Gazette*.

p. 233 - Multidões assistindo ao trânsito: por exemplo, no Castelo de la Muette de Luís XV, perto de Paris, em Vardo, em Newbury, Massachusetts e em Norriton, Pensilvânia. Smith, 1954, p. 448; 3 de junho de 1769, Diário de Sajnovics, Littrow, 1835, p. 139; Williams, *Transactions APS*, 1786, v. 2, p. 248; Smith *et al.*, *Transactions APS*, 1769-1771, v. 1, p. 25.

p. 233 - "Vênus terrestre": Johan Henrik Lidén, 3 de junho de 1769, em Hulshoff Pol, 1958, p. 144 "een aardse Venus".

p. 233 - "prometia permitir alguma imersão": Ibid "maar de dame zag emaar uit of ze wel enige immersie zou hebben toegelaten".

p. 233 - Alguns "jovens fidalgos": 3-6 de junho de 1769, *London Chronicle*.

p. 233 - "fizeram um trânsito": Ibid.

Capítulo 15:

p. 235 - Doença de Chappe: Chappe, 1778, p. 63-73; Nunis, 1982, p. 93ss.

p. 235 - "um cenário de horror": Chappe, 1778, p. 65.

p. 235 - "ou morrendo ou caminhando rapidamente": Ibid, p. 66.

p. 235 - Chappe observou eclipse lunar: Ibid, p. 68.

p. 235 - Observações apesar da doença: Ibid.

p. 235 - Anotações do trânsito numa caixa: Chappe, *Phil. Trans*, 1770, v. 60, p. 551.

p. 235 - "mero deserto": Chappe, 1778, p. 69.

p. 236 - Atacados por insetos: Nunis, 1982, p. 79.

p. 236 - Sobrevivência do engenheiro e do pintor: Ibid, p. 71.

p. 236 - "verdadeiro filósofo": Chappe, 1778, p. 70.

p. 236 - As anotações de Chappe para Paris: Nunis, 1982, p. 75. O engenheiro Pauly levou os manuscritos de Chappe de volta a Paris em dezembro de 1770.

p. 236 - Funeral de Chappe: Chappe, 1778, p. 70.

p. 236 - Le Gentil após o trânsito: Sawyer Hogg, 1951, p. 132; Le Gentil (Ebeling), 1781, p. 119.

p. 236 - O céu tinha sido "cruel": Le Gentil (Ebeling), 1781, p. 119 "grausam".

p. 237 - Cinquenta e uma cópias despachadas: 29-18 de setembro de 1769, Protocolos, v. 2, p. 703.

p. 237 - Observações de Christian Mayer: Proctor, 1882, p. 61.

p. 237 - Borda "ondulada" de Vênus: Krafft, 1769, p. 19 "wellenförmig".

p. 237 - Chuva na península de Kola: esse foi Pictet. Euler a Lowitz, 13-24 de julho de 1769, transcrito em Pfrepper e Pfrepper, 2009, p. 113; ver também *Göttingische Anzeigen von Gelehrten Sachen*, 1769, v. 1, p. 1143.

p. 237 - Morte do assistente de Rumovsky em Kildin: 14 de maio de 1769, Diário de Sajnovics, Littrow, 1835, p. 137.

p. 237 - Rumovsky em Kola: Euler a Lowitz, 13-24 de julho de 1769, transcrito em Pfrepper e Pfrepper, 2009, p. 113; ver também *Göttingische Anzeigen Von Gelehrten Sachen*, 1769, v. 1, p. 1144.

p. 237 - Astrônomo em Göttingen: esse foi Gotthilf Kästner, *Göttingische Anzeigen Von Gelehrten Sachen*, 1769, v. 1, p. 665; e 14-25 de agosto de 1769, Protocolos, v. 2, p. 697.

p. 237 - "nada" na Dinamarca: 5-16 de outubro de 1796, Protocolos, v. 2, p. 707.

p. 237 - "um dos mais belos": Wargentin, KVA Abhandlungen, 1769, p. 148.

p. 238 - Passaram a noite em claro na Suécia: Prosperin, KVA Abhandlungen, 1769, p. 158.

p. 238 - Observações francesas: Lalande, *Phil. Trans*, 1769b, v. 59, p. 374ss.

p. 238 - "barulho e confusão": Smith, 1954, p. 448.

p. 238 – "eu estava exatamente no local": Lalande, *Phil. Trans*, 1769b, v. 59, p. 375.

p. 238 - Os britânicos pelejaram: por exemplo, Hornsby, *Phil. Trans*, 1769, v. 59, p. 172; Wollaston, *Phil. Trans*, 1769, v. 59, p. 408; Harris, *Phil. Trans*, 1769, v. 59, p. 425; Bradley, *Transactions APS*, 1769-71, v. 1, p. 115.

p. 238 - Observações em Greenwich: Maskelyne, *Phil. Trans*, 1768b, v. 58, p. 361.

p. 238 - "um grau de correção": Delambre, "Life and Works of Dr. Maskelyne, 1813" (Vida e obra do dr. Maskelyne, 1813), RGO 4/226, p. 22.

p. 238 - "maiores do que eu esperava": Maskelyne, *Phil. Trans*, 1768b, v. 58, p. 362; Hornsby pensou a mesma coisa: Hornsby, *Phil. Trans*, 1769, v. 59, p. 176.

p. 238 - Fumaça subindo em Londres: Horsfall, *Phil. Trans*, 1769, v. 59, p. 170; Canton, *Phil. Trans*, 1769, v. 59, p. 192.

p. 238 - "imploravam aos habitantes": Wilson, *Phil. Trans*, 1769, v. 59, p. 334.

p. 238 - A borda de Vênus "borbulhou": Prosperin, KVA Abhandlungen, 1769, p. 156 "wallte".

p. 238 - "como as ondas de um mar": Ferner, *Phil. Trans*, 1769, v. 59, p. 404.

p. 238 - "uma maçã conectada": Prosperin, KVA Abhandlungen, 1769, p. 156 "sah aus wie ein Apfel, der an seinem Stiele säße".

p. 238 - "o gargalo de um frasco de Florence": Bevis, *Phil. Trans*, 1769, v. 59, p. 190.

p. 238 - "trufa pontuda": Ferner, *Phil. Trans*, 1769, v. 59, p. 405.

p. 238 - "pequena sombra": Gissler, KVA Abhandlungen, 1769, p. 226 "schmalen Schattens".

p. 238 - "fio escuro": Gadolin, KVA Abhandlungen, 1769, p. 173 "dunkles Band".

p. 239 - "figura circular de Vênus": Maskelyne, *Phil. Trans*, 1768b, v. 58, p. 358.

p. 239 - Planeta Vênus estava "desfigurado": Gissler, KVA Abhandlungen, 1769, p. 225 "unförmig".

p. 239 - Planeta Vênus estava "mal definido": Harris, *Phil. Trans*, 1769, v. 59, p. 425.

p. 239 - Anel luminoso: Krafft, 1769, p. 38; Maskelyne, *Phil. Trans*, 1768b, v. 58, p. 359.

p. 239 -"vapores tremeluzentes": Schenmark, KVA Abhandlungen, 1769, p. 223 "flatternde Dünste".

p. 239 - Observadores de Estocolmo: Wargentin, KVA Abhandlungen, 1769, p. 148-154.

p. 239 - Observadores de Upsala: Prosperin, KVA Abhandlungen, 1769, p. 156-158.

p. 239 - Observadores de Paris: Lalande, *Phil. Trans*, 1769b, v. 59, p. 374-377.

p. 239 - Observadores de Greenwich: Maskelyne, *Phil. Trans*, 1768b, v. 58, p. 358.

p. 239 - Observadores de São Petersburgo: Proctor, 1882, p. 61.

p. 239 - Observadores de Orenburg: Krafft, 1769, p. 19ss.

p. 239 - Relatório de Pello, enviado por Mallet: 5 de julho de 1769, KVA Protocolos, p. 875.

p. 240 - O dia do trânsito de Mallet: Wargentin, KVA Abhandlungen, 1769, p. 147; Mallet, KVA Abhandlungen, 1769, p. 218ss; Fredrik Mallet a Johan Henrik Lidén, 9 de setembro de 1769, Nordenmark, 1946, p. 76-77.

p. 240 - "noite miserável": Fredrik Mallet a Johan Henrik Lidén, 9 de setembro de 1769, Nordenmark, 1946, p. 77 "bedröfliga Natten".

p. 240 - "brigado" com Vênus: Ibid "Jag är brouillerad med Venus pour jamais".

p. 240 - "Jamais senti tamanhos": Planman a Wargentin, 9 de junho de 1769, MS Wargentin, KVA, Centro de História da Ciência "Aldrig har min ängslan och bestörtning varit så stor".

p. 240 - "lágrimas" nos olhos: Ibid "tárar".

p. 240 - O dia do trânsito de Planman: Planman, KVA Abhandlungen, 1769, p. 212; Planman a Wargentin, 9 de junho de 1769, MS Wargentin, KVA, Centro de História da Ciência.

p. 241 - Relatórios de Estocolmo e Londres em Paris: 28 de junho de 1769, PV Académie 1769, f. 235.

p. 241 - Relatórios de Planman em Paris: 9 de agosto de 1769, PV Académie 1769, f. 298.

p. 241 - Relatório de Wargentin em São Petersburgo: 30 de junho-11 de julho de 1769, Protocolos, v. 2, p. 693.

p. 241 - Relatórios norte-americanos em Londres: Maskelyne a Thomas Penn, 2 de agosto de 1769, lido na APS no dia 15 de dezembro de 1769, Minutas das Reuniões, APS, *Proceedings APS*, v. 22, 1885, p. 46.

p. 241 - Relatórios russos em Kajana: 5-16 de outubro de 1769, Protocolos, v. 2, p. 707.

p. 241 - Observações russas na Alemanha: *Göttingische Anzeigen von Gelehrten Sachen*, 1769, v. 1, p. 143.

p. 241 - Resultados norte-americanos publicados em *Phil. Trans*: Wright, *Phil. Trans*, 1769, v. 59, p. 273ss; Smith et al., *Phil. Trans*, 1769, v. 59, p. 289ss.

p. 241 - Relatórios de Lalande sobre missionário e Pingré: Lalande, *Phil. Trans*, 1769b, v. 59, p. 376.

p. 241 - Observações de Dixon e Bayley: 15 de novembro de 1769, JBRS, v. 27, f. 244; Bayley, *Phil. Trans*, 1769, v. 59; Dixon, *Phil. Trans*, 1769, v. 59.

p. 241 - Regresso de Wales: 9 de novembro de 1769, CMRS, v. vi, f. 55. Wales tinha regressado a Londres em outubro.

p. 241 - Observações bem-sucedidas de Wales: Wales e Dymond, *Phil. Trans*, 1769, v. 59, p. 480ss.

p. 241 - Lalande e Hell: Sarton, 1944, p. 100; Woolf, 1959, p. 178-179.

p. 242 - Hell e o sentimento antijesuítico: Sarton, 1944, p. 102.

p. 242 - Hell em Copenhague e rumores: Hell chegou a Copenhague no dia 17 de outubro de 1769. Diário de Sajnovics, Littrow, 1835, p. 157; Moutchnik, 2006, p. 234; Woolf, 1959, p. 178; Hamel et al. 2010, p. 190.

p. 242 - Cento e vinte cópias das observações de Vardo: Diário de Sajnovics, Littrow, 1835, p. 158.

p. 242 - Chegada do engenheiro de Chappe a Paris: Chappe, *Phil. Trans*, 1770, v. 60, p. 551-552.

p. 242 - Baía Botânica: 6 de maio de 1770, Diário de Cook.

p. 243 - Banks coletou inúmeras plantas: 3 de maio de 1770, Diário de Banks.

p. 243 - *Endeavour* bateu num recife: 10-12 de junho de 1770, Diário de Cook e Diário de Banks.

p. 243 - O medo da morte agora": 11 de junho de 1770, Diário de Banks.

p. 243 - erguendo-se a prumo": 18 de agosto de 1770, Diário de Cook.

p. 244 - Green continua as observações: Beaglehole, 1999, v. 1, p. CXXXIV.

p. 244 - A ponto de partir-se "em pedaços": 18 de agosto de 1770, Diário de Cook.

p. 244 - Casco reduzido a um oitavo de uma polegada: 14 de novembro de 1770, Diário de Banks.

p. 244 - Jacarta: 12 de outubro-26 de dezembro de 1770, Diário de Cook e Diário de Banks.

p. 244 - Morte de Green: 29 de janeiro de 1771, Diário de Cook.

p. 245 - "num momento de loucura": 27 de julho de 1771, *General Evening Post*.

p. 245 - "não se preocupar": 29 de janeiro de 1771, Diário de Cook

p. 245 - Herdeiros de Le Gentil espalharam boatos: Le Gentil (Ebeling), 1781, p. 127.

p. 245 - Coleções de história natural em Maurício: Ibid, p. 126.

p. 245 - Ataques de disenteria: Ibid, p. 123.

p. 245 - Enfraquecido pela enfermidade: Le Gentil a Lanux, 27 de abril de 1770, Le Gentil, 1779 e 1781, v. 2, p. 796-797.

p. 245 - Perdeu a esperança de tornar a ver a França: Le Gentil (Ebeling), 1781, p. 127.

p. 245 - "tinha se tornado insuportável": Sawyer Hogg, 1951, p. 174.

p. 246 - Le Gentil embarcou num navio para a Europa: Le Gentil (Ebeling), 1781, p. 129.

p. 246 - "do que eu jamais vira antes": Ibid "als ich je gesehn hatte".

p. 246 - Deitou-se e esperou morrer: Le Gentil a Lanux, 2 de fevereiro de 1772, Le Gentil 1779 e 1781, v. 2, p. 800.

p. 246 - "cansado do mar": Ibid, p. 806 "j'etois si las de la mer".

p. 246 - Os herdeiros o declararam morto: Le Gentil (Ebeling), 1781, p. 140-141; Sawyer Hogg, 1951, p. 177.

Epílogo:

p. 247 - "diferem umas das outras mais": Cook, *Phil. Trans*, 1771, v. 61, p. 406.

p. 247 - "tornaria públicas": 17 de setembro de 1773, Beaglehole, 1999, v. 2, p. 238.

p. 247 - Resultados finais na RS: lidos em 19 de dezembro de 1771, Hornsby, *Phil. Trans*, 1771, v. 61, p. 574-579.

p. 248 - A paralaxe era 8"78: Ibid, p. 579.

p. 248 - 93.726.900 milhas (150.838.824,15km): Ibid.

p. 248 - "incerteza (...) totalmente eliminada" e citações seguintes: Ibid, p. 574.

p. 249 - Cálculos variaram de 8"43 a 8"80: Nunis, 1982, p. 69.

p. 249 - Previsões de Kepler e Halley: Woolley, 1969, p. 29.

p. 250 - Publicação planejada de Hell: Hansen e Aspaas, 2005, p. 8-9; Sarton, 1944, p. 101.

p. 250 - "vantagem do império": instruções para Pallas, em Bacmeister 1772, v. 1, p. 89; ver também Wendland, 1992, v. 1, p. 91 "der Nutzen des Reichs" e "die Verbesserung der Wissenschaften".

p. 250 - Encontro de Pallas e Lowitz: Wendland, 1992, v. 1, p. 96; Lowitz e os canais: Pfrepper e Pfrepper, 2004, p. 171.

p. 250 - Assassinato de Lowitz: Pfrepper e Pfrepper, 2004, p. 172.

p. 251 - Resultados da expedição de Pallas: Wendland, 1992, v. 1, p. 140ss; Vucinich, 1984, p. 25.

p. 251 - Retorno do *Endeavour* com 30 mil espécimes: Carter, 1988, p. 95.

p. 251 - "imenso livro de informações": Joseph Banks a George Yonge, 15 de maio de 1787, Chambers, 2000, p. 89.

p. 251 - Banks como promotor da colonização: Carter, 1988, p. 216.

p. 251 - Banks e a primeira frota: Wulf, 2008, p. 211; Gascoigne, 1994, p. 203.

p. 251 - Banks e as plantas para o progresso colonial: Wulf, 2008, p. 208ss.

p. 251 - "A ciência de duas nações": Joseph Banks a Jaques Julien Touttou de La Billardière, 9 de junho de 1796, Chambers, 2000, p. 171.

p. 252 - Prêmio para obtenção de salitre: McClellan, 1985, p. 175, 338.

ÍNDICE

A

Academia Bávara de Ciências 84, 92, 117
Academia de Ciências de Copenhague 242
Academia Imperial de Ciências, São Petersburgo 39, 73, 77
   configura novo mapa do império 249
   despacha os relatórios com eficiência 237
   e a expedição de 1769 156
   e Catarina, a Grande 150, 151, 152, 153, 154, 157, 164
   e Chappe 77, 92
   e Franklin 187
   e Lomonosov 78, 109
   e o conflito Rumovsky-Popov 133
   e relatórios sobre o trânsito de 1761 126, 128
   manda retornar as equipes científicas 250
   relatório de Wargentin para 176
   resultados calculados por Lexell 247
Academia Real de Ciências sueca, Estocolmo 86, 87, 112, 173, 252
   Kungl. Vetenskapsakademiens handlingar 126
Academia Russa de Ciências. Ver Academia Imperial de Ciências

Académie des Sciences 30, 31, 36, 40, 64, 90, 126, 144, 192, 241, 252
   e Chappe 39, 74, 79, 127, 163, 182, 183, 191, 193, 236
   e Le Gentil 39, 47, 49, 51, 124, 143, 147, 199, 236, 246, 249
   e Pingré 39, 51, 52, 53, 54, 57, 107, 124, 142
Adams, John, presidente norte-americano 116
Adolfo Frederico, rei da Suécia 174
Aepinus, Franz 77, 78, 79, 92, 109, 110, 150, 152, 231
Alembert, Jean Le Rond d' (com Diderot)
   Encyclopédie 21, 149, 165
Audiffredi, Giovanni Battista 134

B

baía de Hudson 34, 37, 161, 163, 166, 168, 182, 183, 187, 189, 190, 191, 193, 197, 220, 241
Banks, Joseph
   como presidente da Royal Society 251
   e acidente na Grande Barreira de Recifes 242, 243
   em Jacarta 232
   na Baía Botânica 251
   no Endeavour 171, 172, 208, 209, 210
   no Taiti 212, 213, 214, 225

Bayley, William 198, 199, 213, 220, 227, 228, 241
Bencoolen, Sumatra 42, 43, 44, 61, 68, 69, 70, 71, 72, 74, 90, 92, 93, 95, 116, 119, 187
Berthoud, Ferdinand 144
Bird, John 188
Borchgrevink, Jens Finne 178
Boscovich, Roger Joseph, padre 145
Boston Chronicle 194
Boston Evening Post 90, 121
Bougainville, Louis-Antoine de (capitão) 211
Buffon, Georges-Louis Leclerc, conde de 184

C

Cabo da Boa Esperança 29, 34, 47, 48, 56, 69, 95, 97, 98, 113, 125, 134, 245
Cabo Henlopen, em Delaware 193
Cabo Norte, Noruega 140, 161, 181, 198, 199, 213, 220, 227, 241
Cabo Verde, ilhas 56, 62
Carlos III, da Espanha 137, 138, 145, 182, 183, 217
Carlos XII, da Suécia 86
Catarina II (a Grande) 78
  assiste ao trânsito de 1789 231
  e Aepinus 150, 152, 231
  e expedições do trânsito 150, 152, 153, 154, 155, 157, 159, 181, 195, 250, 251
  e Voltaire 149
  interesse por ciência e astronomia 73, 137, 138, 148, 154
  irritada com o livro de Chappe 191, 192
  seu interesse por ciência e astronomia 150
  seus planos para a Rússia 148, 149, 152
  torna-se imperatriz 138
Chappe d'Auteroche, Jean-Baptiste 39, 72, 74
  doença e morte 235, 236
  e a expedição à Califórnia de 1769 162, 163, 182, 191, 193, 197, 215, 216, 217, 218, 219, 221, 222
  e o trânsito de 1761 106, 107, 127, 131
  estabelece o observatório de Tobolsk 98
  na Sibéria 81, 82, 83, 92, 93
  no Observatório de Paris 144
  observa o trânsito 225, 226, 227
  publica *Viagem à Sibéria* 144, 191, 249
  seus resultados guardados 236, 242, 248
  viagens a São Petersburgo 74, 75, 76, 77, 79, 80
Charlotte, rainha 181
Christian VII, da Dinamarca 137, 178, 180, 242
Cidade do Cabo 32, 95, 96
Clark, William 252
Clemente XIV, papa 250
Clive, Robert 45, 49, 162
Companhia da Baía de Hudson 165, 166
Companhia das Índias Orientais britânica 42, 43, 47, 67
Companhia das Índias Orientais francesa 39, 49, 50, 51, 53, 56, 57, 61, 64, 99, 143
Companhia das Índias Orientais holandesa 92, 96
Comte d'Argenson (navio) 54, 55, 56, 57
Cook, Elizabeth 171
Cook, James, capitão
  chegada à Grã-Bretanha 245, 247

conhece Franklin 187
encalha 243
no Taiti 211, 212, 213, 214, 220
observações e resultados 222, 223, 224, 225, 247, 248
parada na Austrália 242
prepara-se para a expedição dos Mares do Sul 167, 168, 169, 170, 171
sofre baixas em Jacarta 244, 245
viagem no Endeavour 184, 198, 208, 209, 210
Copérnico, Nicolau 21
Cortés, Hernán 217
Crabtree, William 45

D

Darwin, Charles 252
Delaware 127, 185, 193
Delisle, Joseph-Nicolas 30, 31, 33, 47
  abandona a vida científica 183
  assiste ao trânsito de 1761 118
  conhece Halley 33
  distribui *Vénus passant sur le Soleil* 90
  e Chappe 39, 73, 74
  e Le Gentil 38, 39, 50
  morte 192
  seu mapa-múndi 34, 35, 36, 40, 87, 90
  seus discípulos 131, 139
  sustenta a ideia de Halley de coordenar as observações do trânsito 31, 33, 34, 36, 37, 38, 58, 61, 68, 72, 84, 101, 102
  último comparecimento à Académie de Sciences 192
Diderot, Denis 149
  Encyclopédie (com D'Alembert) 21, 149
  Encyclopédie (com D'Alembert) 165

Dixon, Jeremiah 68
  aceita a delegação para o Cabo Norte 198
  assiste ao trânsito de 1769 de Hammersfest 220, 227, 241
  chega ao Cabo da Boa Esperança 93, 95, 96, 97, 98
  e Linha Mason-Dixon 127, 162, 164
  observações adicionais 125, 127
  observa o trânsito de 1761 113, 114
  parte para Bencoolen 69, 70, 71, 72, 92
  reputação recuperada 127
  resultados questionados 134
Dolphin (navio) 211
Doz, Vicente de 216, 217, 226

E

Edinburgh Magazine 90
Endeavour (navio) 167, 169, 170, 171, 181, 184, 198, 208, 209, 210, 211, 213, 222, 225, 242, 243, 244, 245, 251

F

Ferguson, James 90, 119
Filadélfia 26, 183, 185, 187, 193, 195, 221, 231, 247
Flamsteed, John 65
Franklin, Benjamin 21, 30, 184, 185, 186, 187, 188, 195, 221

G

Galileu Galilei 22
George II, da Inglaterra 41, 45, 49, 64, 90
George III, da Inglaterra 137, 138, 165, 166, 181, 187, 232
Glasgow (1769) 238
Goethe, Johann von 149
Green, Charles 167, 168, 171, 187

e pesquisa sobre o litoral australiano 243
morte 244, 245
na expedição para os Mares do Sul 208
no Taiti 213, 214
observação do trânsito de 1769 e resultados 167, 223, 224, 225, 247, 248

Greenwich
meridiano 63, 65, 130, 162, 166
Observatório Real de 36, 37, 61, 63, 64, 65, 68, 161, 167, 168, 198, 238, 239

Guerra dos Sete Anos 29, 47, 69, 86, 100, 122, 137, 139, 145, 149
Gustav, príncipe da Suécia 112, 137

H

Haiti 29, 191, 197, 241
Halley, Edmond 24
conclamou os cientistas a se reunirem num projeto de observação do trânsito de Vênus 19, 20, 21, 22, 24, 31, 37
conhece Delisle 33
desenho do trânsito de Vênus 25
indica locais de observação importantes 58, 68
método de duração 31, 38, 102
observa o trânsito de Mercúrio (1677) 93
prediz a paralaxe solar 249
tabelas astronômicas 34, 74
tratado traduzido 90

Hammerfest, Noruega 199, 220, 227, 241
Harrison, John 160, 168
Hell, Maximilian
expedição a Vardo 178, 179, 180, 181, 198, 203, 205, 206, 207, 210, 227, 228, 229, 230

mapas 204, 228
planos de publicação de livro 250
resultados 247
rumores de falhas na observação do trânsito 241, 242

Hooke, Robert 21
Hornsby, Thomas 141, 248
Horrebow, Christian 203
Horrebow, Peder 203
Horrocks, Jeremiah 20, 44, 132

I

ilhas Kildin 227, 237, 244, 250
ilhas Salomão 141
Iluminismo 20, 21, 37, 149, 150, 170
Iskenderun, Turquia 71

J

Jacarta 29, 37, 38, 42, 44, 50, 87, 92, 101, 120, 232, 242, 243, 244
Jefferson, Thomas 186
jesuítas/Ordem dos Jesuítas 84, 117, 145, 178, 180, 198, 203, 221, 241, 250
Johnson, Samuel
Dicionário 21
Júpiter 22, 166
satélites 63, 95, 100, 230

K

Kajana, Finlândia 72, 88, 98, 111, 124, 176, 197, 220, 240, 241
Kant, Immanuel 21
Karl Theodor, eleitor palatino 117
Kepler, Johannes 22, 249
Kloster Berge, Alemanha
observatório 129

L

Lalande, Jérôme 45
compara os dados do trânsito de 1761 131, 132, 139

e C. Mayer 221
e Delisle 33
e Hell 241
e o trânsito de 1769 139, 238, 247
latitudes 62
Le Gentil de la Galaisière, Guillaume Joseph Hyacinthe Jean-Baptiste 39
   constrói o observatório 201, 202, 203, 220
   define a rota 200
   é mandado ir para a Índia 147, 164, 199, 201
   escreve *Viagem nos mares da Índia* 249
   não vê nada 230, 231, 236, 242
   nas ilhas Maurício 49, 50, 51, 53, 57, 59, 76, 92, 93
   observa o trânsito de 1761 do navio 104, 105, 122
   parte para Manila 143, 144, 146
   planeja mapear as ilhas 124, 142, 143, 249
   prepara-se para o trânsito de 1769 143
   preso em Maurício 245
   retorna à França 246
   rumores de sua morte espalhados por herdeiros 245, 246
   tenta chegar à Índia 39, 47, 48, 49, 50, 51, 58, 59
   volta a Maurício 123
Leiden, Países Baixos 118, 220, 233
Lei do Selo (1765) 139, 186
Lewis, Meriwether 252
Lexell, Anders Johan 128, 247
Linnaeus, Carl 21, 87, 178
Littrow, Carl Ludwig 242
longitude 61, 62, 63, 64, 65, 66, 84, 93, 95, 111, 117, 130, 133, 146, 160, 166, 203
Louisa Ulrika, rainha 112, 137

Lowitz, Georg Moritz 154, 155, 197, 221, 250
Luís XIV, da França 31
Luís XV, da França 31, 38, 51, 118, 137, 238
Lys, Le (navio) 56, 57

M

Madagascar 58, 124, 142, 249
Magdeburgische Zeitung 111
Mallet, Fredrik 175, 176, 177, 178, 181, 197, 220, 239, 240, 249
Mallet, Jacques André 155, 175
Manila, Filipinas 29, 143, 146, 147, 164, 199, 236
Martin, Benjamin 90, 120, 233
   escreve *Venus in the Sun* 91
   seu "trânsito artificial" 232, 233
Martinica 241
Maryland 127, 196
Maskelyne, Nevil
   conduz experimentos sobre gravidade 125
   cria o método lunar de calcular a longitude 64, 65, 66, 117, 160
   critica resultados de Cook 247
   desembarca em Santa Helena 66, 67, 93
   e expedição russa 176
   e George III 181
   e inexatidões das expedições britânicas 238, 239
   e John Harrison 160, 161, 168
   é nomeado Astrônomo Real 161
   envia os resultados para Royal Society 126, 128, 129, 134
   envolve astrônomos norte-americanos 188, 194, 195, 241
   indicado a observar de Santa Helena 45, 61
   lidera o Comitê do trânsito da Royal Society 160

monta um observatório 93, 94
na Irlanda para o trânsito de 1769 198
observa o trânsito de 1761 114, 115
planeja a expedição ao Cabo Norte 198
planeja as expedições da baía de Hudson e dos Mares do Sul 166, 167, 168, 170
planos para o trânsito de 1769 161, 162, 163, 164, 165
promove o *Nautical Almanac* 166
recomenda Vardo como local de observação 178
Mason, Charles
chega ao Cabo da Boa Esperança 93, 95, 96, 97, 98
e a "Linha Mason-Dixon" 127, 162, 164
na Irlanda para o trânsito de 1769 232
no observatório de Greenwich 68
observações adicionais 125, 127
observa o trânsito de 1761 113, 114
parte para Bencoolen 69, 70, 71, 72, 92
recusa a comitiva ao Cabo Norte 198
reputação recuperada 127
resultados questionados 134
Mason, Nevil
no observatório de Greenwich 68
Maurício, ilhas 29, 48, 49, 50, 57, 99, 122, 123, 142, 143, 245
Mayer, Christian (padre) 117, 221, 237
Mayer, Tobias 65, 66, 117
Medina, Salvador de 216, 217, 226, 244
Mercúrio, trânsito de 33, 39, 52, 93, 116, 186

Mignonne (navio) 122, 123
Montesquieu, Charles de Secondat, barão de 149
Morton, Charles 72

N

Napoleão Bonaparte 252
New-England Almanack 194
Newton, Sir Isaac 41
Principia 22, 24
Norriton, Pensilvânia 185, 193, 194, 195, 231
Novelle Letterarie 118

O

Observatório Real. Ver Greenwich, Observatório Real de
Ochtenski (astrônomo russo) 227
Oiseau (navio) 122, 123
Orenburg, Rússia 156, 220, 237, 239, 250
Orlov, conde Grigory 148
Orlov, conde Vladimir 148, 152
Orsk, Rússia 156, 220

P

Pallas, Peter Simon 250
paralaxe solar 103, 131, 132, 133, 134, 139, 145, 176, 177, 247, 248, 249
Paris. Ver Académie des Sciences, observatório real
Paulo I, da Rússia 150
Pedro III, da Rússia 137, 138
Pedro (o Grande), da Rússia 73, 148
Pello, Lapônia 175, 176, 177, 178, 181, 220
resultados 239
península de Kola 156, 181, 221, 227, 237
Penn, Thomas 194

Penn, William 194
Pensilvânia 127, 193, 194, 196, 241. Ver também Norriton
Pictet, Jean-Louis 155
Pingré, Alexandre-Gui 39, 51, 52
  assiste ao trânsito no Haiti 191, 197, 241
  chega a Maurício 57
  chega a Rodrigues 99, 100
  em Paris 247
  enviado a Rodrigues 39, 51, 52, 53, 54, 55, 56, 57, 72, 74, 92
  e suas observações 124, 126, 130, 131, 132, 134
  observa o trânsito de 1761 103, 107, 108
  percebe equívocos nos mapas dos mares 62
  preso por causa dos britânicos 122, 123
  propõe destinos para a expedição de 1769 142, 163
Planman, Anders
  altera seus resultados 130, 132
  assiste ao eclipse lunar 98
  chega a Kajana 88, 93
  observa o trânsito de 1761 103, 111, 112, 174
  observa o trânsito de 1769 177, 178, 197, 220, 240, 241, 247
  recalcula obsessivamente os dados 176, 177
  toma as águas em Oulu 124, 125, 130
Plassey, batalha de (1757) 49
Pondicherry, Índia 29, 34, 37, 39, 49, 50, 58, 59, 72, 73, 90, 115, 120, 126, 147, 199, 200, 201, 202, 203, 230, 236, 245
Popov, Nikita 133
Prêmio Longitude 63, 64, 65, 160
Providence, Rhode Island 196, 233
Pushkin, Aleksandr 78

Q

Queirós, Pedro Fernandes de 141

R

Richmond
  Observatório de Old Deer Park 138, 181, 232
Rio de Janeiro 209, 210, 242
Rittenhouse, David 185, 186, 194, 195, 231
Rodrigues, ilha de 50, 53, 57, 60, 72, 74, 90, 92, 99, 103, 122, 123, 124, 130, 134, 142
Royal Society 20, 41, 248
  Banks como presidente 251. ver também Maskelyne, Nevil
  Benjamin Franklin como membro 184, 186, 187
  candidatura de Christian VII 178
  e a expedição ao forte Príncipe de Gales, na baía de Hudson 190, 241, 242, 247
  e a expedição aos Mares do Sul 164, 168, 169, 170
  e a guerra 47
  e a proposta de Delisle 40, 42, 43, 44, 45, 46, 49
  e Hornsby 141
  e Lalande 131, 139
  e Mason e Dixon 68, 70, 71, 92, 95, 97, 127
  envia equipes ao Cabo Norte 198
  e os primeiros relatórios do trânsito de 1761 125, 126, 128
  e Pingré 54, 62, 108, 122, 123, 126, 130
  obtém recursos da Coroa 165, 166, 167, 181
  ouve os resultados britânicos 247
  planeja a observação do trânsito de 1769 144, 145, 146, 160, 161, 162, 163

publica os resultados norte-americanos 241
solicita navio ao Almirantado 61, 64
Rumovsky, Stepan
assiste ao trânsito de 1761 118
assiste ao trânsito de 1769 156, 221, 237, 248
batalha com Popov 133
encarregado de planejar expedições 151, 153
esperança pelo sucesso dos astrônomos russos 176
morre seu assistente 227, 237

S

Sajnovics, János 179, 180, 203, 205, 207, 208, 210, 227, 228, 229
Demonstratio idioma Ungarorum et Lapponum idem esse 250
San José del Cabo 222, 225, 235
Santa Helena 42, 43, 44, 45, 61, 66, 67, 87, 90, 93, 94, 95, 114, 119, 125, 126, 128, 160, 164, 187
Seahorse, HMS 69, 70, 71
Short, James 132, 133, 134, 153, 155, 156, 187, 188
Silberschlag, Georg Christoph 111
sistema planetário ptolomaico 23
Sistema planetário ticônico 23
sistema solar
mensuração de distâncias 19, 20, 22, 24, 32, 103, 104, 195, 244, 248. ver também paralaxe solar
Sociedade Americana de Filosofia (APS na sigla em inglês) 184, 185, 193, 194, 195, 221, 231, 247
Solander, Daniel 223, 225, 232
resultados 248
St. John's, Terra-Nova 115, 116

Swift, Jonathan
As viagens de Gulliver 63
Sylphide, Le (navio) 58, 104

T

Taiti 169, 211, 213, 214, 220, 222, 223, 224, 242, 247
Tasman, Abel Janszoon 141
telescópios 21, 24, 25, 26, 32, 54, 70, 98, 101, 105, 106, 107, 108, 110, 111, 112, 114, 116, 117, 120, 144, 151, 155, 156, 164, 171, 180, 188, 193, 194, 195, 202, 210, 221, 223, 225, 226, 229, 231, 233
acromáticos 155, 156, 203, 226
Testes de mensuração da gravidade 125
Tobolsk, Sibéria 34, 39, 74, 76, 77, 80, 81, 92, 93, 97, 98, 101, 127
resultados 127, 131
Tornio, Lapônia 121, 140, 141, 142, 174, 177

V

Vardo, Noruega 34, 140, 161, 178, 179, 181, 198, 203, 205, 206, 207, 213, 227, 229, 241, 242, 247
mapa 228
observatório 207
Vênus
anel luminoso 224, 239
efeito gota negra 128, 129, 156, 224, 226, 227, 238, 239
trânsitos 19, 20, 24, 25, 31, 32, 33, 44, 61, 102, 103, 104, 105, 119, 139, 140, 141, 253
Viena
Observatório Real 179
Voltaire 149, 154

W

Wales, William
  bons resultados 241, 248
  e a expedição a baía de Hudson 166, 168, 182, 183, 189, 190, 191, 197, 220
Wallis, Samuel (capitão) 169, 211
Wargentin, Pehr Wilhelm 86, 87
  assiste ao trânsito de 1761 112, 113, 129
  e a organização das expedições de 1769 163, 173, 174, 175, 176, 177, 178, 181, 220
  e os resultados das observações 237, 239, 241
  e Planman 87, 111, 112, 124, 125, 130
  inseguro quanto à precisão dos dados dos observadores 132, 133
  organiza observações do trânsito 72, 87, 90, 118
Wilkes, John 169
Winthrop, John 22, 89, 115, 116, 117, 187, 188, 195, 196, 221

Y

Yakutsk, Rússia 154, 156, 221

COORDENAÇÃO EDITORIAL
Izabel Aleixo

PRODUÇÃO EDITORIAL
Mariana Elia

REVISÃO DE TRADUÇÃO
Taynée Mendes

REVISÃO
Mariana Oliveira

INDEXAÇÃO
Ana Carla Sousa

PROJETO GRÁFICO
Priscila Gurgel

DIAGRAMAÇÃO
Filigrana

ESTE LIVRO FOI IMPRESSO EM ABRIL DE 2012, PELA RR. DONNELLEY, PARA A EDITORA PAZ E TERRA. A FONTE USADA NO MIOLO É DANTE 11,5/15. O PAPEL DO MIOLO É PÓLEN SOFT 70G/M, E O DA CAPA É CARTÃO 250G/M.